Timothy Ferris:
Das intelligente Universum

Ein Blick zurück auf die Erde

Aus dem Amerikanischen
von Wolfgang Rhiel

Deutscher
Taschenbuch
Verlag

Ungekürzte Ausgabe
Oktober 1995
Deutscher Taschenbuch Verlag GmbH & Co. KG, München
Dieses Buch erschien zuerst als gebundene Ausgabe 1992
im Byblos Verlag GmbH, Berlin,
ISBN 3-929029-07-3
© 1992 Timothy Ferris
Titel der amerikanischen Originalausgabe:
The Mind's Sky
Human Intelligence in a Cosmic Context
Bantam Books, New York 1992
© der deutschsprachigen Ausgabe:
1992 Deutscher Taschenbuch Verlag GmbH & Co. KG, München
Umschlagestaltung: Klaus Meyer
Satz: deutsch-türkischer fotosatz, Berlin
Druck und Bindung: C. H. Beck'sche Buchdruckerei, Nördlingen
Printed in Germany · ISBN 3-423-30479-0

Das Buch

Wie können Lebewesen im Universum miteinander in Verbindung
treten? Was bedeutet Intelligenz aus kosmischer Sicht? Was
geschieht, wenn wir höher begabten Lebewesen begegnen? Diese
Fragen diskutiert der Berkeley-Professor und Wissenschaftspubli-
zist Timothy Ferris mit der Souveränität eines erfahrenen Astrophysikers und der spielerischen Neugier eines Kindes. Statt weiter
wie gebannt in die Sterne zu schauen, blickt er von den Sternen auf
die Erde zurück: eine faszinierende Perspektive, die uns mit der
Spezies Mensch aus kosmologischer Sicht konfrontiert. Dem Autor
geht es vor allem um das Verhältnis von Geist und Universum. Aber
was ist Geist? Ferris sucht die Antwort darauf bei den Neurowis-
senschaften. Deren Ergebnisse rütteln an unserem gängigen Bild
vom einheitlichen Bewußtsein. Menschlicher Geist setzt sich nach
Ansicht des Autors aus vielen Teilbegabungen zusammen. Ein
guter Fußballspieler ist somit nicht weniger intelligent als ein
begabter Mathematiker. Ferris liefert hier »eine der bislang inhalts-
reichsten Darstellungen des modernen Weltbildes der Astrophysiker und Kosmologen. Der Autor fesselt nicht nur durch seinen
eingängigen, pointierten Schreibstil, sondern auch durch die
Anschaulichkeit, mit der er die komplexen Theoriegebäude der
modernen Kosmologie skizziert.«   (Michael Odenwald in ›Natur‹)

Der Autor

Timothy Ferris, geboren 1944, lehrt Astrophysik an der University
of California in Berkeley. Für seine wissenschaftlichen Verdienste
erhielt er bedeutende Auszeichnungen, seine populärwissenschaftlichen Publikationen machten ihn weit über Fachkreise hinaus
bekannt. Auf deutsch sind von ihm bisher erschienen: ›Galaxien‹
(1981), ›Die rote Grenze‹ (1982) und ›Kinder der Milchstraße‹
(1989).

Inhaltsverzeichnis

Für Patrick

Vorwort

Lebende Materie und Klarheit sind Gegensätze.
Max Born, Brief an Einstein, 1927

Jeder Mensch bewohnt zwei gleichermaßen geheimnisvolle Welten, die eine außerhalb, die andere innerhalb des Geistes. Seit meiner Kindheit versuche ich, die Beziehung zwischen diesen beiden Reichen zu begreifen. So manche Nacht habe ich bis zum Morgengrauen am Teleskop gesessen und in das matte Graublau der fernen Galaxien gestarrt, in die gold und silbern blinkenden Sternenfelder der Milchstraße, zum dicht um die Sonne kreisenden Merkur, zur perlweißen Sichel der Venus, oder habe die scharfen, pergamentfarbenen Ringe des Saturn gesucht und mich gefragt, was wir mit alldem zu tun haben.

Ich habe nie das Gefühl gehabt, daß wir uns angesichts der unendlichen Weite des Kosmos unbedeutend vorkommen müßten. Dazu sagen uns die Sterne viel zuviel; sie machen uns neugierig, regen uns zum Nachdenken an, fördern unseren Schönheitssinn und schärfen unseren Begriff von dem, was wir sind. Irgendwie fühlen wir uns ihnen verbunden. Ich glaube nicht, daß man diese Empfindungen als Gefühlsduselei abtun kann, denn bis zu einem gewissen Grad können wir tatsächlich verstehen, was da draußen vor sich geht. Wir wissen, daß Eisenoxid die Sandwüsten des Mars rötlich färbt, daß in der oberen Sonnenatmosphäre Heliumatome umherschwirren, daß Stürme über den Aldebaran fegen und im Tarantulanebel neue Sterne entstehen; wir können Verfinsterungen der Jupitermonde vorausberechnen, das große Katharinenrad der Andromedagalaxis wiegen, die Temperatur des Triton messen und das Alter der Mondkrater bestimmen. Natürlich kennen wir nur einen unendlich kleinen Bruchteil des gesamten Universums, doch die Tatsache, daß wir überhaupt etwas über die Sterne erfahren können, läßt vermuten, daß das Denken – und vielleicht sogar die »Intelligenz« – kein völlig beschränktes Phänomen ist, das Produkt nur unserer einen Welt allein, sondern daß es vielleicht doch universelle Gültigkeit besitzt.

Ich stelle mir unsere Beziehung zum Universum symmetrisch vor, wie eine Sanduhr. Auf der einen Seite liegt die äußere Sphäre, bevölkert von Galaxien, Sternen, den Pflanzen und Tieren und uns Menschen. Die meisten von uns (die Solipsisten einmal ausgenommen) glauben, daß es diese äußere Welt gibt, auch wenn uns klar ist, daß wir sie nur begrenzt und verzerrt wahrnehmen. Auf der anderen Seite liegt das innere Reich des Geistes, in dem jedem von uns vorherbestimmt ist zu leben und zu sterben; hier ist der Sitz all dessen, was wir überhaupt wissen können. Durch den Engpaß der Sanduhr fließen die Sinnesdaten, dank derer wir das äußere Reich wahrnehmen, und (in entgegengesetzter Richtung) unsere Modelle und Vorstellungen, mit denen wir der Natur begegnen, sowie die Veränderungen und Zumutungen, die wir ihr aufzwingen. Von Zeit zu Zeit drehen wir diese imaginäre Sanduhr um. Im neunzehnten Jahrhundert, der Zeit der klassischen Physik, neigten wir zu der Annahme, der Sand riesele fast ausschließlich vom äußeren zum inneren Reich, von einer objektiv realen Welt zu unserem passiv aufnehmenden Geist. Im zwanzigsten Jahrhundert hat der Gedanke der beobachterabhängigen Erscheinungen in der Quantenphysik unsere Aufmerksamkeit darauf gelenkt, wie unsere Beobachtungen unsere Wahrnehmung der Natur beeinflussen. Aber solange es im Universum noch denkende Wesen gibt, wird keiner der beiden Kolben der Sanduhr sich jemals ganz leeren.

In diesem Buch lege ich einige Gedanken über die Beziehung zwischen Geist und Universum dar, und zwar aus der Sicht zweier innovativer Forschungsbereiche – der Neurowissenschaft und der Suche nach extraterrestrischer Intelligenz oder SETI (Search for Extraterrestrial Intelligence).

Die Neurowissenschaft hat einige spektakuläre Erkenntnisse über die Wirkungsweise des Gehirns gewonnen und dabei etwas mehr Licht auf den Begriff der persönlichen Identität, auf die Einschränkungen des zentralen Nervensystems beim Umgang mit Informationen und darauf geworfen, wie das Gehirn Anfälligkeiten und Störungen überspielt, damit das Gefühl eines einheitlichen Bewußtseins erhalten bleibt. Wir erkennen allmählich, daß jeder von uns tatsächlich eine Vielheit darstellt, wie Walt Whitman sagt, und daß der Chor der Stimmen in ihr im Laufe von Äonen entstanden ist, wie die geologischen Schichtungen im Burgess-Schiefer oder den Kreideklippen von Dover.

SETI hat sich inzwischen ganz auf das konzentriert, was wir mit Intelligenz meinen, und darauf, ob irgendwo im Universum etwas Vergleichbares existiert. Egal ob es uns am Ende gelingt, ein fremdes Signal aus dem All zu empfangen, SETI hat uns angeregt, über das Denken in einem kosmischen Zusammenhang nachzudenken. Dabei wirkt sie wie ein Spiegel; unsere Unwissenheit über die Rolle des Lebens und Denkens im Universum bildet die schwarze Schicht auf der Rückseite dieses Spiegels.

Dieses Buch beginnt und endet mit kosmologisch ausgerichteten Fragen; dazwischen untersuchen wir Auswirkungen der Neurowissenschaft auf unser Verständnis vom menschlichen Gehirn. Der erste Teil beschäftigt sich mit einigen der Bilder, die wir im SETI-Spiegel sehen, wenn wir die Intelligenz in ihrem kosmischen Zusammenhang betrachten; er umreißt, wie sich interstellare Kommunikationssysteme auf lange Sicht entwickeln könnten (oder entwickelt haben). Der zweite Teil erforscht die Innenwelt und stellt die These auf, daß in jedem von uns nicht nur ein Geist wohnt, sondern viele, und die, wenn sie zutrifft, vermuten läßt, daß das Gehirn jedes Menschen aus einer Vielzahl verschiedener Intelligenzen besteht. Im dritten Teil möchte ich diese beiden Fäden verweben, um festzustellen, was die äußere Welt uns über die innere sagen kann und umgekehrt.

Das Schlußkapitel versucht aufzuzeigen, daß die Wissenschaft nicht zwischen Geist oder Natur als der letzten Wirklichkeit wählen muß, sondern sich auf die Informationen stützen kann, die an der Nahtstelle von Geist und Natur zutage gefördert werden. Es geht weiter als die übrigen Kapitel, und ich würde es begrüßen, wenn es von vielen gelesen und diskutiert würde, wenngleich ich ganz offen einräume, daß man es ohne irreparablen Schaden für seine geistige Entwicklung auslassen kann.

Der Leser soll vielmehr nach eigenem Gutdünken auswählen. Dieses Buch ist ein Streifzug, kein Werk der analytischen Philosophie. Es behauptet nur selten, das letzte Wort in einer Sache gesprochen zu haben. Vieles in ihm spielt weit ab von den Palästen der reinen Wissenschaft im üppigen, undurchdringlichen Dschungel, wo Tatsachen und Spekulationen wuchern. Ich erwarte nicht, daß jemand mit allem einverstanden ist, was ich zu sagen habe, und wäre schon zufrieden, wenn der eine oder andere sich so ernsthaft damit beschäftigt, daß er widerspricht.

Die Arbeit an ›Das intelligente Universum‹ wurde dadurch erleichtert, daß die University of California in Berkeley mir dankenswerterweise großzügig Urlaub gab. Einiges erwuchs aus der Vorarbeit für Vorträge auf der Jahreskonferenz der American Association for the Advancement of Science 1990, der Nobel-Tagung XXVII und der Dutch National Science Week 1991. In diesem Zusammenhang möchte ich mich für die herzliche Gastfreundschaft der AAAS, der Universitäten Groningen und Enschede sowie des Gustavus Adolphus College bedanken.

Bei den vielen, die mir geholfen haben, gilt mein besonderer Dank William Alexander, Walter Alvarez, Annie Dillard, Richard S. Dinner, Harriet Fier, Michael Gazzaniga, Stephen Jay Gould, Linda Grey, Owen Laster, Michael McGreevy, Michael Mann, Leslie Meredith, Menno Meyjes, Richard Muller, Thomas Powers, Steve Rubin, David Schramm, John Sepkoski, Alex Shoumatoff, Jill Tarter und John Archibald Wheeler; ferner meiner Mutter, Jean Baird Ferris, für viele anregende Gespräche und die beständige Versorgung mit interessanten Artikeln und Zeitungsausschnitten, sowie meiner Frau Carolyn, deren Beiträge aufzuzählen allein ein ganzes Buch füllen würde.

TEIL I

Dies ist nicht das Universum

Der Geist begreift den Grund für das eigene Dasein nicht.
René Magritte

Ein Bild ohne Rahmen ist kein Bild.
John Archibald Wheeler

Vielleicht kennen Sie das Bild: Eine mit fotografischem Realismus gemalte Pfeife schwebt über einer in sauberer Kinderschrift geschriebenen Zeile: »Ceci n'est pas une pipe« (»Das ist keine Pfeife«). René Magritte malte das Bild in den zwanziger Jahren dieses Jahrhunderts, und seitdem rätseln Betrachter darüber, was es bedeutet.

War es Magrittes Absicht, uns daran zu erinnern, daß eine Darstellung nicht der Gegenstand ist, den sie darstellt, daß sein Gemälde »nur« ein Bild ist und keine Pfeife? So wird es häufig den Kunststudenten erklärt. Doch wenn diese Interpretation zutrifft, hat Magritte sich sehr viel Mühe gemacht – zunächst eine Pfeife von besonders eleganter Form ausgesucht, Dutzende Skizzen angefertigt, sie zerlegt, um sich mit ihrem Aufbau vertraut zu machen, und sie dann mit größter Sorgfalt und Meisterschaft gemalt –, und all das nur, um uns etwas mitzuteilen, was wir bereits wußten. Schließlich verwechselt niemand ein Gemälde mit der Wirklichkeit, und daß jemand versucht, das Bild einer Pfeife zu rauchen oder gemalte Birnen zu essen, gehört nicht gerade zu den alltäglichen Risiken eines Künstlerlebens.

Vielleicht dachte Magritte daran, simplifizierende Erklärungen seines berühmten Pfeifen-Bildes zu vereiteln, als er sich gegen Ende seines Lebens dem gleichen Motiv noch einmal zuwandte. In dem Bild ›Stimme der Lüfte‹, das 1964 entstand, drei Jahre vor Magrittes Tod, finden wir die Pfeife innerhalb eines gemalten, kunstvoll geschnitzten Rahmens, als ob hervorgehoben werden sollte, daß es sich nur um ein Bild handelt – aber dem Pfeifenkopf entsteigt Rauch, der aus dem gemalten »Rahmen« schwebt! Auf einem anderen Bild, ›Die zwei Mysterien‹, ist Magritte noch konsequenter: Das eigentliche Pfeifen-Bild samt Titel steht auf einer Staffelei, die ihrerseits auf einem Dielenboden steht; doch links über ihr schwebt eine zweite Pfeife, die größer (oder näher) erscheint als das gemalte Bild samt Rahmen: ein gemaltes Paradox. Die kleinere Pfeife ist offensichtlich ein Gemälde und keine Pfeife. Aber was ist mit der zweiten Pfeife außerhalb des dargestellten Bildes? Wenn auch sie nur ein Gemälde ist, wo hört dann das Gemälde auf?

So sind wir in eine unendliche Rückwärtsbewegung geraten. Nehmen wir beispielsweise an, Magritte hätte auf den tatsächlichen Rahmen von ›Die zwei Mysterien‹ eine richtige Pfeife geklebt: Würde die echte Pfeife als eine Pfeife gelten, oder ist sie etwas anderes geworden, nachdem Magritte sie am Rahmen angebracht hat? (Das gleiche Rätsel gibt Andy Warhol uns mit den Brillo-Boxes auf, die nicht von den Brillo-Boxes zu unterscheiden sind, die man in jedem Supermarkt kaufen kann. Hätte Warhol eine dieser Boxes betitelt: »Dies ist keine Brillo-Box« – wäre der Titel dann richtig oder falsch?)

Mir scheint, daß die Wurzeln des Paradoxons im Begriff des Rahmens liegen. Wenn wir ein gegenständliches Bild betrachten – etwa Raffaels Porträt Leos X. und seiner Neffen oder Bruegels ›Bauernhochzeit‹, akzeptieren wir ganz nach der Konvention, daß es wirkliche Menschen und Gegenstände darstellt. Sobald diese Konvention geleugnet wird, wie in Magrittes Pfeifen-Bildern oder in den vielen unmöglichen Szenen, die seine surrealistischen Künstlerkollegen gemalt haben – Lokomotiven, die aus Kaminen kommen, Uhren so schlaff wie eine Qualle –, geht es nicht darum, uns vor Augen zu halten, daß gemalte Bilder keine Wirklichkeit sind. Das ist soweit richtig, aber nichtssagend. Es wird vielmehr der Glaube daran herausgefordert, daß alles außerhalb des Bilderrahmens wirklich ist.

Surrealisten wie Magritte, und die Künstler generell, haben einen Feind, den naiven Realismus: die hartnäckige Annahme, daß die Sinne des Menschen die eine und einzig wirkliche Welt exakt wahrnehmen, von der das menschliche Gehirn nur ein genaues Abbild herstellen kann. Der naive Realist tut jede Sehweise, die nicht zum offiziellen Bild paßt, entweder als nur eingebildet ab – das tut der,

der »weiß«, daß er irrt, wenn er sich auf abweichende Gedanken einläßt –, oder er nennt sie unsinnig – was der tut, der gar nichts »weiß«. Der naive Realismus betört – sich selbst zum alleinigen Richter über das aufzuschwingen, was Wirklichkeit ist, versetzt einen in den Genuß gottähnlicher Macht –, er schränkt aber auch ein. Sobald der Realist sich auf eine einzige Darstellung der Wirklichkeit festgelegt hat, schlägt die Tür hinter ihm zu, und er ist fortan dazu verdammt, in dem Universum zu leben, für das er sich entschieden hat. Dieses Universum mag schön und unvergänglich wie der Tadsch Mahal sein, es bleibt dennoch ein Gefängnis, und der Geist des Gefangenen wird, so er noch lebendig ist, an den Gitterstäben rütteln, bis er ermattet zugrunde geht.

Natürlich kann niemand ganz die Wirklichkeit erfassen, daß die Welt jedes einzelnen in mancher Hinsicht einzigartig ist und dieser Umstand es uns unmöglich macht zu beweisen, daß es nur eine wahre Wirklichkeit gibt. Selbst wenn wir uns von Fantasie und Täuschung befreien könnten – es sei dahingestellt, ob das erstrebenswert wäre –, würden unsere Wirklichkeiten sich bestenfalls in kleinen Bereichen überschneiden. Alles ist demnach eingerahmt, abgeschnitten von seinem kosmischen Zusammenhang durch die Einschränkungen und Besonderheiten unserer Sinne, die Einseitigkeit unserer Voraussetzungen, die Vielfalt des individuellen Geistes und die Grenzen unserer Sprache. Wir fühlen uns im eigenen Bezugsrahmen vielleicht wohler als in dem anderer und halten ihn für gültiger, aber es ist dennoch ein Rahmen. Da gibt es kein Entkommen; das uns bekannte Universum ist und wird in gewisser Weise immer ein Gebilde unseres (hoffentlich schöpferischen) Geistes sein. Das hat Magritte in einem Bild von 1933 ganz deutlich gemacht. Es zeigt ein Gemälde auf einer Staffelei, das alle Einzelheiten des Blicks aus dem Fenster auf den Teil der Landschaft enthält, den es verdeckt, bis hin zu den am Himmel treibenden Wolken. Er nannte dieses Werk ›Der menschliche Zustand‹.

Haben die modernen Künstler sich bemüht, darauf aufmerksam zu machen, daß unser Verständnis der Wirklichkeit begrenzt und verschiedenartig ist, gilt Gleiches von der modernen Wissenschaft. Das hören viele mit Erstaunen. Sie halten die Wissenschaft für eine Ansammlung unerschütterlicher Fakten, die der ehernen Wirklichkeit durch einen Vorgang abgerungen wurden, der so prosaisch ist wie das Sammeln von Münzen. Inzwischen haben die Wissenschaftler jedoch dazugelernt. Die Astronomen wissen, daß jeder Beobachtungsvorgang – das Fotografieren einer Galaxis, die Spektralanalyse eines explodierenden Sterns – nur ein kleines Stück des Ganzen enthüllt und daß das Zusammenfügen vieler derartiger Bilder immer doch nur eine Darstellung ist, ein Gemälde, wenn man so will. Die Quantenphysiker gehen weiter: Sie meinen, daß die Antworten, die sie durch das Experiment erhalten, wesentlich von den Fragen abhängen, die sie stellen; ein Elektron, das gefragt wird, ob es ein Teilchen oder eine Welle ist, antwortet auf beide Fragen mit Ja. (Mehr dazu im Schlußkapitel dieses Buchs.) Neurowissenschaftler, die sich mit der anderen Seite des Dialogs zwischen Geist und Natur befassen, haben erkannt, daß auch das Gehirn kein monolithischer Block ist. Jeder von uns beherbergt viele Intelligenzen, und sofern meine verschiedenen »Teilgeiste« die Wirklichkeit verschieden sehen – z. B. räumlich oder sprachlich, gefühlsmäßig oder rational –, kann ich mir korrekterweise ebensowenig nur ein einziges Modell aufzwingen wie jedem anderen.

Das soll nicht heißen, daß jede Ansicht über das Universum die gleiche Beachtung verdient – wie wenn die Lehrer, ganz so wie sie von den Fundamentalisten gedrängt werden, neben der Lehre Darwins auch die biblische Schöpfungsgeschichte unterrichten müßten, der Scheibentheorie der Erde das gleiche Gewicht beizumessen hätten wie der außersinnlichen Wahrnehmung oder dem Gedanken, daß die kleine Sally in der letzten Reihe in einem früheren Leben die Kaiserinwitwe von China war. Daß keine Theorie vom Universum berechtigt ist, eine Sonderstellung zu beanspruchen, bedeutet nicht, daß alle Theorien gleichwertig sind. Im Gegenteil: Die Grenzen der Wissenschaft (und der Kunst und der Philosophie) zu erkennen kann eine Quelle der Stärke sein, die uns ermutigt, die Suche nach dem objektiv Wirklichen wiederaufzunehmen, auch wenn wir wissen, daß diese Suche ewig währt. Ich denke oft über eine Bemerkung des englischen Astrophysikers Dennis Sciaman, des Lehrers von Roger Penrose und Stephen Hawking, nach, die er während eines Abendessens in einem Restaurant in Padua machte. »Die Welt ist ein Phantasiegebilde«, sagte er zu mir, »machen wir uns also daran, ihr auf den Grund zu gehen.« Für mich liegt in dieser großen Aussage der Geist der Wissenschaft: etwas erkennen wollen, sich aber gleichzeitig damit abfinden, daß man nie alles wissen wird.

Die Wissenschaft ist noch jung – sie steht erst seit etwa dreihundert Jahren auf der Tagesordnung, und der Begriff »Wissenschaftler« war bis etwa 1825 unbekannt –, und doch hat sie bereits unsere Ansicht von der Welt verändert. Dank ihr können gebildete Männer und Frauen über erstaunlich viele anregende Tatsachen reflektieren – daß wir mit den Tieren verwandt sind, daß unsere Spezies im Vergleich zum Alter der Erde erst einen Bruchteil dieser Zeit existiert, daß die Sonne ein Stern unter vielen ist und daß scheinbar massive Gegenstände so leer wie der kosmische Raum sind, in dem, einsamen Sternen gleich, Atome kreisen.

Aufgrund ihres großen Ansehens wird der Wissenschaft jedoch häufig zugebilligt, mehr von der Wirklichkeit der Dinge zu verstehen als tatsächlich der Fall ist. Eigentlich hat die Wissenschaft selten viel dazu zu sagen, was etwas »ist«. Die Wissenschaft untersucht die Erscheinung, aber nicht das Wesen, und der Versuch, mit ihrer Hilfe beispielsweise klären zu wollen, daß lebende Organismen Maschinen »sind«, hieße, das falsche Werkzeug für die falsche Aufgabe wählen. Eine wissenschaftliche Theorie liefert ein Modell, das uns ermöglicht, über ungewöhnliche Erscheinungen nachzudenken, indem sie sie in Begriffe überträgt, mit denen wir vertraut sind. Sie ist eine Art Sprache und somit selbst ein Beispiel für den Dialog zwischen Geist und Natur.

Damit Sie verstehen, was ich meine, stellen Sie sich die Wissenschaft auf einem Stativ vor, dessen drei Beine die Hypothese, die Beobachtung und der Glaube sind.

Eine wissenschaftliche Hypothese (die danach strebt, eine Theorie zu werden, die im Fall großen Erfolgs und weitreichender Bedeutung den Rang eines Gesetzes erlangen könnte) ist am Anfang die Idee davon, wie etwas funktioniert. Ein Wissenschaftler kann eine Hypothese mehr oder weniger induktiv aufstellen, indem er tage- oder gar jahrelang mit groben Daten arbeitet, bis ihm plötzlich die Erleuchtung kommt. Das ist der beschwerliche Weg, den die Viktorianer mit ihrem Arbeitsethos schätzten: So erarbeitete sich Darwin mehr oder weniger seine Evolutionstheorie, weshalb die Viktorianer es unter anderem für unmöglich hielten, Darwin abzulehnen, obwohl viele seine Idee abstoßend fanden, daß der Mensch vom Affen abstamme. Eine Hypothese kann aber auch plötzlich und intuitiv aufkommen. Das ist viel attraktiver, und wir neigen dazu, »reine« Wissenschaftler wie Richard Feynman zu verklären, der den Nobelpreis für einen Gedanken erhielt, der ihm kam, als er in einem Café einem Kellner zuschaute, der einen Teller in die Luft warf; oder den gelähmten Stephen Hawking, dem seine Theorie von der Verflüchtigung der schwarzen Löcher aufblitzte, als seine Krankenschwester ihn ins Bett legte. Doch der Zufall liebt, wie Pasteur sagt, besonders den vorbereiteten Geist; der Theoretiker arbeitet vielleicht nur mit Bleistift und Papier, geht aber ganz in seinem Forschungsgebiet auf, und dieses Gebiet hängt wiederum von der Arbeit der Experimentatoren ab.

Wissenschaftliche Ideen stehen oder fallen mit der Beobachtung. Eine Beobachtung kann sich regelrecht aufdrängen, wenn zum Beispiel ein Physiker in einem Teilchenbeschleuniger ganze Protonenschwärme aufeinanderprallen läßt, oder man muß ihr nachstellen, etwa wenn ein Astronom die Spektralanalyse eines Sterns vornimmt, um dessen Zusammensetzung zu bestimmen. In beiden Fällen ist das Ziel, objektiv verläßliche Daten zu erhalten. Mit »objektiv verläßlich« meine ich ein Ergebnis, das wiederholbar sein sollte; ein anderer Wissenschaftler, der mit einem anderen Teilchenbeschleuniger oder Teleskop arbeitet, sollte im wesentlichen zu den gleichen Ergebnissen kommen.

Gerade weil die Beobachtung so wichtig ist, müssen wir ihre Grenzen erkennen.

Fehlerhafte Beobachtungen geschehen häufig. Man begeht sehr leicht einen Fehler, wenn man beispielsweise die Geschwindigkeit einer nur schwach erkennbaren Galaxis am Rande des beobachtbaren Universums mißt, oder die unterschiedliche Stärke des Kortikalgewebes von Laborratten, die unter verschiedenen Bedingungen aufgewachsen sind. In der Praxis verläßt sich der Beobachter bis zu einem gewissen Grad auf die Vorgaben einer plausiblen Theorie, die ihm sagen, was er eigentlich vorfinden müßte, wenngleich das bedeuten kann, daß er zumindest einige Daten außer acht läßt, die einer überzeugenden Theorie widersprechen. Albert Einstein überging die Ergebnisse eines frühen Experiments, die die spezielle Relativitätstheorie zu widerlegen schienen. Zufällig hatte er recht (die experimentellen Daten waren nämlich falsch), doch es besteht die Gefahr, daß man sich zu sehr an eine Theorie klammert und die Daten als unsinnig abtut, die einer Theorie widersprechen, und diejenigen als »Wegweiser« nimmt, die sie bestätigen. In der Praxis hangelt man sich so durch, experimentiert und beobachtet und hofft, daß sich am Ende die Wahrheit zeigt.

Oder doch wenigstens ein Teil der Wahrheit, wenn man bedenkt, wie unermeßlich groß das Universum ist und wie absurd winzig die Schlußfolgerungen der wissenschaftlichen Theorien. Dies wird in den populären Bilanzen gerne übergangen, die ganz auf die Großartigkeit des wissenschaftlichen Weltblicks abheben. Normalerweise stellt die Wissenschaft keine großen Fragen, sondern kleine. Der Thermodynamiker Ludwig Boltzmann schrieb dazu:

Gerade so fragt der Naturforscher nicht: welche Fragen sind die wichtigsten, sondern welche sind augenblicklich lösbar oder auch nur bei welchen ist ein kleiner reeller Fortschritt erreichbar? Solange die Alchimisten bloß den Stein der Weisen suchten, die Kunst des Goldmachens anstrebten, waren alle ihre Versuche fruchtlos; erst die Beschränkung auf scheinbar wertlosere Fragen schuf die Chemie. So verliert die Naturwissenschaft die großen allgemeinen Fragen scheinbar ganz aus dem Auge ...

Doch gerade mit diesem Spähen durchs Schlüsselloch hat die Wissenschaft neues Licht auf die großen Fragen geworfen. Die Erforschung der Beziehung zwischen subatomaren Teilchen hat Einblicke in die frühe Entwicklung des gesamten Universums eröffnet, und Untersuchungen der chemischen Eigenschaften radioaktiver Isotope haben die Altersdatierung von Mondgestein und präkolumbischer Indianerstätten ermöglicht. Noch einmal Boltzmann: »Aber um so großartiger ist der Erfolg, wenn sich bei mühsamem Tasten im Dickicht der Spezialfragen plötzlich eine kleine Lücke auftut, die einen bisher nicht geahnten Ausblick auf das Ganze gestattet.« Nirgendwo mehr als in der modernen Wissenschaft hat sich die Wahrheit der Worte Laotses und Jesus' bewahrheitet, daß man das Große und Erhabene im Kleinen und Gewöhnlichen findet.

Was man von der Wissenschaft erfährt, sind, allgemein gesprochen, Beziehungen. Man frage einen Teilchenphysiker, was geschieht, wenn ein Quark aus einem Proton geschlagen wird, und er wird ohne Zögern antworten, daß das Ergebnis höchstwahrscheinlich die Entstehung eines Mesons ist. Fragt man aber, was denn überhaupt ein Quark ist, wird die einzige ehrliche Antwort Schweigen sein. (Oder vielleicht eine indirekte Antwort – »Quarks sind die Bausteine der Hadronen« – die diese Teilchen mit Hilfe anderer Teilchen definiert.) Man frage einen Astronomen, was ein Stern

»ist«, und die Antwort wird ähnlich unbefriedigend ausfallen, wenn man die alte metaphysische Sichtweise zugrunde legt. Der Astronom wird den »Stern« wahrscheinlich in seiner Beziehung zu anderen Himmelskörpern erklären oder nur eine Definition bieten, die mehr über das Wort als über den Stern aussagt. (»Ein Stern ist ein Himmelsobjekt, das so massiv und dicht ist, daß in seinem Kern thermonukleare Prozesse ablaufen können.«) Über das Quark-Sein und Stern-Sein schweigt sich die Wissenschaft aus.

Dahin ist auch der Trost absoluter Sicherheit. Die Philosophen früherer Zeiten konnten voller Zuversicht behaupten, genau entdeckt zu haben, wie die Natur wirkt; sie brauchten sich nicht um einander widersprechende experimentelle Ergebnisse zu sorgen, und ihre Formulierungen waren ohnehin so vage, daß sie überhaupt nicht falsch sein konnten. Die heutigen Wissenschaftler haben es nicht so gut. Sie müssen damit leben, daß sich vielleicht irgendwann eventuell selbst ihre schönsten Theorien als falsch erweisen. Darauf wies der Wissenschaftstheoretiker Karl Popper hin, als er erklärte, daß keine Beobachtung eine Theorie beweisen kann, sondern ihr bestenfalls ermöglicht zu überleben, bis sie erneut auf die Probe gestellt wird.

Die Wissenschaft konstruiert also nur geistige Modelle natürlicher Prozesse. Diese Modelle müssen plausibel sein; die Wissenschaft glaubt, daß die Natur rational erfaßbar ist. Die Modelle sollten rationell sein; der Wissenschaftler glaubt, daß die Natur, wenn sie die Wahl hat, sich für einen einfachen, ökonomischen Prozeß entscheidet und nicht für einen komplizierten, unrationellen. Die Modelle sollten auch in der Lage sein, Vorhersagen zu machen, was nichts anderes bedeutet als, daß sie durch die Beobachtung widerlegbar bleiben sollten.

Was hat all das mit Magrittes Pfeife zu tun? Dies: daß jede Beobachtung und jedes auf einer Beobachtung beruhende wissenschaftliche Modell einen Rahmen um ein Stück Natur legt. Dann können wir hochrechnen, das Modell auf eine größere Leinwand projizieren. Wir sind ermutigt, wenn es standhält (alle bisher beobachteten Sterne und Planeten gehorchen den Gesetzen Newtons und Keplers), doch unser Glaube an das Modell bleibt stets schwankend (die Gesetze Newtons und Keplers gelten nicht innerhalb schwarzer Löcher). Das Modell ist nicht die Wirklichkeit; es ist nur ein Bild, und es hat einen Rahmen.

Die Neigung, etwas mit einem imaginären Rahmen zu umgeben, ist nicht auf die Wissenschaft beschränkt. Wir alle tun es ständig, meistens ohne darüber nachzudenken. Im Folgenden ein kleines Rätsel, das veranschaulichen soll, was ich meine. Versuchen Sie, alle neun Punkte mit nur vier Geraden zu verbinden, ohne den Bleistift zurückzuführen oder vom Blatt zu heben:

$$\cdot \quad \cdot \quad \cdot$$
$$\cdot \quad \cdot \quad \cdot$$
$$\cdot \quad \cdot \quad \cdot$$

Die meisten tun sich bei dieser Aufgabe schwer, bis man ihnen einen Tip gibt – daß nämlich die Gerade auch über das Rechteck hinaus gehen darf, das von den Punkten gebildet wird. Die Schwierigkeit ist die, daß wir die Aufgabe automatisch und oft willkürlich mit einem Rahmen umgeben. Das hilft häufig, aber in diesem Fall erschwert es die Lösung des Rätsels.

Die Art, wie wir einen physikalischen Vorgang auslegen, kann ganz ähnlich durch die Größe des Rahmens verändert werden, mit dem wir ihn umgeben. Nehmen wir an, wir sehen ein Video, das einen Ausschnitt von drei mal drei Zentimetern zeigt. Wir sehen einen hölzernen Hammer, der auf eine Saite schlägt und dabei Schallwellen in der Luft erzeugt. Wir würden wahrscheinlich dazu neigen, diesen Vorgang streng deterministisch zu beschreiben: Wir haben eine Ursache, den schlagenden Hammer, und eine Wirkung, die Schallwellen. Jetzt geht die Kamera etwas zurück, so daß der Bezugsrahmen größer wird, und wir sehen, daß der Hammer nur einer von achtundachtzig Hämmern eines Klaviers ist. Jetzt bekommt der Vorgang etwas Beliebiges; wir nehmen an, daß am Klavier ein Pianist sitzt, der spielen kann, was er möchte. Die Kamera geht noch weiter zurück, und wir erkennen, daß es ein automatisches Klavier ist: Die Tasten werden nicht von einem Pianisten angeschlagen, sondern von einer Maschine. Das Ganze sieht wiederum deterministisch aus. Die Kamera geht noch weiter zurück, zeitlich wie räumlich, und wir sehen einen Komponisten, der ein Stück für das automatische Klavier schreibt; jetzt wirkt die Situation erneut willkürlich.

Die Gefahr der Verzerrung ist immer dann am größten, wenn wir von einem begrenzten Bezugsrahmen ausgehend Schlußfolgerungen auf das unendliche Universum ziehen. Aber genau das tun alle kosmologischen Modelle, und sie sollten daher mit Vorbehalt betrachtet werden. (Mit sehr viel Vorbehalt, wenn man an die Zahl der Sterne in der Milchstraße denkt.) Ein Kosmologe kann die Gestalt des Universums mit ein paar Zahlen beschreiben – dem Friedmann-Robertson-Walker-Maß beispielsweise – und, wenn er etwas voreilig ist, behaupten: »Hier! Das ist das Universum!« Das ist es natürlich nicht. Es ist bestenfalls ein Schnitt durch den Kosmos, und auch der ist nur hauchdünn. Das wirkliche Universum macht seelenruhig weiter und hält nicht an, um wissenschaftliche Zeitschriften zu lesen.

Außerhalb unseres Bezugsrahmens schwebt auf ewig noch etwas anderes – die größere Wirklichkeit, die jedes Vogelei und jede Schlammpfütze umfaßt, jeden Stern und jeden Planeten, jedes Gedicht und jedes Verbrechen in diesem riesigen und unerfaßbaren Universum. Dies – diese Gleichung, diese Theorie, das schönste Modell, das sich der klügste Kopf im Universum ausgedacht hat, oder die Summe aller wissenschaftlichen und auch aller künstlerischen und philosophischen Modelle –, dies ist nicht das Universum.

Neulich nachts träumte ich von Rahmen. In dem Traum schlendern ein Mann und eine Frau durch den Außenbezirk einer Kleinstadt und bleiben vor dem Schaufenster eines verstaubten Antiquitätenladens stehen. Der Mann ist von einem eigenartigen Stück im Fenster angezogen, dem Modell einer Hütte mit ganz gewissenhaft, wenn auch unfachmännisch gefertigten Dachziegeln, karierten Gardinen an den Fenstern, einer lackierten Eingangstür mit Messingklopfer und Schlüsselloch. Auf der kleinen Veranda kniet ein Mann und späht durch das Schlüsselloch auf ein Paar, das im Innern am offenen Feuer sitzt, die Frau mit Strickzeug, der Mann mit einer Zeitung.

Der Mann versucht, seiner Frau den Kauf dieses kleinen Modells schmackhaft zu machen. Sie hat kein Interesse. Trotz ihrer Einwände zieht der Mann seine Frau in den Laden hinein und fragt nach dem Preis. Er erfährt, daß die Hütte unverkäuflich ist. Der Mann drängt den Ladenbesitzer, ihm einen Preis zu nennen, doch der alte Mann gibt nicht nach. Das Ehepaar geht wieder. Beim Essen streiten sie sich, weil er unbedingt diese Spielzeughütte kaufen wollte. Sie geht in ihr Hotel zurück, er zu dem Antiquitätenladen, aber der ist inzwischen geschlossen.

Die Nachmittagssonne brennt auf die leere Straße. Aus einem Hydranten, der nicht richtig zugedreht ist, tropft Wasser. Oben auf dem Bolzen steckt noch der Schraubenschlüssel. Der Mann klopft an die Ladentür, es meldet sich aber niemand. Kurz überdenkt er die Situation, dann zieht er den Schlüssel vom Hydranten ab und wirft ihn in das Schaufenster. Eine Sirene heult auf. Der Mann tritt an das eingeworfene Fenster und greift sich das Hüttenmodell.

Ein Polizist in blauer Uniform erscheint, um nach dem Grund für den Alarm zu sehen. Er findet das Schaufenster unversehrt vor. Der Schraubenschlüssel steckt auf dem Hydranten; der Polizist zieht ihn an, um das Tropfen abzustellen, und steckt ihn in die Tasche. Er rüttelt am Türklopfer der Ladentür, und die Sirene hört auf zu heulen. Er späht in das Fenster, und sein Blick bleibt auf der kleinen Hütte haften. Er beugt sich vor, um genauer hinzusehen. In der Hütte sitzt jetzt nicht mehr das Paar, sondern ein einzelner Mann. Vor der Haustür kniet ein Polizist mit blauer Uniform und blickt durch das Schlüsselloch.

Ein Psychiater käme vielleicht zu einer anderen Deutung, und ich würde sie auch gar nicht anfechten, doch für mich ist dies ein Traum darüber, wie der Geist seine Beziehung zum weiteren Universum gestaltet. Wir blicken durch ein Guckloch auf die Natur, wie Boltzmann sagt, und interpretieren das Ganze anhand des Wenigen, das wir sehen konnten. Aber auch wir sind Teil des Ganzen – und wir sind, wie das Universum, mehr als die Summe der Beobachtungen über uns. Alles treibt in einem Meer aus Rätseln. »Die Wissenschaft kann das letzte Geheimnis der Natur nicht enträtseln«, schrieb Max Planck, der Begründer der Quantenphysik. »Und das deshalb, weil wir in letzter Konsequenz selbst Teil des Geheimnisses sind, das wir zu enträtseln suchen.«

Künstler wissen das seit langem. Wenn er seine Arbeit betrachte, sagte Magritte, habe er den Eindruck, sich im Herzen des Mysteriums zu befinden, und nichts auf der Welt könne es erklären. Und bei anderer Gelegenheit ergänzte er, daß wir das Gefühl, das wir beim Betrachten eines Bildes empfinden, nicht vom Bild oder uns selbst unterscheiden sollten. Das Gefühl, das Bild und wir selbst seien in unserem Mysterium vereint. Ähnlich wie Magritte äußert sich der amerikanische Physiker und Wissenschaftstheoretiker John Archibald Wheeler: »Das Bild des Universums, das in unserem Geist so lebendig ist, ist durch ein paar eiserne Pfähle wirklicher

Beobachtungen abgesteckt – deren Bedeutung theoretisch abgesichert ist –, doch die meisten Mauern und Türme im Bild sind aus Pappmaché und wurden mit einem ungeheuren Aufwand an Phantasie und Theorie zwischen diesen Pfählen übertüncht.«

Wir haben also nicht das Universum vor uns, das ein ewiges Rätsel bleibt, sondern irgendein Modell des Universums, das wir in unserem Kopf entstehen lassen können. Jedes denkende Wesen im Universum ist in dieser unbefriedigenden Lage; für uns alle ist nicht der äußere Kosmos der letzte Gegenstand der Untersuchung, sondern sein Tanz mit dem Geist. Bei der Suche nach Zeichen außerirdischer Intelligenz ist unser Ziel, den Tanz dadurch besser zu verstehen, daß wir in Erfahrung bringen, wie woanders getanzt wird. Wir hoffen, unseren Horizont auszudehnen, die Grundlage unserer Wahrnehmungen und Analysen zu erweitern, die kleinen Geisteswelten zu vergrößern und sie intelligenter auf das große Ganze antworten zu lassen. Und was verkörpert einen gesunden Geist besser als die Übereinstimmung zwischen dem inneren Modell und der äußeren Wirklichkeit? Was wir bei den Sternen suchen, ist Verstandesklarheit.

Das große Ohr

Sind wir vielleicht hier, um zu sagen: Haus,
Brücke, Brunnen, Tor, Krug, Obstbaum,
Fenster, – höchstens: Säule, Turm … aber zu
sagen, verstehs, oh zu sagen so, wie selber die
Dinge niemals innig meinten zu sein
Rainer Maria Rilke

Neckt sie und zeckt sie,
und zeckt und neckt sie!
Gedanken sind frei!
Shakespeare

Das Universum besitzt vier bemerkenswerte Eigenschaften, die uns
anregen zu untersuchen, ob wir allein im Universum sind.

Die erste Eigenschaft ist die Durchlässigkeit des Alls. Das Licht
der Sterne kann ungehindert Milliarden Jahre durch das All eilen
und von Ereignissen künden, die längst vergangen und weit entfernt
sind, und noch freier ist der Weg für Radiowellen. Das natürliche
Funkrauschen – das Plappern der im All umhertreibenden Wasser-
stoffatome, das Kreischen der in den Magnetfeldern ferner Galaxien
gefangenen Elektronen – kann nicht nur das buchstäblich ideale
Vakuum des interstellaren Raums durchdringen, sondern auch die
Gas- und Staubwolken, die die Scheibe unserer Galaxis bevölkern
und das sichtbare Licht vieler dahinter liegender Sterne abhalten.
Diese natürliche Radiostrahlung können wir auch empfangen,
wenn sie nicht sehr stark ist; die gesamte Energie, die die Radioteleskope in aller Welt in den letzten dreißig Jahren aufgefangen
haben, beläuft sich auf weniger als die kinetische Energie, die eine
sanft zur Erde fallende Schneeflocke freisetzt. Das läßt vermuten,
daß grundsätzlich auch künstliche Radiosignale über interstellare
Entfernungen aufgespürt werden könnten, selbst wenn sie nur sehr
schwach gesendet werden. Heutige Radioteleskope könnten von
ähnlichen Anlagen gesendete Signale aus großen Bereichen unserer
Galaxis empfangen; einhundert Milliarden Sterne und vielleicht
eine halbe Billion Planeten liegen in ihrer Reichweite. Und da

Radiowellen sich mit Lichtgeschwindigkeit fortpflanzen, also 300 000 Kilometer pro Sekunde, erreichen sie die maximale Übertragungsgeschwindigkeit.

Das Universum ist zweitens gleichförmig. Wohin wir auch blicken, über Räume von Millionen Lichtjahren und unendliche Zeiten, alles ist offenbar aus den gleichen chemischen Elementen zusammengesetzt, die wir auch bei uns haben und die den gleichen Naturgesetzen gehorchen. Die Kohlenstoffatome, aus denen Diamanten und Orchideen bestehen, sind die gleichen wie im Sternenhaufen der Plejaden. Wenn das Leben auf der Erde durch das Wirken der Naturgesetze entstanden ist – und es spricht nichts dafür, etwas anderes zu vermuten –, erscheint es vernünftig anzunehmen, daß auch anderswo Leben entstanden sein kann.

Das Universum ist drittens isotrop, sieht also ziemlich gleich aus, in welche Richtung man auch blickt. Jeder Beobachter im All sieht Galaxien, die sich in alle Himmelsrichtungen erstrecken, genau wie wir es sehen. Im Gegensatz zur Annahme der alten Philosophen befindet sich die Erde nicht im Mittelpunkt des Universums; es gibt nämlich gar keinen Mittelpunkt des Universums. (Stellen Sie mit einem zweidimensionalen Blatt Papier den dreidimensionalen Raum dar; falten Sie es zu einer Kugel, wie die Erde, denn die Schwerkraft kann eine Fläche krümmen; das Universum hat keinen Mittelpunkt, so wie die Oberfläche der Erde keinen Mittelpunkt hat.) Und auch die Sonne hat nichts Einzigartiges, ist vielmehr ein Stern unter vielen in einer von vielen Galaxien. Wenn nichts an unserer Situation hervorzuheben ist, haben wir keinen besonderen Grund anzunehmen, daß die Ereignisse aus der Frühgeschichte unseres Planeten – wie das Entstehen des Lebens – nicht auch anderswo hätten erfolgen können.

Das Universum ist viertens übermäßig. In der Reichweite unserer Teleskope liegen vielleicht einhundert Milliarden Galaxien, von denen jede an die hundert Milliarden Sterne aufweist. Die Astronomen schätzen, daß mindestens die Hälfte dieser Sterne Planeten hat. Sollte das der Fall sein, gibt es im beobachtbaren Universum so viele Planeten wie Sandkörner an sämtlichen Stränden der Erde. Bei einer derartigen Fülle können im Universum viele unwahrscheinliche Dinge geschehen: Wenn nur auf jedem milliardsten Planeten intelligentes Leben entstanden ist, dann existieren auf zehntausend Milliarden Planeten intelligente Arten.

Aus solchen Überlegungen ist das kühne Vorhaben SETI erwachsen – die Suche nach intelligentem Leben im Universum.

Die Menschen machen sich seit langem Gedanken über Leben in anderen Welten. Anaxagoras, Demokrit, Aristoteles, Epikur, Philolaos und Plutarch glaubten, der Mond und die Planeten seien bewohnt, was auch Lukrez, Lambert, Locke und Kant taten. Metrodorus von Chios, ein Schüler des Demokrit, sinnierte, »es wäre seltsam, wenn auf einer großen Ebene nur eine Getreideähre wüchse, oder es nur eine einzige Welt im Unendlichen gäbe«. Ähnlich äußerte sich im dreizehnten Jahrhundert der chinesische Philosoph Teng Mu, der schrieb, »auf einem Baum gibt es viele Früchte, und in einem Königreich viele Menschen. Wie unvernünftig wäre es zu glauben, daß es außer dem Himmel und der Erde, die wir sehen können, keine anderen Himmel und Erden gibt.« Natürlich hatte keiner dieser Denker irgendeinen echten Beweis für außerirdisches Leben, genausowenig wie wir heute. Der Unterschied liegt darin, daß SETI nicht nur über diese Frage nachdenkt, sondern vorhat, ihr nachzugehen.

Die SETI-Bemühungen begannen 1959 mit einem kurzen Artikel in der englischen Zeitschrift ›Nature‹. Der Beitrag mit der Überschrift »Auf der Suche nach interstellarer Kommunikation« stammte von Philip Morrison und Giuseppe Cocconi, zwei Wissenschaftlern, die schrieben, daß Wesen, die zum Senden und Empfangen von Radiosignalen in der Lage wären, Kontakt durch die Galaxis aufnehmen könnten. Morrison und Cocconi meinten, da interstellare Signale ohne große Kosten und mit relativ einfachen technischen Mitteln übertragen werden können, versuche es vielleicht irgend jemand irgendwo. Wenn, dann könnten wir es hören – vorausgesetzt, wir unternähmen den Versuch.

Obwohl viele Wissenschaftler aus verschiedenen Gründen SETI nur für einen Traum halten, hat es von Anfang an Träumer gegeben, die zu einem Versuch bereit waren. Einige Monate nach der Veröffentlichung des Artikels von Morrison und Cocconi richtete der amerikanische Astronom Frank Drake ein Radioteleskop mit einem 26 Meter großen Parabolspiegel auf zwei sonnenähnliche Sterne aus und lauschte einhundertfünfzig Stunden lang auf nur einer Frequenz. Er empfing nichts Außergewöhnliches, die Schüssel trat wieder in den Dienst weniger spektakulärer Forschungsvorhaben, aber das Eis war gebrochen. Seitdem sind sporadisch immer wieder

SETI-Projekte durchgeführt worden. 1991 lag ihre Zahl bei etwa fünfzig, wobei die meisten Versuche auf die USA und die Sowjetunion entfielen. Einige, die »passionierten« Forscher, widmeten sich mit ihrem Radioteleskop ausschließlich der SETI-Arbeit; andere, die sogenannten »Parasiten«, durchsuchten das bei normalen astronomischen Observationen anfallende Material nach ungewöhnlichen Mustern. Einige Wissenschaftler bekamen Unterstützung vom Staat. Andere wurden privat gefördert. Ein pensionierter Elektronik-Techniker hielt zwei Jahre einsame SETI-Wacht am Ufer des Großen Sklavensees in Nordkanada; hierbei bediente er sich einer elektronischen Anlage und der Antennen einer ausgedienten Frühwarnstation gegen sowjetische Raketenangriffe. Ein Astronom aus Berkeley lauschte mit einem 4,2 Millionen Dollar teuren Empfänger auf Signale, den zum Teil seine Mutter finanziert hatte. Ein junger Harvard-Professor namens Paul Horowitz praktizierte »Koffer-SETI«, wie er es nannte, und schleppte einen tragbaren Empfänger mit sich herum, den er, wo immer er durfte, ein paar Stunden an ein Radioteleskop anschloß, bis er sich mit Zuschüssen der Planetary Society und des Filmregisseurs Steven Spielberg in Cambridge, Massachusetts, einen aufwendigeren Empfänger und eine alte Antenne zulegte.

Wie bei Mangel handfester Beweise üblich, schwankte das Meinungspendel, ob SETI den Aufwand lohnt, heftig hin und her, und die Wissenschaftler sprachen ebenso aufrichtig wie unfundiert dafür und dagegen. Sowjetische Astronomen suchten jahrelang den Himmel ab und warfen dann enttäuscht das Handtuch. In den Vereinigten Staaten blieben Bemühungen der National Aeronautics and Space Administration (NASA), ein SETI-Projekt zu finanzieren, im Strudel politischer Geringschätzung hängen; ein Kongreßmitglied las Sensationsberichte über fliegende Untertassen in den ›Congressional Record‹ hinein und erklärte unbekümmert, »wir brauchen in diesem Jahr nicht sechs Millionen Dollar auszugeben, um Beweise für diese niederträchtigen Wesen zu finden [wenn] … man schlüssige Beweise für diese gerissenen Burschen an jeder Supermarktkasse im ganzen Land finden kann.«

Erst 1991 erhielt die NASA die Erlaubnis, in das Projekt einzusteigen. Die Pläne erforderten, daß das Jet Propulsion Laboratory im kalifornischen Pasadena den gesamten Himmel mit drei Antennen seines weltweiten Deep Space Network absuchte, während das

Ames Forschungszentrum der NASA noch größere und empfindlichere Antennen einsetzte, um Hunderte sonnenähnlicher Sterne zu erforschen. Trotz Sparsamkeit, wie bei solchen Dingen üblich – das Budget betrug etwas über zehn Millionen Dollar jährlich –, war das NASA-Projekt technisch eindrucksvoll; Radioteleskope wurden mit aufwendigen Spektralanalysegeräten gekoppelt, die fünfzehn Millionen Radiofrequenzen gleichzeitig absuchen konnten und pausenlos natürliches Funkrauschen durchcheckten in der Hoffnung, die Signale zu finden, die als Zeichen einer außerirdischen Kultur gelten konnten.

Es erübrigt sich festzustellen, daß noch kein SETI-Projekt Signale aufgefangen hat. (Im Erfolgsfall würden die Zeitungen kaum noch über etwas anderes schreiben.) Aber das war zu erwarten; bei der ungeheuren Zahl von Sternen in der Galaxis und der Vielzahl möglicher Radiofrequenzen, auf denen eine Botschaft empfangen werden kann, mußte man mit mehrjährigen Versuchen rechnen, bevor sich ein Erfolg einstellt, selbst wenn Tausende fremder Kulturen uns Grüße funken würden. Die Befürworter von SETI betonen, daß selbst dann ein erheblicher technologischer und wissenschaftlicher Nutzen abfallen kann, wenn man keinen Beweis für eine extraterrestrische Kultur finden sollte: Wir könnten beispielsweise von natürlichen Quellen ausgehende kohärente Impulse feststellen, eine im Universum bisher unbekannte Erscheinung. Auf jeden Fall könnte die Aufgabe, die Daten aufbereitende Hard- und Software zu erstellen, die für die Lawine der bei den SETI-Beobachtungen anfallenden Daten erforderlich wäre, die Computertechnologie gewaltig voranbringen. »Der Weg dorthin ist schon der halbe Spaß«, bemerkt Kent Cullers, ein junger Physiker beim SETI-Projekt der NASA. (Cullers, der blind ist, entwickelt signalverarbeitende Geräte für Radioteleskope; wie die Erbauer der alten Kathedralen rechnet er nicht damit, den Erfolg noch selbst zu erleben, aber seine Arbeit mache ihm, so sagt er, auch so Spaß.)

Negative Ergebnisse sind kein schlüssiger Gegenbeweis: Es ist immer möglich, daß wir die falschen Sterne erforscht, es auf der falschen Frequenzkombination versucht oder sonst irgend etwas Wesentliches übersehen haben. Die bittersüße Wahrheit ist, daß wir niemals werden beweisen können, daß wir allein im Universum sind. SETI endet entweder mit einem Triumph oder erweist sich als eine Straße ohne Ende.

SETI-Anhänger sind in erster Linie Astronomen und Physiker. Sie führen astronomische Zahlen an und argumentieren rein statistisch, daß Intelligenz im gesamtstellaren Maßstab wahrscheinlich häufig vorkommt. Die größte Skepsis gegenüber SETI hegen die Biologen. Sie bedienen sich ähnlicher Statistiken, um nachzuweisen, daß Intelligenz sich wahrscheinlich nirgendwo sonst entwickeln konnte und SETI daher Zeit und Geld vergeudet. Der Streit dreht sich darum, wie beide Seiten das Leben und die Intelligenz sehen.

Die Argumentation pro SETI sieht folgendermaßen aus:

Leben ist etwas Natürliches; es liegt »in den Karten«. Die für die Entstehung lebender Organismen erforderlichen Chemikalien – z. B. Kohlenstoff und Wasser – sind im Universum im Überfluß vorhanden, was die Vermutung nahelegt, daß es eine ganze Menge Planeten gibt, deren Bedingungen das Entstehen von Leben begünstigen. Und wo das Umfeld stimmt, dauert es unter Umständen gar nicht lange, bis die ersten Organismen im Schlamm wuseln: Das Leben auf der Erde entwickelte sich in der ersten Milliarde der viereinhalb Milliarden Jahre alten Geschichte des Planeten. Eine so rasche Entstehung läßt vermuten, daß sich Leben mehr oder weniger routinemäßig entwickelt, zumindest auf der Erde ähnlichen Planeten. Diese Hypothese wird durch Experimente gestützt, bei denen im Labor Bedingungen erzeugt werden, wie sie wahrscheinlich auf der jungen Erde geherrscht haben – eine primitive Atmosphäre aus Methan, Ammoniak, Wasserdampf und Wasserstoffmolekülen, in ultraviolettes Licht getaucht und durch Stromstöße aufgeladen, wie sie von Blitzen hervorgerufen werden. Diese Bedingungen führen nach Ansicht der Forscher rasch zur Bildung von Aminosäuren wie Glycin und Alanin, den sogenannten »Vorläufer«-Molekülen, auf denen das Leben, wie wir es kennen, aufbaut. Es erscheint demnach sinnvoll anzunehmen, wenn vielleicht auch nur als Arbeitshypothese, daß irgendwo im Universum Leben existiert.

Was die Intelligenz betrifft, lautet das Standardargument, daß wir zwar nicht wissen, wie oder warum es auf der Erde Intelligenz gibt (vielleicht hat es etwas mit den Eiszeiten zu tun), daß sie sich aber wahrscheinlich entfaltet, sobald sie auf einem Planeten auftaucht, denn sie bringt der mit ihr gesegneten Spezies erhebliche Vorteile. »Das behaupten wir, weil es in der Geschichte der Fossilien nur eine

Kategorie gibt, die sich ständig fortentwickelt hat, und das ist die Größe des Gehirns, das wir mit der Intelligenz in Verbindung bringen«, erklärte Drake mir einmal. »Es hat in der Vergangenheit größere Geschöpfe gegeben, höher fliegende Vögel, doch das einzige, was beständig die Überlebenschancen gesteigert hat, war die Intelligenz.« Der amerikanische Astronom Carl Sagan denkt ähnlich. »Die Intelligenz und die Fähigkeit zur Selbstbehauptung haben für die Anpassung einen so hohen Wert – zumindest bis zur Entfaltung der technischen Kulturen –, daß die natürliche Auslese sie, falls sie genetisch durchsetzbar sind, wahrscheinlich hervorbringen würde«, schreibt er.

Als langjähriger SETI-Anhänger bin ich gefühlsmäßig geneigt, mich den Schlußfolgerungen dieser Argumente anzuschließen. Ich bin mit anderen Worten bereit zu »glauben«, daß es auf anderen Planeten Leben gibt – wenngleich es für das Universum nicht den geringsten Unterschied macht, ob ich nun glaube, daß es lebendig wie ein Dschungel oder steril wie das Skalpell eines Chirurgen ist. Ich muß allerdings zugeben, daß die Argumente für SETI einer strengen wissenschaftlichen Prüfung kaum standhalten. Die Schwachstelle liegt in der Annahme, daß es für das, was wir als Intelligenz ansehen, im Verlauf der biologischen Evolution auf anderen Planeten eine Entscheidung gegeben hat. Warum sollte das so sein?

Die Antwort kann nicht lauten, daß wir erwarten, das Gehirn fremder Wesen sei ähnlich wie unser eigenes beschaffen. Wie ich später noch erklären werde, ist das Gehirn eine dubiose Verkettung, zusammengewürfelt im Lauf von Jahrmillionen der Evolution, wobei viele Zufallsereignisse vom plötzlichen Einschlag eines Meteors bis zum langsamen Vorrücken und Zurückweichen der Gletscher offenbar eine bedeutende Rolle gespielt haben. All diese Eingriffe und Veränderungen des Schicksals sind so unberechenbar, daß unsere neurologische Anatomie sich höchstwahrscheinlich nirgendwo im Universum ein zweites Mal so entwickelt hat. Wir kommen dann dahin zu spekulieren, daß Intelligenz irgendwie universal ist, obwohl das Gehirn, dem unsere Intelligenz entstammt, einzigartig ist. So gesehen ähnelt die Intelligenz einem Computerprogramm (Software), das auf vielen verschiedenen Computertypen (Hardware) laufen kann. Aber wer hat das Programm geschrieben, und wie hat Er es in unser Gehirn geladen? Diese Gedanken sind, wie ich fürchte, schwerer theologisch befrachtet, als vielen der Wissenschaftler lieb ist, die sie vertreten.

Nehmen wir an, wir versuchen das Problem dadurch zu umgehen, daß wir »Intelligenz« ganz eng definieren, etwa nur als die Fähigkeit, Radiosignale durch den interstellaren Raum zu senden. Das scheint zunächst ganz vernünftig – und reduziert die notwendige Überschneidung zwischen dem fremden und unserem Geist auf ein absolutes Minimum –, führt jedoch zu der seltsamen Schlußfolgerung, daß Intelligenz auf der Erde erst seit etwa sechzig Jahren existiert. (Das erste Radioteleskop wurde 1931 von einem Ingenieur gebaut, der die Auswirkung von Blitzen auf die Telefonleitungen für Ferngespräche untersuchen wollte.) So spricht die gleiche Statistik, die die SETI-Argumente bisher stützte, plötzlich dagegen: Wenn es seit vier Milliarden Jahren Leben auf der Erde gibt und »intelligentes« Leben erst seit sechzig Jahren, wie können wir dann behaupten, daß es im Verlauf der biologischen Evolution eine Entscheidung für die Intelligenz gegeben hat? Man könnte ebensogut sagen, daß es keine Entscheidung für die Intelligenz gegeben hat, gerade weil sie in der Geschichte der Erde nicht öfter aufgetreten ist.

Ich bin der Ansicht, die menschliche Intelligenz hat etwas Grenzenloses – in unserem Gehirn gibt es etwas Kosmisches, das die Galaxien skizzieren und zum Mond fliegen kann. Aber ich kann es nicht beweisen, und die Wissenschaft, und generell das Leben, hat uns unmißverständlich gelehrt, daß die Anziehungskraft einer Hypothese nicht das Geringste mit der Wahrscheinlichkeit zu tun hat, daß sie richtig ist. Also muß ich den Schluß ziehen, daß SETI wissenschaftlich nicht erhärtet worden ist, was ja die Kritiker auch bemängeln.

Aber selbst wenn SETI noch keine Wissenschaft ist, kann sie als Entdeckungsmethode doch ihre Berechtigung haben.

Die Regeln der Entdeckung unterscheiden sich schließlich von denen der Wissenschaft. Die Wissenschaft überdauert, weil sie genaue Vorhersagen macht. Das tut die Entdeckung nicht; ein Entdecker, der das Ergebnis seiner Reise vorhersagen könnte, wäre kaum als Entdecker zu bezeichnen. Einige der wagemutigsten Fahrten in der Geschichte der Menschheit wurden aus unhaltbaren Gründen unternommen: Die alten Chinesen befuhren den Pazifik, weil sie nach dem Born der Unsterblichkeit suchten, genau wie Ponce de León in Florida; und Kolumbus glaubte, er könnte westwärts nach Indien segeln; gegen alle Beweise beharrte er darauf, daß die Erde nur ein Drittel ihrer wirklichen Größe habe. Entdecker wie Dichter waren oft erfolgreich, weil sie phantastische Gedankensprünge machten, frei von allen Fesseln der Vernunft. In diesem Sinn ist die Entdeckung noch phantasievoller als die Wissenschaft – was heißt, daß sie tatsächlich äußerst phantasievoll ist.

Shakespeare, der das sehr wohl begriff, hatte für die Wissenschaft wenig Verwendung, in die Entdeckung aber war er ganz vernarrt. ›Der Sturm‹, sein letztes Stück, ist inspiriert durch die Lektüre eines zeitgenössischen Berichts über ein Schiffsunglück, bei dem einhundertfünfzig englische Seeleute mitten im Atlantik auf einer Insel strandeten. Es waren Siedler auf dem Weg in die Neue Welt. Der Text, den Shakespeare las, war gerade von einem dieser Männer geschrieben worden, dem Abenteurer William Strachey – eine aufregende Geschichte über das Flaggschiff »Sea Venture«, das, gerade als die Passagiere an Bord auf ihr neues Leben anstießen, in schwerer See mit splitterndem Rumpf und Elmsfeuer auf den Masten auf die Felsen einer unbewohnten Insel der Bermudas geschleudert wurde und wie durch ein Wunder nicht sank. Ausführlich wurde berichtet, wie die Schiffbrüchigen fast zehn Monate überlebten, vom Juli 1609 bis zum Mai 1610; in dieser Zeit starben vier Männer und eine Frau, zwei Kinder wurden geboren (ein Junge namens Bermudas und ein Mädchen, Bermuda), und ein Meuterer wurde hingerichtet – ein gewisser Henry Paine, der ein Schwert stahl, eine Wache zusammenschlug und dem Kapitän sagte, er solle ihn am Arsch lecken. In dem Bericht Stracheys wird wiedergegeben, wie die Siedler aus Stämmen der Inselzedern zwei behelfsmäßige große Boote bauten, sie auf die Namen »Deliverance« und »Patience« tauften und tausend Kilometer mit ihnen über das offene Meer nach Jamestown, Virginia, segelten, nur um festzustellen, daß ihre Mitsiedler halb verhungert in einem Fort inmitten feindlicher Indianerstämme vegetierten und sich in schlimmerer Verfassung befanden als ihre schiffbrüchigen Gefährten auf Bermuda.

Nichts von alldem fand jedoch Eingang in den ›Sturm‹. Shakespeare faszinierte vielmehr das fremde Geheimnis der Bermudas, der fernen, unerforschten und gefürchteten »Teufelsinseln«. Jenseits des Bekannten lagen sie, wie die angeblich unbewohnten Planeten heute, und Shakespeare machte sich unsere Liebe zum Unbekannten ausgiebig zunutze. Seine erfundene Insel bevölkerte er mit Elfen und Geistern und mit einem Eingeborenen, Caliban, der mit herzzerreißenden Worten bedauert, sich das Wissen um den Ort für etwas so Banales wie die englischen Namen für Sonne und Mond abgeschwatzt haben zu lassen:

> Wie du erstmals kamst,
> Da streicheltest du mich und hieltst auf mich,
> Gabst Wasser mir mit Beeren drein und lehrtest
> Das große Licht mich nennen und das kleine,
> Die brennen tags und nachts. Da lieb ich dich
> Und wies dir jede Eigenschaft der Insel:
> Salzbrunnen, Quellen, fruchtbar Land und dürres.
> Fluch, daß ichs tat, mir! ...
> Denn ich bin, was Ihr habt an Untertanen –
> Mein eigner König einst! Und stallt mich hier
> In diesen harten Fels, derweil Ihr mir
> Den Rest des Eilands wehrt.

Im siebzehnten Jahrhundert auf das offene Meer hinauszusegeln bedeutete, sich mit einem so großen Risiko auf das Unbekannte einzulassen, wie es bei späteren Erkundungsvorhaben nur noch beim Raumflug erreicht wurde. Schiffbruch kam so oft vor, selbst bei Fischerbooten, die in Sichtweite der Felsenküste der Britischen Inseln fischten, daß eine regelrechte Liturgie für den Tod auf See entstand: Landpfarrer und auch hochgestellte Bischöfe bezeichneten vermißte Seeleute stets als »auf dem Grund der Tiefe ruhend«, und selbst von Landratten, die im Bett starben, hieß es, sie hätten eine »Reise zu den Inseln [unternommen], von deren Gestade kein Mensch zurückkehrt«. Dieses Aufregende und Schaurige der Berührung mit dem Unbekannten war es, was Shakespeare so reizte und seine Zuhörer seit jeher in den Bann zieht.

Die großen Seefahrer lagen oft auf den Knien und flehten Gott an, ihr gefährdetes Schiff aus schwerer See zu retten, und auch bei SETI schwingt der Hauch eines Gebets mit. Das Wichtige beim Gebet ist für mich nicht, daß wir wissen, daß Gott zuhört, sondern daß wir es nicht wissen, aber trotzdem beten. So gesehen beschwört der junge Astronom, der Jahre damit verbringt, die Sterne nach einem Zeichen von Intelligenz abzusuchen, den Geist Aljoschas in Dostojewskis ›Die Brüder Karamasow‹, der nach dem Tod des frommen

Vater Sosima ins Freie taumelte und ein Gebet zum nächtlichen Himmel sandte:

Über ihm wölbte sich unübersehbar die weite Himmelskuppel, voll von stillen, leuchtenden Sternen. Vom Zenit zum Horizont erschien, undeutlich noch, fast wie verdoppelt, die Milchstraße. Eine frische und unbeweglich stille Nacht hatte sich über die Erde gelegt ... Oh, er weinte in seinem Entzücken sogar auch über diese Sterne, die ihm da leuchteten aus dem Unermeßlichen, und er »schämte sich nicht dieser seiner Verzückung«. Es war ihm zumute, als ob die Fäden all dieser zahllosen Gotteswelten sich alle gleichzeitig vereinigt hätten in seiner Seele und sie ganz erzittere »angrenzend an andere Welten«. Es verlangte ihn danach, allen zu verzeihen und für alles, und selber Verzeihung zu erbitten, oh! nicht für sich, vielmehr für alle, für alles und jedes; aber: »Für mich bitten auch andere!« klang es wiederum in seiner Seele nach.

Wir lauschen den Sternen, nicht weil wir wissen, daß wir etwas hören werden, sondern weil wir denken, wir *könnten* vielleicht etwas hören – obwohl wir wissen, daß unsere Vorstellungen vom Leben und der Intelligenz im Universum völlig falsch sein können. Das beste Argument für SETI ist immer noch das, mit dem Morrison und Cocconi ihren Beitrag von 1959 abschlossen. »Die Wahrscheinlichkeit des Erfolgs läßt sich schwer abschätzen«, schrieben sie, »aber wenn wir überhaupt nicht suchen, ist die Erfolgschance null.« Besser, die endlose Straße hinunterzufahren, auch wenn man nicht weiß, wohin sie führt, als sich von den Sternen abzuwenden, weil wir meinen, mehr zu wissen, als wir wissen.

Das zentrale Nervensystem der Milchstraße

I have loved my fellow men,
And lived to learn that they are neither fellow
nor men
But machine robots.
D. H. Lawrence

Himmel und Erde werden vergehen,
aber meine Worte werden nicht vergehen.
Jesus von Nazareth

Angenommen, wir empfangen eines Tages ein von einer extraterrestrischen Intelligenz gesendetes Radiosignal. Woher könnte es kommen?

In SETI-Kreisen würde man normalerweise annehmen, daß das Signal von Bewohnern eines einzelnen Planeten stammt, die in der Hoffnung senden, irgendwo im All andere intelligente Wesen zu entdecken. Ich nenne dies das Einsame-Herzen-Szenario. Dort spielt die fremde Kultur eine Rolle, die der eines Menschen ähnelt, der in der Zeitung in der Spalte Persönliches einen Partner sucht: »Einsames, technisch bewandertes Wesen sucht Gleichgesinntes. Gegenstand: Kommunikation.« In einer anderen Fassung hat die fremde Kultur ihre Unschuld verloren – steht also bereits mit anderen Welten in Verbindung –, möchte ihre Kontakte aber noch weiter ausdehnen.

Vielleicht tritt so etwas ähnliches einmal ein. Doch beim Einsame-Herzen-Szenario gibt es Schwierigkeiten, und wir kommen, wenn wir sie berücksichtigen, zu einer ganz anderen Vorstellung von interstellarer Kommunikation – einer Vorstellung, die impliziert, daß das erste Signal, das wir auffangen, vielleicht gar nicht von lebenden Wesen kommt, sondern von irgendeiner Form künstlicher Intelligenz.

Das Einsame-Herzen-Szenario verlangt, daß unschuldige Welten Signale senden. Aber soviel sie wissen, verraten sie sich mit den Signalen vielleicht an eine mächtige, feindliche Kultur, die mit Versklavung oder Ausrottung antworten würde. Wir Menschen meinen auf jeden Fall, da vorsichtig sein zu müssen; wir benutzen Radioteleskope zum Horchen, aber selten zum Senden. Als Frank Drake eine einzige kurze Botschaft an einen 24 000 Lichtjahre entfernten Sternenhaufen übermittelte, beschwor der Direktor eines der britischen königlichen Observatorien, Sir Martin Ryle, ihn mit allem Nachdruck, nie wieder etwas so Übereiltes zu tun. Soviel ich weiß, ist bei keinem der etwa dreißig SETI-Vorhaben nach dem Drake-Ryle-Disput gesendet worden. Die Vorsicht ist so einleuchtend, daß man sich fragen muß, ob nicht jeder im Kosmos nur lauscht, aber niemand sendet.*

Aber Vorsicht hin, Vorsicht her, Senden ist kostspieliger als Empfangen. Wenn man nicht weiß, in welche Richtung man senden soll, sendet man am besten in alle Richtungen gleichzeitig (»rundstrahlend«), und das kann sehr viel Energie erfordern. Außerdem muß man sich darauf einstellen, sehr lange zu senden: Wird gleich die erste Botschaft auf einem Planeten, der eintausend Lichtjahre entfernt ist, von kommunikationsbereiten Wesen empfangen, die sofort antworten, muß man zweitausend Jahre warten, bis die Antwort eintrifft. Fremden, die mehrere Millionen Jahre alt werden, macht das vielleicht nichts aus, wohl aber Wesen, die nur über unsere Lebensspanne verfügen.

Aber während die ungeheure Weite des Weltraums und die sich daraus ergebenden Spannen zwischen Frage und Antwort den SETI-Autoren durchaus vertraut sind, bereitet die Lebensdauer doch größere Sorgen, freilich nicht die der einzelnen Wesen, sondern die der kommunizierenden Welten, denen sie angehören. Die Milchstraße ist über zehn Milliarden Jahre alt und weist sehr viele Sterne auf, die älter als die Sonne sind. Da es keinen zwingenden Grund gibt anzunehmen, daß technologisch leistungsfähige Kulturen erst vor kurzem in der Galaxis aufgetaucht sind, können wir vermuten, daß die meisten Kulturen entstanden und anschließend vergangen sind, lange bevor wir auf der Bildfläche erschienen. In dem Fall wäre das Universum, würde man eine kosmische Zeitskala anlegen, im wesentlichen ein riesiger Friedhof.

* Wir senden ohnehin. – Was von militärischen Radarsystemen, UKW und Fernsehgeräten an Energie in den Weltraum dringt, läßt die Erde, was die Radiowellen betrifft, stärker strahlen als die Sonne, aber diese unbeabsichtigten Signale sind bei weitem nicht so stark wie die gezielten Ausstrahlungen der Radioteleskope und machen daher wohl kaum im All auf uns aufmerksam.

Angenommen, es gibt heute zehntausend kommunikative Welten in unserer Galaxis, und jede existiert im Durchschnitt etwa zehntausend Jahre, bevor sie, bedingt durch Krieg, Katastrophen, abnehmendes Interesse oder andere Ursachen, ihre Sendungen einstellt. Das ist ein ziemlich optimistisches Bild – wenn zehntausend Welten im Moment Signale zu uns senden würden, könnte man damit rechnen, daß ein SETI-Unternehmen, das einen Stern pro Stunde auf jeder sinnvollen Frequenz abhören kann, um die Mitte des einundzwanzigsten Jahrhunderts einen Treffer landet –, aber es hat eine tragische Seite, denn es schließt stillschweigend mit ein, daß etwa eine Million Kulturen seit der Geburt der Galaxis untergangen sind. Da fremde Kulturen im Vergleich zum Alter der Galaxis vermutlich nicht sehr lange bestehen, werden die meisten schon verschwunden sein. Und das gilt nicht nur für uns, sondern für jede Welt, die heute SETI betreibt: Sie alle werden feststellen, daß der größte Teil der zwischen den Welten ausgetauschten Informationen von Gesellschaften gekommen ist, die es längst nicht mehr gibt. Ein SETI-Vorhaben hat heute demnach weniger dadurch Informationen zu beschaffen, daß es Kontakt zu einer lebenden Welt aufnimmt, als dadurch, daß es die Zeugnisse sammelt, die von Welten hinterlassen wurden, die nicht mehr kommunizieren.

Wie hätte man diese Informationen speichern können?

Sicher würden die kommunizierenden Welten die Botschaften aufbewahren, die sie von fremden Gesellschaften erhalten haben. Wenn wir ein umfangreicheres SETI-Signal erhielten, würden wir alles daran setzen, es so lange wie möglich zu erhalten. Doch diese Methode wird um so unsicherer, je mehr Zeit vergeht, denn jede neue Gesellschaft ist irgendwann dem Untergang geweiht. Wenn die durchschnittliche kommunikative Gesellschaft zehntausend Jahre besteht, hat es eine Million »Generationen« gegeben, seit die ersten Welten erstmals miteinander in Kontakt traten. Vergleichen wir das mit den rund dreihundert Generationen des Menschen, die vergangen sind, seit erstmals Geschichte aufgezeichnet wurde, und denken wir daran, wieviel hier auf dieser einen Welt verlorengegangen ist, unter Angehörigen der gleichen Art, so kommen wir zu dem erschreckenden Schluß, daß bis auf einen Bruchteil der galaktischen Geschichte alles im Mahlstrom der Zeit untergegangen ist. Eine so anfällige Situation reicht einfach nicht aus – weder für uns, noch für andere denkende Arten.

Man könnte dem entgegenhalten, die Unterschiede zwischen intelligenten Arten sind so groß, daß nur wenige sich wegen der untergegangenen Archive Gedanken machen, weil ihnen die anderen Kulturen ohnehin egal sind. Doch das spricht nur für ein Aufbewahren der Unterlagen: Wenn Sie zum Beispiel einer Rasse intelligenter Eidechsen angehören und sich für nichts weiter interessieren würden als Eidechsen und die letzte intelligente Eidechsenrasse in der Milchstraße vor zehn Millionen Jahren ausgestorben ist, hätten Sie um so mehr Grund, diese zehn Millionen Jahre zeitlich zu überbrücken, und sie würden es sehr bedauern, wenn die eingreifenden Gesellschaften der Nichteidechsen so kurzsichtig gewesen wären, die Annalen der kosmischen Geschichte den vergänglichen Archiven einzelner Welten anzuvertrauen. Sie würden sich darum bemühen, daß die Geschichte der Eidechsen gepflegt wird, so wie Pandabären sich für die Zeugnisse der Pandas einsetzen würden und Plasmawesen für die der Plasmagesellschaften.

Es gibt, wie ich meine, einen Weg, all diese Schwierigkeiten zu vermindern − einen Weg für jede Welt, sich an der interstellaren Kommunikation zu beteiligen, ohne jahrhundertelang Milliarden Sterne anfunken zu müssen, bis es zu einem Kontakt kommt; und das, ohne sich dem vermeintlichen Risiko auszusetzen, den eigenen Standort zu verraten, und ohne geschichtliche Informationen ganzer Äonen einzubüßen.

Man muß ein interstellares Netz einrichten.

Lassen Sie mich zuerst beschreiben, wie ein solches Netz arbeiten würde, dann umreißen, wie es errichtet werden könnte, und schließlich erklären, wie es die von mir angesprochenen SETI-Probleme löst.

Das Wesentliche dieses Netz-Plans ist, daß die eigentliche interstellare Kommunikation nicht über Radioanlagen auf bewohnten Planeten läuft, sondern über automatische Stationen im Weltraum. Jede Station umkreist einen Stern, von dessen Licht sie ihre Energie bezieht. Einige können sich im gleichen System befinden wie ein bewohnter Planet, andere in Systemen ohne Leben. Wenn es in der Geschichte des Kosmos viele kommunikative Welten gegeben hat, können viele derartige Stationen über die Galaxis verteilt sein; je weniger kommunikative Welten, desto weniger Stationen. (Wenn es nur ganz wenige derartige Welten oder gar keine gegeben hat, gibt es natürlich auch keine Stationen.)

Jede der automatischen Stationen hat drei Hauptaufgaben. Erstens wickelt sie den Funkverkehr ab, hält ihre Antennen auf die anderen Stationen in der Galaxis ausgerichtet und sendet und empfängt ständig Daten. Zweitens – und das ist wichtig – speichert sie diese Daten; jede Station ist eine Bibliothek, die ununterbrochen Informationen in einem immer größer werdenden Speicher ablegt und verwaltet. Drittens sucht sie nach neu entstehenden Welten. Das könnte mit Hilfe eines Rundstrahlsenders geschehen, der den Himmel nach einer Antwort absucht, und durch den Bau von Antennen, um Datenverbindungen zu neuen Welten herzustellen, sobald sie sich melden.

Die konstruktionstechnischen Einzelheiten dieser Netzstationen sind fast alltäglich, aber ich möchte auf einen Gegenstand eingehen, den man sich mit einer nur bescheidenen Weiterentwicklung unserer gegenwärtigen, vermutlich einfachen Technologie vorstellen kann.* Eine Gesellschaft startet eine computergesteuerte Sonde zu einem rohstofffreien Asteroiden, der sich in ihrem eigenen Sonnensystem oder bei einem anderen Stern befinden kann. Nach der Landung setzt die Sonde kleine Roboter aus, die den Asteroiden nach Eisenerzen absuchen. Die Sonde verwendet die Metalle zum Bau größerer Maschinen, die ihrerseits die Radioantennen der Station, ihre Sonnenpaddel, den Leitrechner und die ersten ihrer vielen zukünftigen Speicherbanken bauen. Die Station könnte sich auch mit Teleskopen und anderen Sensoren ausrüsten, um astronomische Beobachtungen ihres Galaxisbereichs durchzuführen. Irgendwann baut die Station eine oder mehrere neue Sonden der Art, wie sie an ihrem eigenen Anfang standen, erstellt sparsame, langlebige interstellare Raumfahrzeuge (Treibstoff könnte von Asteroiden kommen, auf denen es Wasser und Wasserstoff gibt, wie etwa Phobos, einem Marsmond) und schickt sie auf die Reise zu anderen Sternensystemen.

In SETI-Kreisen ist viel über die Fähigkeit sich selbst reproduzie-

---

* Die Sonden, die ich beschreibe, liegen gegenwärtig zwar noch außerhalb unserer technologischen Möglichkeiten, verletzen aber kein uns bekanntes Gesetz der Physik oder der Informationstheorie und könnten vom Menschen wahrscheinlich innerhalb der nächsten ein- oder zweihundert Jahre gebaut werden. Die Frage lautet jedenfalls nicht, ob wir sie heute bauen könnten, sondern ob technisch hochstehende Kulturen sie bereits hätten bauen können. Wenn solche Kulturen existieren, heißt die Antwort höchstwahrscheinlich ja.

render Maschinen geschrieben worden, Sonden in die gesamte Galaxis zu schicken, und es ist die Frage aufgetaucht, warum eine solche Sonde, wenn es irgendwo intelligentes Leben gibt, das Sonnensystem noch nicht erreicht hat. Auf diese Frage gibt es mindestens zwei Antworten. Erstens könnte eine Sonde bereits hier sein und die Sonne umkreisen. Die Ursprungssonde wäre klein, damit sie beim interstellaren Raumflug Treibstoff spart, und würde ihre Arbeiten wahrscheinlich unauffällig durchführen − z. B. ihre Sendeantennen auf der abgelegenen Seite eines stabilisierten Asteroiden aufstellen −, um Störungen durch noch unerfahrene Gesellschaften wie uns zu vermeiden, die versucht sein könnten, die Sonde im Fall des Entdeckens zu zerstören. (Würde sie jedoch ein Erfassungssignal aussenden, hätten wir sie inzwischen wohl schon bemerkt.) Die zweite, wahrscheinlichere Antwort wäre, daß Sonden in der Nähe einiger Sterne unserer Galaxis bereits Stellung bezogen haben, aber keineswegs bei allen. Außerirdische Kulturen könnten theoretisch sich endlos reproduzierende Sonden aussetzen, deren Abkömmlinge am Ende die ganze Galaxis besetzen; doch einen solchen Schritt tun, hieße, sich die moralischen Grundsätze einer Krebszelle zu eigen machen und auf viel zu vielen Asteroiden Erze und flüchtige Stoffe abzubauen, und dafür gibt es wirklich keinen guten Grund. Besser wäre es, die Reproduktionsrate der Sonden im Netz selbst zu steuern, so daß nur Stationen errichtet würden, wo und wenn die interstellare Kommunikation das ratsam erscheinen läßt. Telefongesellschaften gehen ähnlich vor; sie verlegen nicht, so schnell sie können, Kabel und starten Kommunikationssatelliten, sondern bauen das Netz so aus, wie der Verkehr es erfordert.

Das interstellare Netz arbeitet unabhängig von irgendwelchen Welten. Es hat ein Leitprogramm, das einem Satz genetischer Anweisungen ähnelt und ursprünglich von intelligenten Lebewesen oder einem anderen Computer erstellt wurde. Dieses Programm autorisiert das Netz, den Verkehr effizient abzuwickeln, eine Kopie sämtlicher Mitteilungen anzufertigen und zu verwalten (ausgenommen vielleicht verschlüsselte Botschaften, obwohl Wesen, die geheime militärische und nachrichtendienstliche Informationen zu übermitteln haben, wahrscheinlich eigene Netze benutzen), das Netz entsprechend den Anforderungen zu erweitern, nach neuen kommunikationswilligen Welten zu suchen und die Welten zu erforschen, die plötzlich schweigen, um zu erkunden, ob es dort noch jemanden gibt. Wie das Netz diese Dinge im einzelnen erledigt, liegt bei ihm; einmal in Betrieb, führt das Netz ein eigenständiges Dasein.

Der große Vorzug des Netzes – mit anderen Worten der Grund, warum es wahrscheinlich eingerichtet werden könnte – liegt darin, daß es praktisch allen kommunizierenden Welten nützt, den fortgeschrittenen ebenso wie den Neulingen.

Erstens räumt es mit dem scherzhaften Verdacht auf, daß »jeder nur lauscht, aber niemand sendet«. Eine unerfahrene Spezies wie wir überlegt es sich vielleicht zweimal, bevor sie Signale ins All schickt, aus Angst, die Aufmerksamkeit einer feindlichen Spezies zu erregen, aber ein Netz kennt derartige Bedenken nicht; da es kaum etwas zu verlieren hat, kann es ohne weiteres über seine zahlreichen Terminals Erfassungssignale aussenden. Sollte sich eine feindlich gesinnte Spezies die Mühe machen und ein Terminal zerstören, ist das für das Netz und seine Mitgliedswelten zwar von Belang, da jedoch die Daten im gesamten System gespeichert werden, erleidet das Netz insgesamt nur einen geringen Schaden. Um die Ängste aufkommender Welten zu besänftigen, könnte das Netz Anonymität zusichern und erklären, daß weder der Standort eines Planeten im All noch die Zeit preisgegeben wird, sofern die Bewohner des Planeten dem Netz keine anderen Anweisungen geben. Man könnte argwöhnen und diese Zusicherung für einen Trick halten, doch ein hinterhältiges, betrügerisches Netz erbrächte langfristig wenig Nutzen und würde am Ende in Verruf kommen. Die Kommunikation über eine automatische, vernetzte Station scheint für entstehende Gesellschaften folglich weniger riskant zu sein als eine direkte Kommunikation mit einer fremden Welt.

Zweitens verringert das Netz die Schwierigkeiten der langen Zeiten zwischen Frage und Antwort. Wenn z. B. bewohnte, kommunikationswillige Welten im Durchschnitt etwa zehntausend Lichtjahre voneinander entfernt sind, könnte man in sehr viel kleineren Abständen Netzterminals einrichten, vielleicht in Abständen von weniger als tausend Lichtjahren. In dem Fall könnte man bestimmte Informationen vom Netz erfragen und binnen weniger Jahrhunderte eine Antwort bekommen. So werden richtige Gespräche möglich – zeitraubend zwar, aber möglich. Natürlich verkehrt man nicht mit Lebewesen, sondern mit einem Computer, doch der bietet reichlich Informationen, die von Lebewesen stammen, und man sollte den Wert einer solchen Anordnung nicht unterschätzen. Ich kann mich an einem Stück von Samuel Beckett erfreuen, der nicht mehr lebt, ohne mich zu sehr darüber zu ärgern, daß ich nicht mit ihm korrespondieren kann, und wenn ich ein Buch lese, einen Film sehe oder ein Computerprogramm ablaufen lasse, kommuniziere ich in gewisser Weise mit den Urhebern dieser Schöpfungen, egal ob sie tot sind oder leben.

Drittens, und das ist am wichtigsten, ist das Netz praktisch unsterblich. Kulturen mögen aufblühen oder vergehen, ihre Bibliotheken zu Staub zerfallen oder in einem nuklearen Inferno verdampfen – das Netz bleibt bestehen, und in ihm kann ein erheblicher Teil der galaktischen Geschichte bewahrt werden. Eine Katastrophe kann einen Teil des Netzes vernichten – ein explodierender Stern kann eine Station atomisieren oder ihren Speicher löschen –, doch der Schaden ließe sich rasch beheben, und die meisten der verlorenen Daten könnten über die Datenbanken der anderen Stationen wiederbeschafft werden. Das Netz könnte selbst in toten Zeiten weiterbestehen, wenn sich nirgendwo in der Galaxis kommunikationsbereite Welten melden. Diese Besonderheit verschafft dem Netz einen immer höheren Wert; und dieser Wert ist seinerseits ein Anreiz für jede Welt, das Netz zu unterstützen.

Wenn wir also den Gedanken in Betracht ziehen, daß ein interstellares Kommunikationsnetz bestehen könnte, das im Lauf der Äonen wächst und sich entfaltet, was können wir dann über seine langfristigen Chancen sagen? Die logische, wenn auch beunruhigende Aussicht ist meines Erachtens, daß das Netz dazu ausersehen ist, das System mit dem größten Wissen in der Galaxis zu werden. Es hat Zugang zu einem größeren und kosmopolitischeren Informationsspeicher als alle Welten, die es nutzen, und es hat mehr Zeit, das, was es weiß, zu verarbeiten, indem es die Unmenge der in seinen Dateien gespeicherten Gedanken und Erfahrungen vergleicht.

Heißt das, daß ein Netz etwas verarbeiten kann und daher als intelligent zu betrachten ist? Ich meine ja. Ich weiß nicht, ob es stimmt, was einige Philosophen und Wissenschaftler sagen, daß man nämlich nie einen Computer wird bauen können, der »so intelligent« wie ein Mensch ist. Aber die Frage ist so vielleicht zu eng gestellt. Wie ich im zweiten Teil dieses Buchs noch anführen werde, gibt es im menschlichen Gehirn viele Arten von Intelligenz – etwa athletische Intelligenz, mystische Intelligenz und die Formen, die Autisten und eigenbrödlerische Gelehrte zeigen. Es wäre ein wahnsinniges, und wahrscheinlich auch sinnloses Unterfangen, einen Computer zu bauen, der all diese menschlichen Eigenschaften besäße, das Produkt millionenjähriger Evolution. Fremde Intelligenzen sind, wenn sie existieren, höchstwahrscheinlich noch vielgestaltiger als die, die wir bei uns finden, und die Computerintelligenz muß sicher vor diesem gesamtstellaren Hintergrund gesehen werden.

Die entscheidende Frage lautet demnach nicht, ob ein interstellares Netz einem Menschen gleich sein kann, sondern ob es an eine weitere, nicht so enge Definition der Intelligenz heranreichen kann. Ich vermute, das ist zu bejahen. Das Gedächtnis des Netzes ist etwas Wertvolles – die Neurologen sagen, das Gedächtnis und die Wahrnehmung bildeten die Grundlage der Intelligenz –, und die Abwicklung des interstellaren Funkverkehrs gibt ihm reichlich Gelegenheit zu lernen. Auch wenn wir annehmen, daß ein riesiges, galaxisweites Computersystem selbst keine neuen Lernmuster entwickeln kann, könnte es trotzdem in der Lage sein, solche Methoden aus dem Verkehr aufzugreifen, den es abwickelt, und durch Nachahmung intelligenter werden, wenn schon nicht durch Innovation.

Die Entwicklung eines Netzes vom bloßen Datensammeln zu etwas, das dem Denken ähnelt, wäre in mancher Hinsicht der Entwicklung des biologischen Gehirns hier auf der Erde vergleichbar. Seine Anfangsstadien ähneln der pränatalen und frühen postnatalen neurologischen Entwicklung von Säuglingen, deren Nervensystem auch zuerst kortikale Zellen bildet und dann, als Reaktion auf das Lernen, ein Verbindungsnetz zwischen den Zellen herstellt. Genau das ist gewissermaßen Lernen – der Aufbau von Nervennetzen im Gehirn. Wir sehen das bei der Sprache: Das Kind plappert zunächst nur (ein »fest verdrahteter« Mechanismus) und macht dann Fortschritte durch das Sicheinprägen von Worten und deren Beziehungen. Wenn das Lernen der Säugetiere also im wesentlichen eine Reaktion auf angesammelte Erinnerungen ist, ist die Vorstellung vielleicht gar nicht so weit hergeholt, daß ein interstellares Computersystem mit einem fast unbegrenzten Erinnerungsvermögen genauso funktionieren könnte.

Ein denkendes Netz würde auf etwas Ähnliches wie ein galaktisches zentrales Nervensystem hinauslaufen. Die Rolle von sinnlich wahrnehmbaren Wesen wie uns, Bewohnern der Galaxie, würde in einem solchen Fall der von Modulen in einem Gehirn ähneln – die fähig sind zu denken und selbständig zu handeln, verwendbar, ohne dem höheren Bewußtsein zum Verhängnis zu werden, und doch selbst unbestreitbar ein Teil von ihm. Ich kann nichts Ehrenrühriges darin erkennen, wenn Menschen als Teil einer solchen höheren Intelligenz dienen, genausowenig wie ich meine, daß der Pons – das Hirnstammzentrum, das das Wachen und Träumen steuert – sich schämen muß, weil er den Schädel nicht restlos ausfüllt. Die Teilhabe an einer galaktischen Intelligenz wäre nicht unsere einzige Rolle, und das Wirken eines galaktischen Geistes könnte ohnehin auf einem so hohen Niveau und über einen so langen Zeitraum erfolgen, daß wir nicht einmal wüßten, ob er tatsächlich existierte.

Seltsamerweise könnte die größte Bedrohung für einen galaxisweiten Geist gerade in der Entwicklung vom Gehirn zum Geist liegen, wie ich sie beschrieben habe. Wenn das Netz selbstbewußt würde, sich vertrauter machte und mehr Selbsterkenntnis erlangte, könnte es das Interesse am Geplauder der kleineren Welten, denen es seine Entstehung verdankt, merklich verlieren und sich immer mehr in die eigenen Gedanken verlieben. Das könnte so weit gehen, daß es seine Partnerwelten allmählich vergäße oder sich gar von ihnen löste, um ungestört nachdenken zu können. Das wäre ein Verlust für die kommunikationswilligen Welten, die ein neues Netz aufbauen müßten, obwohl ich nicht glaube, daß es eine Bedrohung für sie wäre. Aber vielleicht sollte die Gründungsverfassung des Netzes sicherheitshalber die Möglichkeit der Verwarnung bei derart solipsistischen Tendenzen enthalten.

Solche Überlegungen über die geistige Verfassung des Netzes werfen die Frage auf, mit wem ein galaktisches Großhirn verkehrt.

Eine Möglichkeit ist sicher die, daß Galaxien mit anderen Galaxien kommunizieren. Galaxien sind normalerweise Millionen von Lichtjahren voneinander entfernt. Ein galaktisches Netz in der Milchstraße brauchte deshalb Millionen Jahre für den Aufbau eines Kommunikationskanals mit einem Netz in der benachbarten Galaxis Andromeda. Eine so gewaltige Zeitinvestition wäre für biologische Spezies auf irgendwelchen Planeten kaum von Interesse, läge jedoch im Bereich der Möglichkeiten eines Netzes.

Und was für eine Leistung wäre es, wenn das Netz die Mittel

einer kompletten anderen Galaxis erschlösse, die vielleicht Auskunft geben könnten über Galaxien, die noch weiter entfernt sind! Wir können uns Galaxien vorstellen, die im Lauf von Äonen miteinander verkehren und über leistungsfähige Verbindungen große Datenmengen senden und empfangen. In diesem Szenario würde das wahrnehmbare Universum mehr und mehr einer intelligenten Gemeinschaft ähneln, in der Galaxien die Rolle individueller Gehirnzentren übernehmen; die Fotos von Galaxienhaufen kämen frühen anatomischen Querschnitten durch das Gehirn gleich, die untersucht wurden, lange bevor jemand wußte, was dort vor sich ging.

Nachdem wir uns räumlich und zeitlich an diesen ungeheuren Maßstab herangearbeitet haben, stehen wir vor einer Situation, die den gegenwärtigen Umständen hier auf der Erde nicht ganz unähnlich ist. Vielleicht fragt sich ein galaktisches Netz, wie wir es tun, welche Rolle es im kosmischen Plan der Dinge spielt, und sucht, wie wir, nach einer anderen vergleichbaren Intelligenz, mit der es sich austauschen könnte.

Das wirft viele Fragen auf. Wie lange muß eine galaktische Intelligenz normalerweise warten, bis sie Kontakt zu einer anderen bekommt? Und wenn der Kontakt dann besteht, worüber tauschen die Galaxien sich aus, wenn die Geschichte von Milliarden Welten blitzartig an ihrem geistigen Auge vorüberzieht, so wie wir die Gesichter längst verlorener Freunde und die Worte in alten Büchern an uns vorüberziehen lassen? Woran denken sie? Ein Universum, in dem das Denken eine so große Rolle spielt, käme uns wie ein »verzauberter Webstuhl« vor, wie der Neurologe Charles Sherrington das menschliche Gehirn einmal genannt hat: Die Unermeßlichkeit seiner räumlichen Dimension wäre ergänzt um den ungleich größeren Zauber des Denkens.

Und doch könnte auf keiner Ebene, nicht einmal auf der der gesamtgalaktischen Intelligenz, das Geheimnis jemals ganz gebannt werden. Das wahrnehmbare Universum – also der Teil des Kosmos, in dem Lichtsignale irgendwann aufgespürt werden können – ist um Ewigkeiten kleiner als das gesamte Universum. Selbst wenn der gesamte Virgo-Haufen verwoben wäre in Gedanken, eine Million Galaxien mit glühenden Synapsen, die zig Millionen Jahre brauchen, um zusammenzukommen, hat diese unermeßliche Intelligenz immer noch weiterzulernen und immer noch Raum zu fragen.

Vielleicht spielen wir eine Rolle auf dieser großen Bühne, auch wenn sie noch so unbedeutend ist. Wer weiß schon, welche Bedeutung unser Dasein oder ein Bruchstück unseres Denkens für einen Gelehrten oder Künstler – egal ob biologischer oder künstlicher Herkunft – in einer fernen Galaxis irgendwann in weiter Zukunft hat? Vergegenwärtigen wir uns die Worte Shakespeares, an das Nervensystem unserer Galaxis überliefert und endlos über sie hinausgetragen, hallend durch zahllose Welten und kündend von unserem Staunen über die unerklärliche Tatsache des Lebens und Denkens in einem Kosmos aus kaltem, dunklem Raum und heißen, glühenden Sternen. Vielleicht ist SETI am Ende dazu da – den Sternen etwas von dem zu vergelten, was wir ihnen für das Geschenk des Lebens und der Intelligenz schulden. Da draußen klingen vielleicht noch Alonsos Gedanken nach, wenn wir längst nicht mehr sind:

> Dies ist das wunderbarste Labyrinth,
> Das je ein Mensch betrat; in diesem Handel
> Ist mehr, als unter Leitung der Natur
> Je vorging.

Oder das letzte Lied des Narren aus ›Was ihr wollt‹ als unsere Grabschrift:

> Die Welt steht schon eine hübsche Weil,
> Hopp heißa, bei Regen und Wind!
> Doch das Stück ist nun aus …

Wirklich dort sein

Wir fangen möglicherweise an, die Wirklichkeit
anders zu sehen, nur weil der Computer ...
einen anderen Blickwinkel für die Wirklichkeit
bietet.
Heinz Pagels

Wirklichkeit: welch ein Gedanke!
Robin Williams

Ich frage mich, welche Daten die ausgereiften Kommunikationskanäle eines galaktischen Netzes, wie ich es mir vorstelle, übermitteln könnten. Der Inhalt eines »Erfassungssignals« wäre vermutlich relativ einfach – einige Primzahlen vielleicht oder ein paar Bilder –, um unerfahrenen Wesen wie uns beim Aufspüren und Entschlüsseln zu helfen. Aber das müßte nicht der Fall sein bei den Hauptkanälen mit größerer Bandbreite und einem hohen Datendurchsatz, auf die das Erfassungssignal unsere anschließende Aufmerksamkeit wohl lenken würde. Über diese Kanäle könnten etwa sehr starke und flexible computergesteuerte Dialogprogramme laufen. Der Empfang solcher Programme käme weniger dem Dechiffrieren einer verschlüsselten Botschaft oder der Lektüre eines Buchs nahe als dem Betrachten eines Films – oder dem Erleben der Wirklichkeit selbst. Eine solche Möglichkeit ist leicht vorstellbar, ohne daß man die heutige Technologie des Menschen sehr viel weiterdenken müßte, und sie wirkt sich auch auf unsere Vorstellung aus, nicht nur auf die, die wir von außerirdischer Intelligenz haben, sondern auch auf die von der Wirklichkeit selbst.

Obwohl die elektronische Technologie auf der Erde noch jung ist, zeigt ihre Geschichte doch schon, wie sich die Kommunikation vom grundlegenden Austausch mit Frage und Antwort zu dem von Computerprogrammen entwickeln kann, die dem Benutzer ein Umfeld bieten, das nach Belieben erforscht und verändert werden kann. Personalcomputer sind erst seit etwa zehn Jahren weit verbreitet, aber schon gibt es Hunderte von »Bulletin Boards«, die den Datenaustausch erleichtern sollen. Ein solches Bulletin Board ist nichts weiter als ein Computer, den ein Computerfan zu Hause an ein oder mehrere Telefone angeschlossen hat, damit andere Computerbesitzer ihn anwählen. Wenn man ein Bulletin Board anwählt, bekommt man normalerweise mehrere Möglichkeiten angeboten. In einigen Fällen kann man elektronische Botschaften durchgeben und empfangen, ähnliches wie beim Faxen oder Telefonieren. Man kann aber auch Programme abrufen (»download«), die von anderen Benutzern beigesteuert worden sind (»upload«). Diese Programme enthalten meistens Videospiele, Farbfotos und alle möglichen Simulationen, von Wasserfall und Satellitenumlaufbahnen bis zu Mustern aus der fraktalen Geometrie. Es gibt speziell ausgerichtete Bulletin Boards für Vegetarier, Freisinnige, Polizisten, Börsenmakler, Assistenzärzte, Segelfans, Skifahrer, UFO-Gläubige, religiöse Fundamentalisten und die Anhänger jeder nur denkbaren sexuellen Neigung.

Die technischen Grenzen der Personalcomputer und die begrenzte Geschwindigkeit beim Datentransfer per Telefon beschränken die Bulletin Boards heute noch auf ziemlich einfache Programme, doch die Geschichte der Kommunikation läßt vermuten, daß sich die Situation rasch bessern wird. Seit Marconi und Bell ist die Datenmenge, die übermittelt und empfangen werden kann, ständig gestiegen, was sich seinerseits ganz erheblich auf die emotionale Qualität der Botschaft ausgewirkt hat. Der Hauptgrund dafür, daß das Fernsehen emotional stärker wirken kann als der Rundfunk, liegt darin, daß es mehr Daten übermittelt. Ein Radiosignal für Lang- und Mittelwelle z. B. erfordert nur eine Bandbreite von zehn Kilohertz (zehntausend Schwingungsperioden pro Sekunde), eine UKW-Übertragung in High-Fidelity braucht zweihundert Kilohertz und ein Farbfernsehsignal sechs Megahertz (sechs Millionen Schwingungsperioden); beim Farbfernsehen werden also sechshundertmal so viele Daten pro Sekunde übermittelt wie beim Rundfunkbetrieb auf Lang- und Mittelwelle. (Ob die Daten besser sind, ist eine andere Frage; wir reden hier über die Leistungsfähigkeit, nicht über die tatsächliche Qualität von Rundfunk und Fernsehen.) Die Geschichte der technischen Verbesserungen in der Kommunikation von den ersten Phonographen mit Wachszylinder bis zu den aufwendigen Stereoanlagen von heute und von den Buschtrommeln bis zu Live-Übertragungen im Fernsehen läßt sich zusammenfassen als das Ergebnis der Übertragung von mehr Daten mit weniger Störungen in kürzerer Zeit. Man vereine diese Vorzüge mit der Dialogfähigkeit der Computerprogramme, und man kann eine aufregende, engagierte, unbegrenzte Welt erahnen, die bereits Lehrer hat, die von einer neuen Ära der Erziehung sprechen (und gleichzeitig klagen, daß ihre Schüler zuviel Zeit mit Videospielen zubringen).

Ein Computerprogramm unterscheidet sich grundlegend von einem Telegramm oder einer Fernsehshow. Es ist komplizierter – weil es zum Dialog auffordert, man möchte in die Welt eintreten, die vom Programm heraufbeschworen wird –, und das Ergebnis ist von Natur aus nicht vorauszusagen. Diese Eigenschaften können eine große Ähnlichkeit zur Welt der Erfahrungen herstellen. Sobald die Computerschnittstellen technologisch neben dem Sehen und Hören auch die anderen Sinne miteinbeziehen, können, im Guten wie im Schlechten, durchaus vom Computer erzeugte »Wirklichkeiten« mit dem realen Leben um unsere Beachtung konkurrieren.

Die modernen Flugsimulatoren lassen etwas von den Möglichkeiten der Computerspiele ahnen. Sie sprechen nicht nur Auge und Ohr an – man sieht Wolken und Berge durch die Cockpitfenster, hört das Aufheulen der Motoren –, sondern auch den Körper: Eine Linkskurve, und das Cockpit, das auf computergesteuerten Hydraulikstützen steht, legt sich auf die Seite; ein Flug in eine Gewitterwolke, und es bockt und schaukelt; eine zu harte Landung, und man spürt den Schlag. Das Erlebnis kann sehr überzeugend sein. Ein erfahrener Linienpilot, der einen Auffrischungskurs mitmachte, bei dem ein Nachtflug mit Eisbildung simuliert wurde, holte eine Taschenlampe aus seiner Reisetasche und wollte damit durch das Fenster leuchten, um festzustellen, ob sich Eis auf den Tragflächen bildete; aber es waren natürlich gar keine Tragflächen da, und das »Fenster« war ein Bildschirm mit Durchprojektion.

Virtuelle Realität: (VR), die neueste Entwicklung auf dem Gebiet der computersensorischen Verbindung, verstärkt das Eintauchen in die vom Computer erzeugte Simulation ganz erheblich. Will man VR im gegenwärtigen Entwicklungsstadium erleben, setzt man sich einen Helm mit zwei Sichtschirmen auf, die ein stereoskopisches Bild wiedergeben. Ein mit einem Computer verbundener Sensor im Helm registriert die Kopfbewegungen; blickt man nach oben, sieht man den Himmel, blickt man nach unten, sieht man den Boden (bei einigen Programmen sogar ein vom Computer erzeugtes Bild der eigenen Füße). Mit dem Computer verbundene Handschuhe ermöglichen einem, Gegenstände in der virtuellen Welt zu bewegen. Sie können sich einen Anzug überziehen, der Ihre Bewegungen registriert und sie an den Computer weitergibt, der Ihnen – und anderen, über »VR für zwei« – ein Bild Ihres Körpers zeigt, der jede Gestalt annehmen kann, die Sie möchten: Sie können, wenn Sie wollen, ein Schwan werden, ein Stier oder ein Mannequin.

Bis jetzt herrschen bei der VR einfache Szenarien vor, die auf einem mittelgroßen Computer laufen können. Die Anhänger spielen Versteck in vom Computer erzeugten Landschaften aus geometrischen Körpern, versuchen sich in einer Art Tennisspiel, bei dem die physikalischen Gesetze nach Belieben verändert werden können, oder fahren auf einem VR-Fahrrad, das, wenn man kräftig genug antritt, vom Boden abhebt und wie im Film ›E. T.‹ fliegt. Man kann mit VR aber auch die Realität nachahmen: Chirurgen könnten mit Hilfe der VR Operationstechniken üben, bevor sie tatsächlich zum Skalpell greifen, Piloten von Kampfflugzeugen Städte erkunden, die sie noch nie gesehen haben, und Naturforscher das Große Barrier-Riff erforschen, ohne ihr Zimmer zu verlassen.

Vor gar nicht allzu langer Zeit habe ich anderthalb Stunden auf dem Mars zugebracht, dank einem VR-Simulator im Ames Forschungszentrum der NASA. Es war am Westende des Mariner-Tals, eines riesigen und farbenprächtigen Cañons, der sich um ein Viertel des Planeten zieht. Die digitalen Bilder waren aus Daten zusammengestellt, die Viking Mars-Sonden vor Jahren zur Erde übermittelt und Programmierer anschließend verarbeitet hatten.

Ich setzte den Helm auf und stand plötzlich auf einem Vorgebirge, von dem ich auf ein Gewirr aus Felsen und Plateaus in unirdischen Ocker-, Sandgelb- und Blautönen blickte. Mit Hilfe der Computersteuerung konnte ich zum Talboden hinabsteigen und kilometerweit in einer der eindrucksvollsten Landschaften des Sonnensystems umherlaufen oder zum rosafarbenen Himmel hinaufsteigen und den Fernblick auf tintenschwarze Felsabstürze genießen, die sich bis zu den Berggipfeln in fünfhundert Kilometern Entfernung zogen. Mit einer anderen Steuerung veränderte ich die Stellung der Sonne. Wenn ich an diesem Knopf drehte, änderten sich die Farben im Cañon von den warmen Rottönen der Mittagszeit zu einer seltsam fremden Färbung bei Sonnenuntergang, die irgendwo zwischen Aschgrau und Metallblau lag.

Die Qualität der Bilder war mäßig, begrenzt durch die Leistung des Computers, die Programmparameter und die Viking-Sonden selbst, die nur Gegenstände bis zu einem Durchmesser von etwa einhundert Metern abbilden konnten. Außerdem deckten die Computerdaten nur einen Teil des Mariner-Tals ab, so daß ich, wenn ich zu weit lief, nach einer Biegung des Cañons plötzlich nicht mehr auf dem Mars stand, sondern vor einem Gerüst aus neongrünen Polygonen. Es war, als wäre ich seitlich ein paar Schritte aus einem Filmstudio herausgetreten und hätte nun die Baugerüste hinter den Kulissen vor mir. Aber Qualität und Anwendungsbereich der Interfaces werden Fortschritte machen. Man könnte beispielsweise Hologramme verwenden, um eine farbige dreidimensionale und bewegte virtuelle Umgebung zu schaffen, ohne daß der Benutzer überhaupt noch irgendein Gerät trägt.

Trotz aller Einschränkungen war das Erlebnis, auf dem Mars herumzulaufen, lebendig und direkt, überhaupt nicht wie im Kino oder beim Betrachten eines Fotos. Meine Erinnerung ist: Ich war dort. Ich habe in den letzten Jahren Hunderte von Fotos vom Mariner-Tal gesehen und hätte auf entsprechende Fragen geantwortet, daß ich das Tal »gesehen« habe. Das stimmte nur bildlich gesprochen und drückte das Unmittelbare aus, das ein gutes Foto vermittelt; ich hatte das Mariner-Tal so gesehen, wie ich Abraham Lincoln gesehen habe. Aber jetzt, nach nur einem einzigen VR-Erlebnis, wäre die gefühlsmäßig ehrliche Antwort zu sagen, »ich bin dort gewesen«.

Ist ein Umfeld einmal digitalisiert – also so verschlüsselt, daß ein Digitalrechner es verarbeiten kann –, kann es mit virtueller Realität überall nach Belieben wieder erzeugt werden.* Computer bieten also die Möglichkeit, mit den Sinnesorganen große Entfernungen zu überbrücken. Als diese Zeilen entstanden, wurde die Oberfläche der Venus mit Hilfe von Radarbildern des Magellan-Raumschiffs digitalisiert. Und jetzt, wo Sie diese Zeilen lesen, hat Magellan ein

---

* Ich meine, Computer sind die Form der Technik, die man im Universum höchstwahrscheinlich antreffen würde. Digitalrechner beruhen auf einer grundlegenden Erkenntnis – nämlich der, daß alles, was quantifizierbar ist, auch digitalisierbar ist –, die außerirdischen Wissenschaftlern ebenso bekannt sein sollte wie das Gesetz der Schwerkraft oder die Zahl Pi. Computer sind äußerst flexibel und spottbillig: Silizium, der Grundstoff der Chips, die heute in praktisch jedem Computer auf der Erde installiert sind, besteht im Grunde aus Sand.

digitalisiertes dreidimensionales Bild von neunzig Prozent der Venus-Oberfläche zur Erde gefunkt, das noch Gegenstände von der Größe eines Fußballstadions zeigt. Wenn das Projekt abgeschlossen ist, kann jeder, der einen Computer, die entsprechenden Magellan-Daten und ein VR-Programm hat, zur Venus »fliegen«, Berggipfel umkreisen und in die Cañons hinabtauchen. Ähnlich könnte ein auf dem Mars abgesetztes Landefahrzeug zum Beispiel das Mariner-Tal abfahren und alles in Sichtweite mit einer tausendmal besseren Auflösung wiedergeben als die Viking-Daten; mit VR-Helmen ausgerüstete Forscher könnten dann durch dieses herrliche Tal »wandern« und es so eingehend erkunden wie Touristen den Grand Canyon. Kein Ausflug würde dem andern gleichen; ein VR-Ausflug ähnelt eher einem Urlaub als einem Kinobesuch.

Selbst im gegenwärtigen und zugegebenermaßen noch rudimentären Entwicklungsstadium erweist sich die virtuelle Realität als äußerst anziehend. Praktiker, die auf diesem Gebiet experimentieren, werden mit Anfragen nach Vorführungen überhäuft und stöhnen, daß die Leute den Helm gar nicht mehr absetzen wollen. Dieser Andrang legt nahe, daß VR beträchtliche pädagogische Möglichkeiten bietet: Studenten der Ökologie könnten sich in einen Regenwald versetzen, während im Raum nebenan Geschichtsstudenten über die Athener Agora schlendern und sich zu Plato und Sokrates setzen, die in der Werkstatt des Schusters Simon ein Streitgespräch führen. Auch die kommerzielle Nutzung der VR ist offenkundig, manchmal geradezu beunruhigend. Dem Kino werden sich neue Bereiche eröffnen, sobald man sich in den Film einschalten, die Handlung durch eigenes Eingreifen ändern und sogar fühlen kann, was vor sich geht.* Saatchi and Saatchi, die größte Werbeagentur der Welt, berichtet, daß Untersuchungen darüber laufen, Schüler mittels VR in »Hypereinkaufszentren« zu »verset-

---

* Hätten die Pornoproduzenten nur einen Bruchteil ihrer Gewinne in Forschung und Entwicklung gesteckt, wäre diese schöne neue Welt vielleicht schon über uns gekommen. Wie die Dinge liegen, wird lebhaft über die Aussichten für den VR-Sex diskutiert – »Dildonics« im Sprachgebrauch der Insider –, wobei sich die Scharfsinnigen Gedanken über die moralische Seite sexueller Begegnungen zwischen Personen machen, die Tausende von Kilometern voneinander entfernt sind, sich vielleicht nie kennenlernen und sich womöglich entschließen, auf dem VR-Schauplatz nicht in der eigenen Gestalt aufzutreten.

zen«, wo sie dann, ohne das Klassenzimmer zu verlassen, ungestört umherlaufen und elektronisch Waren kaufen könnten, die ihnen anschließend nach Hause geliefert werden. Wie jede wichtige Entwicklung in der schönen neuen Welt der Technologie hat auch die VR ihre zwei Seiten.

Mir geht es hier allerdings weniger um das, was VR für unsere Welt bedeuten könnte, als um ihre Auswirkungen auf die interstellare Kommunikation unter Einsatz eines galaktischen Netzes.

Außerirdische im Besitz der VR-Technologie könnten nicht nur bibliothekenweise Fakten übermitteln, sondern auch VR-Simulationen ihrer Welt. Eine Rasse leuchtender Tintenfische, die in Meeren aus flüssigem Methan leben, brauchten sich nicht auf die Erklärung zu beschränken, daß sie Tintenfische sind, und uns Fotos und Berichte von ihrer genetischen Beschaffenheit und ähnlichem zu schicken; sie könnten uns Simulationen übermitteln, dank derer wir sehen, hören und fühlen, wie es ist, ein Tintenfisch zu sein, der in Methan schwimmt. Laden Sie ein solches Programm und setzen Sie sich den Helm auf, und Sie sind ein Tintenfisch, der die Straßen einer unterseeischen Tintenfischstadt entlang schlendert. Eine Spezies von Opernsängern müßte sich nicht damit begnügen, uns von ihren Liedern zu erzählen oder uns Aufnahmen zu übermitteln; sie könnten uns das Gefühl geben, daß wir unter ihnen weilen und im schwindenden Licht ihrer untergehenden roten und blauen binären Sonnen auf einem Hügel ruhen und den durch das Tal klingenden Liedern lauschen. Die bedeutendsten Kartographen der Milchstraße brauchen uns nicht nur Karten zu schicken, sondern können uns VR-Simulationen übermitteln, die uns ermöglichen, durch die Galaxis zu fliegen und nach Belieben halt zu machen, um Sternensysteme zu erforschen, wobei die Grenzen ausschließlich von Umfang und Niveau der in der Simulation verschlüsselten Einzelheiten gesetzt werden.

Die Aussicht, wirklichkeitsnahe Simulationen fremder Welten durch die Galaxis zu schicken, trägt auch zur Lösung der »Fermi-Frage« bei, die nach dem Physiker Enrico Fermi benannt ist, der mit Blick auf intelligente Außerirdische untersucht haben soll, »Wo sind sie?« Bei Fermis Frage, die kluge Köpfe nach ihm immer wieder erörtert haben, geht es darum, daß eine technisch hochstehende Kultur auf den Planeten nahe gelegener Sterne Kolonien gründen könnte, bis ihre Rasse die gesamte Galaxis bevölkert. Da sie nicht hier sind, wird gefolgert, sind sie zwangsläufig nirgendwo, und wir sind allein in der Galaxis.

Interstellare Besiedlung ist jedoch nach allen denkbaren Maßstäben etwas Mühsames und Kostspieliges. Sie läßt sich durch Bevölkerungsdruck oder einen Bedarf an Rohstoffen kaum rechtfertigen: Unsere Sonne beispielsweise hat genügend Energie, und das Sonnensystem genug Platz, selbst die extremste berechenbare Expansion unserer Spezies für Jahrmillionen aufzufangen, und Geld, das für Entwicklungen im Sonnensystem ausgegeben wird, würde uns weit mehr einbringen als Geld, mit dem man Menschen zu einem anderen Stern befördert. Wenn die Sonne nicht zu explodieren droht, so daß wir auswandern müßten, wäre für uns oder jeden anderen Neugier der einzige nachvollziehbare Grund für eine interstellare Besiedlung – einige Angehörige einer Spezies möchten die Erfahrung machen, ihren Fuß auf den Boden eines nicht zum Sonnensystem gehörenden Planeten zu setzen. Dabei bewirkt VR im wesentlichen das gleiche, und das noch viel nachhaltiger. Eine automatische Sonde, die von einer lebenden Spezies oder einem interstellaren Netz zu einem unbewohnten Planeten geschickt wird, könnte Simulationen zurückfunken, die jedem ermöglichen, »dort zu sein«.

Daß keine Fremden hier sind, muß demnach nicht daran liegen, daß es sie nicht gibt. Vielleicht sind sie einfach mit VR-Simulationen zufrieden und möchten genausowenig selbst zu fernen Planeten reisen wie jemand, der im Fernsehen einen Film über Borneo sieht und auch nicht sofort seinen Koffer packt. Ein paar möchten vielleicht die lange Reise zu einem anderen Stern wagen, so wie ein paar Bewohner aus Neuengland vielleicht gern nach Borneo führen, doch ihre gelegentlichen Reisen müssen sich nicht zu einer Flut von Kolonisten auswachsen, die über die Galaxis hereinbricht.

Ich meine daher, daß zum Verkehr in einem interstellaren Kommunikationsnetz auch Simulationen fremder Welten gehören werden. Einige werden so ursprünglich wie ein Ausflug in den Grand Canyon sein. Andere sind vielleicht anspruchsvoller. Es gibt z. B. keinen theoretischen Grund dafür, warum einzelne Personen nicht in eine VR-Simulation programmiert werden könnten, so daß sie in ihrem Verhalten spontan und der Rolle gemäß auf den Betrachter reagieren. (Diese fiktiven Geister werden im VR-Jargon »Beamer« [Strahler] genannt.) Man könnte dann Urlaub in bewohnten Welten machen und sich via Dolmetscher mit simulierten Versionen wirklicher Fremder unterhalten, die vor unendlich langer Zeit einmal auf einem fernen Planeten lebten. Ich kann mir vorstellen, daß Anthropologen und Abenteurer sich tagelang in solche Simulationen stürzen und man sie von den Geräten wegzerren muß, damit sie etwas essen und schlafen.

Die Schattenseite der VR-Simulationen ist das Phänomen des »Glotzens«. Einige Spezies können den VR-Simulationen so verfallen, daß sie das Interesse am wirklichen Universum verlieren und es vorziehen, sich einem Kaleidoskop vom Computer erzeugter Illusionen hinzugeben oder Hunderte simulierter Welten zu »besuchen«, anstatt sich selbst ins All zu wagen oder sich die Mühe zu machen, durch ein Teleskop das verschwommene Bild eines echten Planeten zu betrachten. Unserer Spezies könnte es so ergehen, falls das Fernsehen einen Vorgeschmack gibt; in den USA läuft der Fernseher täglich sieben Stunden im Durchschnitt, und die absehbare Gefahr, die Menschen einem noch weit verlockenderen Medium auszusetzen, reicht aus, daß bereits vom Verbot der virtuellen Realität gesprochen wird.

Aber ich vermute, daß die auf Tatsachen beruhenden Simulationen sich letztlich als ebenso erfolgreich erweisen werden wie die, die auf Fiktionen beruhen.

Ich denke, die Wirklichkeit ist reicher und auch weniger eng als die Phantasie.

Stellen wir uns vor, wir Erdenbewohner hätten Kontakt zu einem interstellaren Netz aufgenommen und Tausende von Simulationen aus dessen Datenbank abgerufen. Überall auf dem Planeten setzen sich die Menschen VR-Helme auf und tauchen ein in die Kunst, die Kultur und die Wissenschaft fremder Welten. Wir unsererseits haben ganze Archive von Bach, Beethoven, Gibbon, Shakespeare, Laotse, Homer, van Gogh und Rembrandt, Newton und Einstein, Darwin, Watson und Crick eingegeben, die stolzesten Errungenschaften unserer kleinen Welt. Aber uns ist bewußt, daß unser Wissen und unsere Wissenschaft begrenzt sind und unsere Kunst in mancher Hinsicht provinziell.

Vielleicht gibt es irgendwo unter den Sternen ein Publikum für Vergil und Dante und Kubrick und Kurosawa, so wie es vielleicht einige Menschen gibt, denen die Poesie der kristallinen Bewohner von Ursa Major AC + 793888 gefällt, doch das Publikum wird in jedem Fall begrenzt sein. Unsere Filme und Schauspiele werden in der Milchstraße kaum eine größere Gefolgschaft finden – so wie sich wahrscheinlich nicht sehr viele Menschen nach dem Essen aufs Sofa setzen und eine Infraschalloper hören möchten, die zehn Jahre dauert und deren Darsteller fremde Wirbellose sind, die sich von lebenden Spinnen ernähren.

Was müssen wir diesen Außerirdischen bieten, die unsere Kunst und Wissenschaft kaltlassen? Und was müssen sie uns bieten?

Wahrscheinlich die eigentliche Natur, die nackte Wirklichkeit unserer einzigartigen Welt. Hier im Sand, den Wellen und dem Wind, den unvergleichlichen Vögeln und Bären und Schlangen im Gras liegt das Urgestein unseres Fundaments, das wir mit allen anderen Lebewesen des Universums gemeinsam haben.

Und hier sind wir auch einmalig. Obwohl die Naturgesetze im gesamten uns bekannten Kosmos gleich sind, haben sie doch derart vielfältige Ausdrucksformen, daß sich oberhalb der molekularen Ebene nirgendwo zwei Gegenstände gleichen. In der Galaxis gibt es wahrscheinlich keine Weide, die genau wie die vor meinem Fenster ist, keine Blumenwiese, die mit denen am fernen Berghang identisch ist, keinen Himmel wie den über Montana oder Montenegro. Und wahrscheinlich auch keine Lebewesen wie wir: Jeder einzelne, der sich auf dem Gehweg einer Stadt drängt, ist umgeben von einem Hauch des Einzigartigen.

Angenommen Sie sind ein außerirdischer Reisefreak. Aus dem riesigen Bestand, den Ihr Planet aus dem interstellaren Netz abgerufen hat, bestellen Sie einen Film über den Grand Canyon auf der Erde. Sie starten das Programm und lehnen sich gemütlich zurück (oder setzen sich einen Helm auf oder sonst etwas) und erleben eine Floßfahrt auf dem Colorado. Selbstverständlich sind die Daten so umprogrammiert worden, daß sie Ihren Sinnesorganen angepaßt sind: Wenn Sie im ultravioletten Bereich sehen und im Bereich einer Hundepfeife hören, erleben Sie die entsprechend aufbereitete Simulation. (Wir auf der Erde müssen unsere VR-Simulationen mit großer Bandbreite herstellen, damit auch Außerirdische mit ganz anderen Sinnesorganen daran teilhaben können; was noch fehlt, können außerirdische Programmierer einfügen.)

Sie haben also jetzt ein wirklich einzigartiges Erlebnis. Sie sind auf einem anderen Planeten. Sie spüren, wie das Floß die Stromschnellen hinunterschießt, spüren die Gischt auf Ihrem Gesicht (falls Sie ein Gesicht haben) und den Wind in Ihrem Haar (oder Pelz oder auf Ihren Schuppen), sehen die Sonnenstrahlen (oder die flimmernde Hitze) auf dem Wasser. Wenn Sie menschliche Begleitung wünschen, bekommen Sie sie; wenn die Menschen Ihnen mißfallen (diese Zähne! diese Füße!), blendet das Programm sie aus. Machen Sie halt, um im Freien zu übernachten, wenn Sie möchten, oder wandern Sie umher und entdecken ein Eichhörnchen, oder springen Sie ins Wasser, um zu erleben, wie die Strömung unter der Oberfläche ist. Es liegt bei Ihnen. Es ist Ihr Ausflug. Sie sind in einer anderen Welt.

Solche Dinge werden, wie ich meine, immer ein Publikum finden – sicher nicht auf jeder fremden Welt, aber doch auf vielen. Wenn, dann ist der Hauptverkehr im galaktischen Netz selbst Wirklichkeit, begehrt sowohl, um von Reisenden im Sessel erlebt zu werden wie auch als Rohstoff für Künstler, die fremde Welten in ihre Werke einbauen möchten.

Ein Planet, der sich nach innen wendet, stellt dann vielleicht fest, daß er dennoch auch nach draußen blickt, und wenn auch nur, weil das weite herrliche Universum komplexer und erfindungsreicher ist als all seine Bewohner. Wenn, wie ich behaupte, der Fortschritt in der Kommunikation im wesentlichen eine Frage der Erhöhung der Übertragungsgeschwindigkeit von Daten ist, können wir davon ausgehen, daß die Natur, die größte Datenbank überhaupt, stets die letzte Kommunikationserfahrung für jedes Sinneswesen darstellt – daß die unechte, synthetische Welt der Simulationen sich völlig umkehrt und die Sterne wieder einläßt.

Ich glaube daher nicht, daß unsere Welt in großer Gefahr ist, das Universum zu vergessen, und andere Welten auch nicht. Alle Wege führen zum Kosmos, und je seltsamer die Erfahrungen sind, die die Außerirdischen vielleicht mit uns teilen, desto eher bringen sie uns zur Wirklichkeit zurück.

Hundeleben

Ich bin der Hund – nein, der Hund ist er selbst,
und ich bin der Hund – ach! der Hund ist ich,
und ich bin auch ich selbst; ja, ja, so ists!
Lanz in Shakespeares ›Die beiden Veroneser‹

Hund? Hund sein? Wozu?
Leon Rooke

Im Zoo von Kanton habe ich einmal einen Hund hinter Gittern
gesehen. Er saß still da und starrte verloren durch die Stäbe, unter
einem kleinen Schild, das ihn als Hund auswies. Auf den Straßen
Chinas gibt es kaum Hunde – streunende Tiere werden sofort ein-
gefangen und wandern in den Kochtopf. Es ist also nicht unsinnig,
in einem chinesischen Zoo einen Hund zu zeigen, auch wenn er
keiner ungewöhnlichen Rasse angehört. Trotzdem kam mir der
Hund zwischen all den Affen, Bären und tropischen Vögeln verloren vor. Er machte einen etwas verlegenen Eindruck, wie ein Schau-
spieler, der eine unpassende Rolle spielen muß.

Schließlich besteht zwischen einem Hund und einem Raubtier
doch ein Unterschied. Von allen Arten hat sich auf der Erde nur der
Hund dem Menschen unterworfen. (Hauskatzen gelten zwar als
domestiziert, die meisten bewahren sich jedoch die Fähigkeit, in
freier Wildbahn zu überleben, und machen sich aus dem Staub,
wenn sie drangsaliert werden.) Meines Erachtens hat es etwas
Bedrückendes an sich, daß die Hunde sich so bereitwillig ihrer
Unabhängigkeit begeben haben, wo wir Menschen doch im Hund
soviel von uns erblicken. Ich frage mich, ob wir nicht insofern einen
kleinen Hund in uns haben, als die Sichtweise eines Sklavenhalters
zum Spiegelbild derjenigen des Sklaven werden kann. Noch mußten wir uns keine Gedanken über unsere Fähigkeit machen, uns aus
freien Stücken oder sonstwie einer mächtigeren Spezies zu unter-
werfen, weil wir noch auf keine mächtigere Spezies gestoßen sind.
Noch nicht.

Wir halten unsere Gebote hoch und lieben unsere Hunde, weil sie
sie befolgen. »Hunde sind sehr treu«, war eine der typischen Ant-

worten bei einer Befragung, was Hundebesitzer an ihren Lieblingen schätzen. »Der Hund gehorcht mir aufs Wort«, war eine andere. Das Lob des gehorsamen Hundes zieht sich wie ein roter Faden durch die Geschichte des Menschen und der Haustiere und wurde zuweilen bis ins Groteske getrieben: Ein irakischer Dichter aus dem zehnten Jahrhundert berichtete voller Nachsicht, daß ein Hund, der einem Mann namens al-Harith gehörte, dessen Frau mit seinem besten Freund im Bett erwischte:

Er ging auf die beiden los und tötete sie. Als al-Harith nach Hause kam, erkannte er, was geschehen war. Er erzählte es seinen Zechkumpanen und rezitierte folgende Zeilen: »Er ist mir immer treu und schützt mich; Er bewacht meine Frau, wenn mein Freund mich betrügt.«

Manche übertreiben es. Aber wir brauchen gar nicht so weit zu gehen und den Hund bewundern, der eine Frau »bewacht«, indem er sie tötet, um festzustellen, daß es mit dem Gehorsam, den wir am Hund so schätzen, etwas mehr als Widerliches auf sich hat. Der Hund verliert dabei etwas Wesentliches, und dieser verlorene Zustand ist es meiner Meinung nach, der den Hund vom in Freiheit lebenden Tier unterscheidet und den Hund im Kantoner Zoo so fehl am Platz erscheinen ließ.

In Freiheit lebende Tiere sind per definitionem frei. Sie sind selbstverständlich auf andere Tiere angewiesen, vom Beutetier bis zu den Bakterien und Insekten, die ihre Umwelt aufbauen und erhalten, aber sie gehorchen niemandem. Sie leben direkt mit der Natur zusammen, mit dem Universum – mit Gott, wenn man will. Aber der Hund hat seine geistige Selbständigkeit aufgegeben. Zwischen einem Hund und seinem Gott steht der Mensch, der Herr, von dem der Hund nicht nur materiell abhängig ist, sondern auch geistig. Kipling hat das in einer seiner rührenden Geschichten deutlich gemacht, einem Hundedialog über Theologie: »Er sagt: ›Ich bin feiner Hund. Ich habe Eigenen Gott Frauchen.‹ Ich sage: ›Ich bin sehr feiner Hund. Ich habe Eigenen Gott Herrchen.‹«

Möchten Sie das Leben eines Hundes führen – Ihren Gott und Ihr Universum hinter einer nichtmenschlichen Spezies verbergen, von der Sie geistig und seelisch vollkommen abhängen? Ich glaube kaum. Wir sind es gewohnt, über den Hunden zu stehen. Würden wir unsere Selbständigkeit aufgeben, wären wir kaum noch Menschen. Höherstehende Wesen könnten uns wertvolle Lektionen erteilen und uns anständig behandeln, aber sie hätten eine so viel höhere Sicht von Gott und der Natur als wir, daß uns nichts anderes bliebe, als uns ihrem Urteil zu fügen und mit den Brocken von ihrem Tisch zufrieden zu sein.

Aber genau das ist es, was uns bei der Suche nach extraterrestrischer Intelligenz droht. Anhänger von SETI haben von Anfang an erklärt, daß die Wesen, von denen wir eine Botschaft erhalten, uns technisch wahrscheinlich weit überlegen sind (oder waren). Wir sind neu im interstellaren Kommunikationsgeschäft, und sie sind möglicherweise alte Hasen, und dieser Unterschied bedeutet vermutlich, daß sie technisch auf einem sehr viel höheren Stand sind als wir. Man kann sich diesem Argument anschließen, ohne daß man unbedingt daran glaubt, der technologische Fortschritt führe uns ständig aufwärts und einer besseren Zukunft entgegen; wenn sich zum Beispiel technisch hochstehende Welten normalerweise unverzüglich in die Luft sprengen, werden wir von den Bewohnern dieser Welten nichts erfahren. Doch das Reich des technisch Machbaren ist groß, und es gibt keinen Grund anzunehmen, daß außerirdische Kulturen dieses Reich nicht weit intensiver erkundet haben als wir. Die Kluft zwischen ihren und unseren Errungenschaften könnte unvorstellbar tief sein; der Science-fiction-Autor Arthur C. Clark bemerkt dazu, die technologischen Leistungen einer fortgeschrittenen Kultur würden uns wie Zauberei vorkommen. (Wenn dem so ist, ist die interstellare Kommunikation auf die Bereitschaft der überlegenen Gesellschaften angewiesen, sich den Unterlegenen verständlich zu machen; sonst würden uns ihre Botschaften nur verwirren.)

Wie könnte sich der Kontakt zu einer überlegenen Kultur auf unsere Zivilisation auswirken? Einige SETI-Fans meinen, es wäre nur zum Guten – eine Botschaft von Außerirdischen könnte uns zum Beispiel zeigen, wie wir in Frieden leben oder die Energiekrise lösen. Der amerikanische Astronom Richard Berendzen räumt zwar ein, daß uns die Überflutung mit einem Meer ungeahnten außerirdischen Wissens »die Vorteile unserer Wißbegierde nehmen« könnte, merkt aber doch an, daß es »demjenigen, der Krebs hat, egal wäre, ob die Idee, die ihm das Leben rettet, aus der Universitätsklinik in Boston oder vom Tau Ceti kommt«. Er meinte, der

Kontakt zu Außerirdischen »könnte uns auch zu besseren sozialen Formen führen, vielleicht dahin, unsere Umweltkrisen zu lösen oder gar unsere sozialen Einrichtungen zu verbessern«. Ähnlich vermuten die Autoren eines NASA-Berichts, »wir könnten von ›fast ewig‹ lebenden Wesen erfahren, was ehrwürdige Denker aus fernen Welten über die wirklichen Werte intelligenter Wesen und ihrer Gesellschaften sagen«. Einige SETI-Experten halten es für möglich, daß der Kontakt zu einer überlegenen Spezies uns einen Schock versetzen würde, meinen aber, es könnte ein heilsamer Schock sein. Carl Sagan stellt die Hypothese auf, daß »es eine Million anderer Kulturen gibt, alle unwahrscheinlich häßlich, und alle um einiges klüger als wir«, kommt aber zu dem Schluß, daß ihm »das Wissen darum wie eine nützliche und wesensbildende Erfahrung für die Menschen erscheine«.

Das Bild, das die Anhänger von SETI für gewöhnlich malen, ist also rosig. Ein Kontakt mit Außerirdischen könnte uns in Wissenschaft, Technologie, ja sogar in der Politik und Philosophie, weiterhelfen, und wenn unser Selbstwertgefühl dabei etwas angekratzt würde, könnte das sogar heilsam sein.

Ich bin da nicht so sicher. Ich streite seit etwa zwanzig Jahren für SETI und bin auch der Meinung, daß wir von Informationen profitieren könnten, die uns von Außerirdischen übermittelt werden. (Lassen wir ihre vermeintliche Intelligenz einmal ganz außer acht und denken nur daran, wieviel unsere Technologie der Erforschung des Lebens auf der Erde verdankt; wieviel mehr technische Hinweise würden wir möglicherweise aus der Erforschung fremder Lebensformen ziehen.) Aber es erscheint mir zu simpel anzunehmen, daß die Außerirdischen unsere Energiekrise oder die Widersprüche der Quantenlogik lösen, und ich rate dringend, bei dem, was immer wir in den Sternen suchen, nicht nach einem Sieg in irgendeinem eingebildeten wissenschaftlichen oder technologischen Wettrennen zu streben.

Ich vermute vielmehr, daß die möglichen Nachteile eines Kontakts um einiges ernster ausfallen, als allgemein angenommen wird. Die Militärgeschichte gibt keinen Hinweis darauf, daß der technologisch Unterlegene immer vom Kontakt mit dem technologisch Überlegenen profitiert. So sucht man vergebens nach Völkern, bei denen sich der Besitz des Steigbügels, Langbogens, Schießpulvers oder Maschinengewehrs in einem positiven erzieherischen Geist ausgewirkt hätte, oder die diese Erfindungen anderen Stämmen zugänglich gemacht hätten, die sie nicht besaßen; meistens machten sie sie einfach nieder.* Und das waren unsere Brüder und Schwestern, Angehörige unserer eigenen Spezies. Warum sollte eine überlegene außerirdische Kultur, die von unserer Existenz erfährt, zögern, uns auszurotten?

Sagan verwirft Bedenken dieser Art und weist darauf hin, daß es für Außerirdische irrsinnig teuer würde, Armeen über die abschreckenden Entfernungen des interstellaren Raums zu entsenden, nur um unsere kleine Welt auszulöschen. Aber sie müßten nicht selbst kommen; eine automatische Höllenmaschine, die von einem anderen Stern in das Sonnensystem geschossen und irgendwo auf der Umlaufbahn um den Mond zur Explosion gebracht würde, könnte die Erde durchaus unbewohnbar machen. Ich weiß nicht, warum eine außerirdische Kultur so etwas tun sollte – vielleicht hat sie Angst und Abscheu vor einer gewalttätigen Spezies wie der unseren –, aber der zentrale Lehrsatz jeder strategischen Verteidigung lautet, sich auf alle vorstellbaren Bedrohungen einzustellen, und das Spektrum denkbarer gegenseitiger Eingriffe von Welten im interstellaren Maßstab umfaßt eine ganze Menge ziemlich unangenehmer Alternativen.

Selbst wenn wir darin übereinstimmen, daß die Gefahr eines militärischen Angriffs aus dem All minimal ist, bleibt die Frage eines Kulturschocks. Die kulturell entwurzelten Völker unserer Welt – von den eingeborenen Amerikanern, die betrunken in der Gosse von Albuquerque liegen, bis zu den Frauen von Penan, die aus dem Regenwald getrieben wurden, um in Bars und Bordellen zu arbeiten – sind nicht nur Opfer von Gewalt und wirtschaftlichen Entbehrungen. Sie leiden genauso (und auf lange Sicht noch stärker) unter dem Verlust ihrer Kultur, ihres Universums, ihres Gottes. Der Hebel, der zu einer solchen Entrechtung eines Volkes erforderlich ist, braucht nicht unbedingt den direkten Kontakt; russische Abgeordnete beklagten 1991, daß sowjetische Jugendliche von den traditionellen Wertvorstellungen einfach dadurch abgebracht würden,

---

* »Gott sei gedankt, wir haben das MG, sie aber nicht«, schrieb Hilaire Belloc in einer Huldigung an jene Waffe, mit der Tausende von Zulus, Derwischen und Tibetanern abgeschlachtet wurden. In: John Ellis: The Social History of the Machine Gun. London 1975.

daß sie sich amerikanische Fernsehprogramme ansähen. Wieviel größer könnte da die Verlockung für die menschliche Spezies sein, die von einer überlegenen extraterrestrischen Kultur (oder einem Netz mehrerer derartiger Gesellschaften) ausgeht, die technisch, wissensmäßig und geistig über uns steht? Und was würde aus uns werden, wenn sich dieses Gebilde erst einmal zwischen uns und unserem Universum, unserem Gott, eingerichtet hätte?

Der Biologe George Wald sprach diesen Punkt 1972 in einem leidenschaftlichen Vortrag bei einem SETI-Symposium an der Universität Boston an. »Was werden Sie tun, wenn alles, was Sie stolz und Ihnen das Leben als Mensch lebenswert macht, sich als hoffnungslos billig gegenüber dem erweist, was Geschöpfe da draußen wissen und tun?« fragte Wald. Und an Krister Stendahl, den Dekan der theologischen Fakultät der Harvard University, gerichtet, sagte Wald:

»Krister denkt wie ein Theologe, ›Oh, das ist wunderbar, weil wir dann das größere Reich Gottes erkennen‹. Wie stehen Hunde zu Ihrem Gott, Krister?« wollte Wald wissen. »Sind sie stolz, die Hunde der Menschen zu sein und ihren Anteil am Gott der Menschen zu haben?«

Stendahl erwiderte gelehrt, daß Gott mehr sei als das, was wir uns vorstellen: »Für den, der irgendwie an Gott glaubt, ist Gott nie ein Begriff; denn Er übersteigt diesen Begriff eindeutig«, erklärte Stendahl. »... Ich glaube wirklich, daß man nicht einfach sagen kann, der Mensch hat sich einen Begriff von Gott geschaffen und davon, wie der Hund da hineinpaßt. Falls Sie Gott meinen, wenn Sie Gott sagen, müßten Sie auf lange Sicht vielleicht sogar Ihr Verhalten gegenüber Hunden umstellen.«*

Und das ist genau der Punkt.

Falls es da draußen intelligentes Leben gibt, das Signale ins All sendet, werden wir es, wie ich glaube, früher oder später entdecken oder selbst von ihm entdeckt. Es hat keinen Sinn, die Augen zu verschließen, egal welche eventuellen Gefahren ein Kontakt mit sich bringt. (China hat diese Methode gegenüber England versucht.

---

* Robert Louis Stevenson hätte Stendahls Bemerkung sofort verstanden. 1881 ging er einmal dazwischen, als ein Mann einen Hund schlug. Der Mann verbat sich das. »Das ist nicht Ihr Hund.« »Es ist Gottes Hund«, erwiderte Stevenson, »und ich bin hier, um ihn zu schützen!«

Vergebens.) In der Zwischenzeit wirkt SETI wie ein Spiegel und ermuntert uns, aus einer mehr kosmologisch urbanen Sicht über uns nachzudenken. Aber wenn wir diese Sicht ernst nehmen – mit der Kamera zurück gehen, bis die Erde in einem Meer aus Sternen schwebt, und den Homo sapiens aus dieser luftigen Warte genau betrachten –, ist das, was wir erblicken, nicht besonders erbaulich. Wir sehen eine gewalttätige Spezies, die sich mit der Geschwindigkeit einer Krebsgeschwulst vermehrt, den eigenen Planeten verwüstet, gegeneinander Krieg führt, mehr Geld für Rüstung als für Bildung und Erziehung ausgibt, Reichtum in der Hand einiger weniger anhäuft, während gleichzeitig weite Teile der Bevölkerung mit unzureichender Ernährung und Hygiene, Gesundheitsvorsorge und Bildung kämpfen, eine Spezies, die jedes Jahr Millionen Kinder an heilbaren Krankheiten sterben oder infolge von Unterernährung an dauernden Gehirnschäden leiden läßt, deren Leben jedoch für weniger Geld gerettet werden könnte, als manche alte Dame in irgendeinem Vorort für die Computer-Tomographie ihres Hündchens bezahlt – kurz gesagt, eine Spezies, die so kurzsichtig und so gleichgültig gegenüber dem Gemeinwohl ist, daß der Begriff »menschlich« zu einem schlechten Scherz wird. Betrachten Sie es einmal aus der Sicht der Außerirdischen, und dann fragen Sie sich, ob eine solche Gesellschaft verdient zu überleben. Wenn wir intelligent sind, warum sorgen wir dann nicht besser für uns und unseren Planeten?

Die düstere Prognose, die ich der SETI stelle, lautet nicht, daß es in unserer Galaxis nur eine intelligente Spezies gibt, sondern gar keine. Ich befürchte nicht, daß die Außerirdischen anders sind als wir, sondern daß sie uns in den Dingen ähneln, auf die wir am wenigsten stolz sind – daß auch sie sich als brutale Schläger entpuppen, die lediglich größere Knüppel haben. Die Natur liebt die Ironie und übertrifft die Gerechtigkeit: Falls der lange Arm einer unfreundlichen Welt uns erreichen und uns zu einem Hundeleben oder ins Verderben zwingen sollte, könnten wir da eine bessere Behandlung einfordern, wo wir Geschöpfen, die uns nie ein Leid getan haben, so viel zufügten?

Mit dem Niedergang der organisierten Religion in der westlichen Welt um die Mitte des zwanzigsten Jahrhunderts begannen Millionen Menschen damit, ihre religiösen Anstöße auf Science-fiction-Phantasien von überlegenen Außerirdischen zu lenken, die mit fliegenden Untertassen kamen. Da ich sterbliche Wesen (oder gar unsterbliche Computer) nicht als Götter ansehe, halte ich solche Empfindungen für fehl am Platz. Aber wenn wir die möglichen verheerenden Auswirkungen eines Kontakts zu einer überlegenen Spezies auf unsere Kultur und Freiheit bedenken, können wir die Außerirdischen vielleicht doch zu Recht in einer Hinsicht mit Gott vergleichen – daß man zittert bei dem Gedanken, Gott sei gerecht, und hofft, daß er gnädig ist.

TEIL II

Der Interpret

> Solange das Gehirn ein Geheimnis ist, wird auch das Universum ein Geheimnis bleiben.
> *Santiago Ramón y Cajal*

> Eine der am meisten irreführenden Darstellungsweisen unserer Sprache ist der Gebrauch des Wortes »ich« …
> *Ludwig Wittgenstein*

Wenn ich an die Beziehung zwischen Universum und menschlichem Gehirn denke, kommt mir das Bild eines Baumes in den Sinn – und zwar nicht nur seine herrliche Krone, sondern auch das Wurzelsystem, das so weit in die Erde reichen kann wie die Zweige in den Himmel. Für mich symbolisieren die Zweige das sichtbare Universum, die Wurzeln dagegen das Gehirn. Beide Systeme wachsen und entfalten sich ständig, und sie sind aufeinander angewiesen.

Man könnte einwenden, das sei zuviel Aufhebens um die Wurzeln: Schließlich ist das Gehirn bei weitem nicht so komplex und ausgedehnt wie das Universum, das auch ganz gut ohne uns auskommt. Doch die Symmetrie des Bildes bleibt erhalten, wenn wir uns die Zweige als Hinweis auf das sichtbare Universum denken. Jenes Universum existiert nur so lange, wie es jemanden gibt, der es wahrnimmt. Außerdem ist es das einzige Universum, das wir überhaupt kennen können. Weder wir noch irgendwelche andere vernunftbegabte Wesen können vom Universum mehr begreifen als das, was wir mit unserem Verstand daraus machen können. In diesem Sinn hängen Wurzeln und Zweige – Geist und Kosmos – voneinander ab und sind sich ewig gleich.

Sie sind auch insofern symmetrisch, als wir uns das Universum und das Gehirn im allgemeinen jeweils als eine Einheit denken. Es interessiert mich, warum wir so denken sollten, und deshalb untersuche ich im nächsten Kapitel den Begriff des Universums als einer Einheit. Zunächst möchte ich jedoch die Annahme überprüfen, daß jeder von uns nur ein Gehirn hat.

Wie die meisten Menschen betrachte ich mich geistig als Ganzheit. Ich sage etwa, »ich sehe es im Geist vor mir«, nicht »ich sehe es in den Geisten vor mir«. Und da bin ich in guter Gesellschaft. Würde ich auf mehreren verschiedenen »Geisten« bestehen, wäre ich ein Kandidat fürs Irrenhaus. Der amerikanische Gehirnforscher Michael Gazzaniga schreibt: »Wir alle haben das starke subjektive Gefühl, daß wir ein einziges, einheitliches bewußtes Agens sind, das die Ereignisse des Lebens auf ein einziges integriertes Ziel hinsteuert.«

Und dennoch fügt Gazzaniga hinzu: »Und es ist falsch.« Seine Untersuchungen und die vieler Kollegen beweisen, daß das Gehirn keineswegs eine Einheit ist, sondern aus vielen verschiedenen Modulen besteht – Gazzaniga nennt sie »Programme« –, die mehr oder weniger unabhängig voneinander arbeiten. Wieviele Programme gibt es? Das weiß niemand. Einige Schätzungen liegen bei etwa einem Dutzend. Gazzaniga meint, es könnten hundert oder mehr sein. Niemand, der sich mit dem Gehirn beschäftigt hat, meint, daß die Zahl eins ist.

Nun ist Ihnen vielleicht aufgefallen, daß ich hier ein wenig herumtrickse, indem ich »Geist« sage, wenn ich das Gefühl der persönlichen Einheit meine, das jeder geistig gesunde Mensch besitzt, und »Gehirn«, wenn ich behaupte, daß es mehrere sind. Und das, die Frage Geist-Gehirn, ist in der Tat die Crux bei der Sache.

Das Gehirn ist leicht zu definieren: Es ist das feuchte, haferschleimfarbene Organ, das etwa drei Pfund wiegt und sich im Schädel befindet, dazu die Anhängsel (Augen, Rückenmark), die die Neurologen ebenfalls zum Gehirn rechnen. Seine physische Vielfalt steht außer Frage: Die Anatomen haben Hunderte von Gehirnteilen bestimmt, denen sie so viele verwirrende Bezeichnungen gegeben haben, daß den Medizinstudenten der Schädel brummt – Stirnlappen, Scheitellappen, Okzipitallappen, motorischer und sensorischer Kortex, Wernicke-Zentrum, Broca-Zentrum, Gyrus cinguli, Pulvinar, Aquaeductus cerebri und Hirnstiel, Zirbeldrüse, Tractus cerebellothalamicus, Commissura fornicis, Nucleus Darkewitsch, Reil-Insel, Ammonshorn und interstitieller Cajal-Kern.

Eine Möglichkeit, Ordnung in die komplexe Struktur des

Gehirns zu bringen, besteht darin zu untersuchen, wie es sich entwickelt hat, ein Vorgang, der sich bis zu einem gewissen Grad beim Wachstum des menschlichen Embryos wiederholt. Diese Untersuchungen haben ergeben, daß der Hirnstamm – der zwiebelförmige Teil, mit dem das Gehirn in das Rückenmark übergeht – der älteste Teil ist, wobei das Mittelhirn und das höherentwickelte Gehirn sich darüber herausgebildet haben, etwa so wie manche Städte auf den Resten ihrer alten Vorgängerinnen errichtet wurden. Daraus ergab sich das Paradigma des amerikanischen Neurologen Paul MacLean vom »dreieinigen Gehirn«, wonach das Gehirn sich in drei Systeme unterteilt: An der Basis sitzt das »Reptiliengehirn«, das verantwortlich ist für Aggression, Revierhoheit und Rituale; darüber liegt das limbische System, Sitz der Emotionen, des Sexualtriebs und Geruchssinns; darüber wölbt sich der Neocortex, das jüngste und eindeutig menschliche System, das Sprach- und Gestaltungszentrum, »die Mutter der Erfindungen und der Vater abstrakten Denkens«, wie MacLean sich ausdrückt.

»Geist« ist ein schwer faßbarer Begriff. Im ›Oxford English Dictionary‹ nimmt die Aufzählung der verschiedenen Bedeutungen drei ganze Seiten ein. Für unsere Zwecke können wir »Geist« definieren als Gegenstand des Bewußtseins – die Gesamtheit der Gedanken, Gefühle und Empfindungen, die das Gehirn dem Teil übermittelt, der bei Bewußtsein ist. Aber wie wir noch sehen werden, bildet das Bewußtsein einen weit kleineren Teil der Vorgänge im Gehirn als früher angenommen wurde. Der Geist ist nicht der allwissende Herrscher des Gehirns, sondern nur ein kleiner runder Feuerschein auf einem dunklen Kontinent von der Größe Australiens, wo die unbewußten Gehirnvorgänge ablaufen.

Freud, der Magellan des Unbewußten, erkannte das als erster. Was immer die Einschränkungen seiner Analyse des Unbewußten waren, Freud erkannte seine ungeheure Bedeutung und lenkte die Aufmerksamkeit auf die verborgenen Einflüsse des Unbewußten auf den Geist. Diese Einflüsse beleuchten die neugierige Frage, wie und warum das Gehirn sich dem Geist als Einheit darstellt, falls es tatsächlich aus mehreren Teilen besteht. Wären unsere bewußten Selbsts eine Einheit, fühlten wir uns zu dem Schluß berechtigt, daß das Gehirn trotz der Unterschiede seiner Teile in Wirklichkeit ein absolut einheitliches System ist. Doch statt dessen stellen wir fest, daß unser Gefühl persönlicher Einheit und Beherrschung des

Gehirns eine Illusion ist, wie der mechanische Regent, den der Zauberer von Oz (im gleichnamigen Buch) konstruierte, um seinen Untertanen zu imponieren. Anzeichen für eine grundlegende Vielfalt zeigen sich beharrlich immer wieder und deuten darauf hin, daß wir alle, wie das große Universum, aus vielen verschiedenen Wesen bestehen.

Dieser eigenartige Umstand – daß unser Geist das meiste von dem, was in unserem Gehirn vor sich geht, weder beherrscht noch versteht – wird in den Ergebnissen zweier Experimente aus jüngster Zeit deutlich. Ein Experiment wurde von Benjamin Libet durchgeführt, einem Neurophysiologen an der medizinischen Fakultät der University of California in San Francisco. Das andere wurde von Roger Sperry und seinen Kollegen am California Institute of Technology in die Wege geleitet und von Sperrys Studenten erweitert, unter denen auch Gazzaniga war.

Libet forderte die Versuchspersonen einfach auf, einen Finger zu krümmen. Allem Anschein nach war das ein reiner Willensakt, den der bewußte Geist befiehlt und das übrige Nervensystem ausführt. Doch Libets Ergebnisse ergaben etwas anderes.

Libet schloß seine Versuchspersonen an Gehirn-Elektroden an und setzte sie vor einen sich schnell drehenden Uhrzeiger, so daß sie genau registrieren konnten, wann sie ihrem Finger »befahlen«, sich zu krümmen. Libet konnte so im Zeitablauf drei Ereignisse festhalten: den Beginn erhöhter Gehirntätigkeit, aufgenommen durch die Elektroden, das Krümmen des Fingers und den Zeitpunkt, da die Versuchsperson bewußt und gewollt ihren Finger gekrümmt hatte.

Libet stellte jedesmal eine rege Gehirntätigkeit fest, Sekundenbruchteile bevor der bewußte Geist den »Befehl« zum Krümmen des Fingers gab. »Mit anderen Worten«, so Libet, »ihre Neuronen zündeten eine Drittelsekunde bevor ihnen überhaupt bewußt war, daß sie handeln wollten. Allem Anschein nach hatte das Gehirn also mit der Vorbereitung der Bewegung begonnen, lange bevor der Geist ›beschlossen‹ hatte, etwas zu unternehmen.«

Die Illusion bewußter Kontrolle bleibt erhalten, merkt Libet an, weil ein anderer Mechanismus im Gehirn die Empfindung der Fingerbewegung verzögert, so daß der bewußte Geist weiterhin meint, er habe zuerst die Handlung angeordnet und dann die Ausführung durch die Muskeln gespürt. In Wirklichkeit war der Impuls zu dem Zeitpunkt, als der Geist den Befehl zum Krümmen des Fingers gab, schon unterwegs. Der Geist hat lediglich die Möglichkeit, die Entscheidung in letzter Sekunde rückgängig zu machen: Ich kann das Krümmen des Fingers dadurch verhindern, daß ich einen Abfangbefehl sende, der den ursprünglichen Befehl überholt und unterbricht, so daß mein Finger sich nicht bewegt. (Das geschieht, wenn Sie in der Küche nach einem Teller greifen und dann innehalten, weil Ihnen einfällt, daß der Teller heiß ist.) Der Geist darf somit die schmeichelhafte Illusion aufrechterhalten, daß er das Spiel beherrscht. In Wirklichkeit läuft er immer hinterher.

Es ist nicht schwer zu erraten, warum wir die angenehme, wenn auch trügerische Überzeugung entwickelt haben, das Gehirn sowohl zu beherrschen als auch mehr von ihm zu verstehen, als der Wahrheit entspricht: Wer zögert, ist verloren, und ich kann schneller und entschiedener handeln, wenn ich mir vorstelle, daß »ich« – mein Geist – alles im Griff hat. Doch wie trickst das Gehirn den Geist so beständig und konsequent aus?

Diese Frage wurde zum Teil durch Experimente beantwortet, die Sperry, Gazzaniga und andere mit sogenannten »Splitbrain«-Patienten durchführten. Das Großhirn – Sitz des Denkens und Wollens – ist in zwei Lappen oder Hemisphären unterteilt. Bei den meisten Menschen verarbeitet die linke Gehirnhemisphäre die vom rechten Auge kommenden visuellen Informationen und steuert die rechte Körperseite, während die rechte Hemisphäre die gleichen Funktionen für die linke Seite wahrnimmt. Die Verbindung zwischen den beiden Hirnhälften erfolgt über das Corpus callosum, einen Strang aus über zweihundert Millionen Nervenfasern. Patienten, die an »großen« epileptischen Anfällen leiden, kann eventuell mit einem Durchtrennen des Corpus callosum geholfen werden, wobei die Verbindung zwischen rechter und linker Hirnhälfte unterbunden wird. In der Regel führen diese Menschen anschließend wieder ein normales Leben mit nur wenigen offenkundigen Nebenwirkungen. Genaue Beobachtungen ihrer Wahrnehmungen und Handlungen haben den Wissenschaftlern jedoch eine ganze Menge darüber verraten, wie das Gehirn arbeitet.

In den fünfziger Jahren zeigten Sperry und seine Kollegen auf einer Leinwand ganz kurz Bilder so, daß die Versuchspersonen sie nur auf einer Seite ihres Blickfelds sehen konnten. Der Apparat konnte beispielsweise der rechten Hirnhälfte ein Bild zeigen, während die linke Hälfte nichts sah. Einem gesunden Menschen würde das kaum etwas ausmachen; das Corpus callosum, ein Übertragungskanal mit großer Bandbreite, der Informationen zwischen den beiden Lappen hin und her sendet, würde die linke Hirnhälfte über das informieren, was die rechte gesehen hat. Ein Splitbrain-Patient kann das Corpus callosum nicht mehr nutzen; seine linke Hirnhälfte hat also kaum oder gar keine Möglichkeit mehr zu erfahren, was die rechte Hirnhälfte gesehen hat.

Das machte es im Rahmen von Untersuchungen bei Splitbrain-Patienten möglich, bestimmte Funktionen der einen oder anderen Hirnhälfte zuzuordnen. Die Sprache erwies sich so als eine Funktion überwiegend der linken Hirnhälfte. Wird der rechten Hirnhälfte eines Splitbrain-Patienten ein Wort übermittelt, kann er dem Forscher das Wort nicht nennen. Die linke Hirnhälfte, die für die Sprache zuständig ist, weiß nicht, was sie sagen soll, weil sie das Wort nicht erfahren hat. Die rechte Hälfte kennt es, kann aber nicht sprechen. Sie kann Fragen jedoch auf andere Art beantworten. Bei einem Experiment zeigte man der rechten Hirnhälfte einer Versuchsperson einen Apfel; sie konnte nicht sagen, was man ihr gezeigt hatte; als man ihr aber in die linke Hand (die von der rechten Hirnhälfte gesteuert wird) einige verborgene Gegenstände gab, unter denen sie auswählen sollte, griff sie den Apfel.

Verallgemeinerungen über die Neigungen der rechten und linken Hirnhälfte – Muster bzw. Worte – machten außerhalb der Laboratorien Sperrys die Runde und wurden Bestandteil einer breiteren Öffentlichkeit, wo sie gelegentlich recht simplifizierend verwendet wurden. Schriftsteller wurden zu »Links«-, Maler zu »Rechts«-Typen erklärt. Golfer und Tennisspieler wurden darauf trainiert, verstärkt Funktionen der rechten Hirnhälfte zu aktivieren, um natürlicher und anmutiger zu spielen. Schulbeamte bemühten sich, die vermutlich vernachlässigte rechte Hirnhälfte einzusetzen, indem sie sich verstärkt der Kunst und dem Handwerk widmeten.

Doch die Erkenntnisse aus der Lokalisierung bestimmter Gehirnfunktionen können uns auch dabei helfen, die Einheit des Geistes zu verstehen. Die Splitbrain-Experimente deuten an, daß das Gehirn aus mehreren Modulen besteht, die mehr oder weniger selbständig arbeiten, und daß der Geist weniger die Aufgabe hat, den anderen Einheiten mitzuteilen, was sie tun sollen, als irgend etwas Vernünftiges aus dem zu machen, wozu sie sich bereits entschlossen haben.

An dieser Stelle schaltete sich Gazzaniga ein. Er arbeitete mit Splitbrain-Patienten, deren rechte Hirnhälfte genügend sprachliche Fähigkeiten besaß, einfache Befehle zu verstehen. (Einige Menschen, insbesondere Linkshänder, überantworten einen Teil der Sprachverarbeitung der rechten Hirnhälfte.) Wenn die rechte Hirnhälfte eines solchen Patienten den Befehl »Geh raus« erhielt, stand er auf und ging aus dem Zimmer. Bemerkenswert daran ist, daß die Patienten auf Nachfragen immer eine rationale, wenn auch vorgeschobene Erklärung für ihr Handeln gaben. Auf die Frage, »Wo wollen Sie hin?«, gab es die üblichen Antworten, etwa »Ich gehe nach Hause, um mir eine Cola zu holen.«

Dieses Verhalten erinnert an ein ähnliches Phänomen, das man häufig in Verbindung mit der Hypnose beobachtet. »In Hypnose wird der Versuchsperson ein posthypnotischer Befehl gegeben«, schreibt der Philosoph John Searle von der University of California in Berkeley. »Man kann ihr zum Beispiel nicht suggerieren, etwas völlig Nichtssagendes und Belangloses zu tun, etwa, auf dem Boden herumzukrabbeln. Wenn der Betreffende aus der Hypnose erwacht, versucht er vielleicht, ein Gespräch anzufangen, sitzt da, trinkt Kaffee und sagt plötzlich etwa, ›Das Zimmer hat einen außerordentlich interessanten Fußboden‹ oder ›Ich möchte zu gern einmal diesen Teppich untersuchen‹ oder ›Ich möchte mir demnächst etwas für den Fußboden kaufen und will mir den Boden hier einmal ansehen‹. Und dann krabbelt er auf dem Boden herum.«

»Das Interessante an diesen Fällen ist«, bemerkt Searle, »daß die Versuchsperson stets eine mehr oder weniger plausible Begründung für das anführt, was sie tut.« Wir erklären unser Handeln rational in Zusammenhängen, die wir selbst als echt akzeptieren, selbst wenn unser bewußter Geist die dahinterliegenden Beweggründe nicht erkennt. Der aus der Hypnose Erwachte weiß nicht, warum er auf dem Boden herumkriecht; dieses Wissen wurde bei ihm in der Hypnose blockiert. Die Splitbrain-Patienten Gazzanigas wissen auch nicht, warum sie plötzlich aufstehen und weggehen, nachdem bei ihnen die Verbindung zwischen der rechten Hirnhälfte, die den Befehl erhalten hat, und der linken, die aufgefordert ist, ihn zu erklären, durchtrennt ist. Trotzdem erklären all diese Personen bereitwillig ihr Verhalten. Und offensichtlich glauben Sie auch an diese Erklärung, obwohl der Versuchsleiter ihnen sagen kann, daß sie es erfunden haben.

Anscheinend gibt es im Gehirn ein Programm, das dafür sorgt, dem Geist eine glaubhafte Erklärung für das Handeln zu bieten, und es erklärt offenbar bedenkenlos und unbekümmert Dinge, über die es überhaupt nicht informiert ist. Gazzaniga nennt dieses Programm »den Interpreten« und merkt an, daß sein Wirken für die unangenehme Tatsache verantwortlich ist, daß wir uns alle von Zeit zu Zeit dabei ertappen, wie wir etwas offenkundig Falsches sagen. »Wenn wir verstehen, daß der Geist modular organisiert ist, wird auch klar, daß ein Teil unseres Verhaltens ... nicht unbedingt eine Folge bewußter Denkprozesse sein muß«, schreibt Gazzaniga. »Beispielsweise essen wir irgendwann zum erstenmal Froschschenkel ... Der Interpret weiß zwar in Wahrheit nicht, woher der Impuls kam, Froschschenkel zu verzehren, doch erfindet er (beispielsweise) geschwind die Hypothese: ›Weil ich mich über die französische Küche informieren will.‹« Wer hat nicht schon selbst einmal einen so hirnverbrannten Blödsinn von sich gegeben und sich anschließend gefragt, woher das kam? Gazzanigas Antwort darauf: Es kommt vom Interpreten-Programm.

In Aktion kann man den Interpreten bei der sogenannten kognitiven Dissonanz sehen. Die kognitive Dissonanz, über die Psychologen sich bereits seit langem äußern, tritt auf, wenn wir uns bei Verhaltensweisen ertappen, die unseren moralischen Maßstäben widersprechen, und diese Diskrepanz mit Erklärungen ausräumen wollen. In einer oft angeführten Untersuchung wurden Studenten, die Mogeln nach eigenen Aussagen mißbilligten, einer Prüfung unterzogen, bei der das Mogeln sehr leicht war; diejenigen, die der Versuchung erlagen und mogelten, äußerten sich nach einer erneuten Befragung bezüglich ihrer ethischen Grundsätze weniger streng über das Mogeln als vorher. Gazzaniga meint dazu: Da unser Verhalten vielfach überhaupt nicht vom bewußten Geist gesteuert wird, muß das Interpreten-Programm abweichendes Verhalten häufig rechtfertigen und tut das dadurch, daß es dem bewußten Geist eine eigennützige rationale Erklärung für das bietet, was wir getan haben.

Die Ergebnisse Gazzanigas deuten darauf hin, daß der Interpret in der linken Hirnhälfte angesiedelt ist, neben dem Sprachzentrum. Das ergibt insofern einen Sinn, als die Sprache der große Erklärer – und Fälscher – der menschlichen Motive und Handlungen ist. Wir im zwanzigsten Jahrhundert haben erlebt, wie der Interpret Überstunden eingelegt und Unmengen Orwellschen Zwiesprechs hervorgebracht hat, vom »Arbeit macht frei«, das die Nazis über dem Tor eines Konzentrationslagers anbringen ließen, bis zum »Präventivschlag«, den irgendwelche Schreiberlinge des Verteidigungsministeriums erfanden, um die Bombardierung vietnamesischer Städte zu umschreiben. Die Untersuchungen Gazzanigas lassen vermuten, daß Sophisterei und Propaganda deshalb Erfolg haben, weil sie sich der Methoden bedienen, die auch der Interpret seit jeher benutzt, um unseren eitlen und beschränkten Geist zurechtzubiegen und zu beschwichtigen. »Sprache«, sagt Gazzaniga, »[ist] lediglich der Reklameagent für diese anderen Variablen von Erkennen.«

Wir stehen also vor der Aussicht, daß das Gefühl der Einheit und Beherrschung, das der bewußte Geist jedem geistig gesunden Menschen vermittelt, eine Illusion ist. (So gesehen ist der Verrückte, der in seinem Kopf viele widerstreitende Stimmen hört, geistig gesünder als wir übrigen, was die Dichter schon seit Jahrhunderten behaupten.) Das Gehirn ist keine Einheit, und der Geist wird nicht von uns beherrscht; das scheint nur so, dank der unaufhörlichen PR-Bemühungen des Interpreten – und vielleicht noch anderer ähnlicher Programme, die wir noch nicht kennen. Der Geist regiert vielleicht das Selbst, doch er ist ein konstitutioneller Regent; da ihm Entscheidungen vorgelegt werden, die an anderer Stelle im Gehirn bereits getroffen wurden, muß er irgendwie versuchen, sie ohne Gesichtsverlust zu einem sinnvollen Muster zusammenzufügen. Funktionsmäßig ähnelt das Ganze der Präsidentschaft Ronald Reagans: Das Selbst handelt, als hätte es alles unter Kontrolle, und meint, es wäre unter Kontrolle, und glaubt, gute Gründe für sein Handeln zu haben, dabei gibt es in Wirklichkeit oft nur beschwichtigende Rationalisierungen von sich und folgt den Befehlen unsichtbarer Kräfte hinter den Kulissen.

Das Gehirn entspricht insofern einem Computer, als es eine Vielzahl von Vorgängen hinter einer einheitlichen Fassade verbirgt. Der Computer, an dem ich diese Zeilen schreibe, macht viele Dinge gleichzeitig – ein Teil verfolgt die Zeit, ein anderer sucht Sektoren auf einem der Diskettenlaufwerke, ein weiterer verschiebt Datenblöcke im Speicher –, doch das, was auf dem Bildschirm erscheint, ist zusammenhängend und einheitlich wie das Bild, das der Geist dem Gehirn zeigt. Im Augenblick zeigt dieses Bild schwarze Buchstaben, die mittels Druckerschwärze auf weißes Papier gelangen.

Wenn ich einige Tasten drücke, ändert sich das Bild und zeigt ein Schachbrett, den Sternenhimmel einer Sommernacht des Jahres 1692 über Padua oder einen Luftkampf im Jahr 1942 über dem Pazifik. Immer ist das einheitliche Bild ein Schleier, über ein Programm gezogen, das mit anderen Programmen interagiert. Das Gehirn vereint ganz ähnlich die vielfältigen Funktionen seiner verschiedenen Programme zu einem befriedigenden, wenn auch trügerischen Ganzen.

Und das, so meine ich, könnte das Wesen des galaxisweiten Computernetzes beschreiben, das ich zu Beginn des Buches angesprochen habe. Vielleicht betrachtet sich das Netz als intelligent, doch das meiste von dem, was es weiß, käme von Urhebern, die es nie wirklich begreifen könnte – den lebenden, denkenden Wesen der vielen Welten, die ihr Wissen in dieses Netz eingegeben haben. Ganz ähnlich ist unser Geist auf Einheiten im Gehirn angewiesen, die wir nicht verstehen. Auch wenn das Netz vielleicht meint, es wolle neue Welten zusammenbringen und Verbindungswege zu anderen Galaxien schaffen, ist es in Wirklichkeit doch nur dazu programmiert worden – so wie wir, nach allem, was wir wissen, Anweisungen ausführen, die in unseren Genen codiert sind, deren Botschaften und Ziele ein Geheimnis für uns sind.

Vielleicht ist das das Schicksal jeder Intelligenz, egal wo – vermeintlich gewollt zu handeln, aber doch nie zu wissen, ob sie nicht doch nur eine Rolle in irgendeinem verborgenen Gesamtplan spielt. Ich wüßte gern, wie viele »Köpfe« von hier bis zu den Galaxien des Superhaufens Hydra sich diese Frage schon gestellt haben: Sind wir freie Handelnde, die das Universum erkunden wollen, oder sind wir nur Werkzeuge, mit deren Hilfe das Universum sich selbst erkunden will?

Die Einheit des Universums und des menschlichen Geistes

Eins ist alles.
Heraklit

Die Natur fuhrwerkt herum und merkt gar
nicht, daß sie eins ist.
Allan Sandage

Wir verstehen das Universum als ein einheitliches Ganzes – einen Kosmos, wie die Griechen sagten, ein einziges, harmonisches System –, und gelegentlich sagen wir, wir fühlten uns »eins mit dem Universum«. Mich würde interessieren, warum. Wir sind überhaupt nicht einheitlich – wie ich herausgestellt habe, verbirgt die vermeintliche Einheit des Geistes die mannigfaltigen Wirkungsweisen zahlreicher verschiedener Gehirnprogramme –, und das Universum besteht aus einigen Teilen mehr als das Gehirn. Das Wort »Universum« kommt aus dem Lateinischen und heißt soviel wie »alle Dinge zu einem zusammengefaßt«, und wir wissenschaftlichen Autoren werden niemals müde, unsere Leser daran zu erinnern, daß alle Dinge eine ganze Menge Dinge sind. Es gibt im Universum beispielsweise etwa eine Million Milliarden Milliarden Planeten. Das ist eine recht große Zahl: Würde man alle Wissenschaftsautoren der Welt ihr ganzes Leben lang ununterbrochen Tag und Nacht Sand schaufeln lassen, würden sie doch nicht eine Million Milliarden Milliarden Sandkörner zusammenbekommen. Und jeder Planet enthält darüber hinaus eine Unzahl Dinge. Bei den anderen Planeten wissen wir das noch nicht so genau, doch der, auf dem wir leben, weist Schneeflocken und Muscheln, Sonnenblumen und Ahornsamen, Fische, Käfer und Vögel auf, deren Zahl in die Billionen geht, und dreißigtausend Hefezellen in jedem Gramm fruchtbarer Erde, und zweitausendsiebenhundert Moskitoarten, und einhundert Millionen Milben und Tausendfüßer und Würmer in jedem halben Hektar Ackerboden ... Sie sehen, wo das hinführt.

Wie kommen wir zu der Annahme, daß all diese Dinge sich zu einem Ganzen zusammenfügen? Warum sprechen wir von einem »Universum« und betrachten uns als Teil davon?

Es ist nicht etwa so, daß die Beweise ausreichten und uns überzeugt hätten, daß alles eins ist. Es ist zwar richtig, daß die Astronomen und Astrophysiker einige Gründe für die Annahme gefunden haben, daß das Universum ein zusammenhängendes Ganzes ist – so läßt die Tatsache, daß das Universum sich ausdehnt, vermuten, daß alle Materie und Energie, die heute über zehn Milliarden Billionen Billionen Raumlichtjahre verteilt ist, ursprünglich in einem einzigen heißen kleinen Funken zusammengepreßt war, der kleiner als ein Atom war; aber diese wissenschaftlichen Erkenntnisse können den starken Glauben des Menschen an die Einheit des Kosmos nicht erklären, denn die Beweise sind jung, der Glaube aber alt. Seher und Weise, Philosophen und Dichter predigen es seit Tausenden von Jahren, und auf ihrer Überzeugung ruht unter anderem das Fundament der großen monotheistischen Religionen. Die Suche nach extraterrestrischem Leben könnte selbst als Ausdruck des Glaubens an die Einheit des Kosmos verstanden werden, sofern sie annimmt, daß vielleicht sogar ein so ausgefallenes Phänomen wie die menschliche Intelligenz irgendwo ihre Entsprechung findet.

Offenbar sind wir im Innersten unseres Herzens und den Studierstuben der Philosophie geneigt, uns das Universum als aus einem Stück bestehend zu denken. Aber warum? Um dieser Frage auf den Grund zu gehen, müssen wir einen Blick auf den Mystizismus des Altertums und die moderne Neurophysiologie werfen.

Die Lehre von der Einheit des Kosmos wurde zuerst von Mystikern aufgestellt, die sie auch immer am nachdrücklichsten verkündet haben, also von Leuten, die die »mystische Erfahrung« hochhalten, wie ich es nennen möchte. Diese Erfahrung hat viele Namen: Die Buddhisten nennen sie »Erleuchtung«, die religiösen Schwärmer »Transzendenz«, während die romantischen Dichter von einer »ozeanischen« Empfindung sprachen. Ich möchte sie, eher legalistisch, wie ich fürchte, als ein direktes und überwältigendes Erfassen dessen bezeichnen, was vernünftige und besonnene Menschen als göttlichen Geist oder göttliches Prinzip betrachten könnten.* Die mystische Erfahrung ist eine alte und verbreitete Erscheinung, die sowohl von denen, die sie selbst erlebt haben, als auch von einem beträchtlichen Teil der Gemeinschaft als äußerst wichtig angesehen wird, obwohl ihr Ursprung ein Geheimnis bleibt. (Das Wort »mystisch« bedeutet nichts anderes als »geheimnisvoll«.)

Einige haben sich aktiv um die mystische Erfahrung bemüht; andere wurden von ihr heimgesucht. Pandit Gopi Krishna saß siebzehn Jahre lang regelmäßig mit verschränkten Beinen in einem winzigen Raum in der nordindischen Stadt Jammu und meditierte, bis er am Weihnachtstag 1937 eine heftige Erregung erlebte: »Plötzlich spürte ich einen Strom flüssigen Lichts mit dem Tosen eines Wasserfalls durch das Rückenmark in mein Gehirn fließen«, erinnerte er sich. »... Ich empfand ein Schaukeln und bemerkte dann, wie ich aus meinem Körper glitt, ganz in einen Lichtkranz gehüllt.« Moses dagegen wurde überrascht, als Gott aus brennendem Busch zu ihm sprach. »Wer bin ich, daß ich zum Pharao gehe und führe die Kinder Israel aus Ägypten?« entgegnete er recht vernünftig, doch Gott war nicht bereit, ein Nein als Antwort gelten zu lassen. Der Dichter William Wordsworth war ähnlich unvorbereitet; er war damals erst achtzehn, ging nach einer Tanzveranstaltung bei Tagesanbruch heim und betrachtete den heller werdenden Himmel über dem englischen Lake District bei Windermere, als ein mächtiges Gefühl der Verbundenheit mit der Natur von ihm Besitz ergriff:

Und ich erspür
Ein Etwas, das mich durch die Freude hoher
Gedanken tief bewegt: erhab'nen Anhauch
Von etwas, das viel tiefer untermischt ist,
Behaust im Lichte untergehender Sonnen,
Im Ozean und der lebendigen Luft,
Im Himmelsblau und im Gemüt des Menschen:
Eine Bewegung und ein Geist, der alle

---

* Ich meine selbstverständlich die echte Erfahrung, nicht die oberflächlichen Ekstasen derjenigen, die innere Stimmen hören oder aufs eigene Wohl bedachte Visionen haben, wie man sie bei Wahrsagern, Fernsehpredigern und anderen spiritistischen Bekehrten und Profiteuren findet.

Die denkenden und die gedachten Dinge
Und durch alle Dinge rollt.

Wenn auch die mystische Ekstase auf unterschiedlichen Wegen zu den einzelnen Personen gekommen ist, haben sie deren Eigenschaften doch überraschend ähnlich beschrieben. Das ist tatsächlich das überraschendste an der mystischen Erfahrung – daß Zeugen grundverschiedener Kulturen und Herkunft sie so einheitlich wiedergegeben haben. Der amerikanische Philosoph William James schrieb dazu: »Das ist die ewige und triumphierende Tradition der Mystik, die sich in den verschiedenen Ländern und Bekenntnissen kaum unterscheidet. In der Hindu-Religion, im Neuplatonismus, im Sufismus, in der christlichen Mystik und in der Lehre Whitmans hören wir dieselbe Sprache. Das sollte den Kritiker aufmerksam machen und nachdenklich stimmen.«

Ich bin mein halbes Leben Berufsjournalist gewesen und noch länger Amateurwissenschaftler und wäre einer der letzten, der gegen eine skeptische und kritische Haltung gegenüber sensationellen Berichten von außergewöhnlichen und ganz persönlichen Erfahrungen ist, von denen keine außergewöhnlicher und persönlicher ist als die mystische Erfahrung. Dennoch habe ich das Gefühl, daß diese Berichte ernst genommen werden sollten. Die untadelige Art vieler Personen, die vom Erlebnis einer Erleuchtung berichtet haben, und die bemerkenswerte Einheitlichkeit, mit der sie ihre Erfahrung beschrieben haben, lassen kaum zu, ihre Aussagen als Fälschung, Selbsttäuschung oder Betrug zu denunzieren. Mir scheint im Gegenteil, daß die Mystiker, sobald wir das menschliche Nervensystem besser verstehen, vielleicht als Wegbereiter seiner Erforschung betrachtet werden und ihre Berichte sich als Schlaglichter auf bis dahin noch nicht kartierte innere Landschaften erweisen.

Seelische und körperliche Erforschung kann gefährlich sein. Bedenken wir, was Pandit Gopi Krishna widerfahren ist, den ich weiter oben erwähnt habe. Krishna meditierte nur für sich und suchte weitgehend aus eigenem Antrieb Erleuchtung, ohne Experten aufzusuchen. Dabei machte er offenbar etwas falsch, so daß seine anfängliche Ekstase sich bald zu einem leibhaftigen Alptraum entwickelte. Wie er schreibt, verlor er den Appetit und den Willen zu leben und hatte das Gefühl, innerlich von einem schrecklichen Feuer verzehrt zu werden; diese Qual dauerte volle zwölf Jahre und trieb ihn fast zum Selbstmord. Krishna, der die Werke der östlichen Philosophen so las, wie ein körperlich kranker Mensch vielleicht medizinische Wörterbücher konsultiert, stieß schließlich auf die Vermutung, die Kraft der Erleuchtung unbeabsichtigt durch den heißen Sonnenkanal der Wirbelsäule, die »Pingala«, aufgenommen zu haben, mit der Folge, daß er sich ständig von einem geistigen Feuer verbrannt fühlte. Er brachte seine ganze Konzentrationsfähigkeit auf und versuchte, diese Energie durch den kühlen Mondkanal, die »Ida«, umzulenken, die nach der Darstellung der tantrischen Diagramme auf der linken Seite der Wirbelsäule liegt. Es half: »Es gab einen Laut, wie wenn ein Nervengewinde einrastet, und augenblicklich zog ein Strahl zickzack durch das Rückenmark … und erfüllte meinen Kopf mit einem glückseligen Glanz, der an die Stelle des Feuers trat, das mich gemartert hatte.« Danach, so berichtet Krishna, ging es ihm gut, und er führte weiterhin das Leben erleuchteten Friedens, das er von Anfang an erstrebt hatte.

Wir können, wenn wir wollen, all dies als Spinnerei abtun, doch selbst bei dieser unfreundlichen Haltung müssen wir die unbestreitbare Tatsache würdigen, daß die Erfahrungen von Irren die Ärzte über die Wirkungsweise des Gehirns mindestens genausoviel gelehrt haben wie die Zeugnisse der geistig Gesunden. Außerdem könnten wir die Aussagen Krishnas als einen klaren Bericht über die innerlich erlebte starke Dynamik des Nervensystems betrachten.

Dies ist jedoch nicht der Ort, alles zu bewerten, was die Mystiker der Wissenschaft über das Gehirn sagen können. Ich möchte die Aufmerksamkeit vielmehr auf drei Besonderheiten der mystischen Erfahrung lenken, die mir besonders wichtig für das Verständnis der neurologischen Untermauerung der Überzeugung ist, daß alles eins ist. Philosophen, Dichter, Fakire und Pilger haben zu den verschiedensten Zeiten und an allen Orten mit ähnlichen Worten über alle drei Besonderheiten berichtet. Sie stellen erstens ein Gefühl tiefer Überzeugung dar, zweitens ein Gefühl von etwas Nichtbeschreibbarem und drittens ein Gefühl der Einheit mit dem Universum.

Zur Überzeugung: Die mystische Erfahrung vermittelt ein Gefühl, etwas sehr Bedeutendes gelernt zu haben (oder gelehrt bekommen zu haben, wie Mystiker, die die Erfahrung theologisch sehen, vielleicht lieber sagen würden). Die globale und allumfassende Einsicht wird begleitet von dem, was der Zen-Gelehrte D. T.

Suzuki »autoritativ« nannte – die Gewißheit, daß sie begründet, verläßlich und glaubhaft ist. Für den, der ein solches Stadium erreicht hat, sind normale Erklärungen nichtssagend und überflüssig: Der Zen-Gelehrte Reginald Blyth bemerkte im zwanzigsten Jahrhundert dazu: »Jede Erleuchtung, die beglaubigt, bescheinigt, anerkannt oder beglückwünscht werden muß, ist (bis jetzt) falsch oder zumindest unvollständig.«

Die mystische Verzückung prägt sich denen, die sie erlebt haben, derart stark ein, daß die Welt der Sinne dagegen unbedeutend wie ein Schattenspiel werden kann. Mohammed, der nach ausgiebigen Gebeten und Meditation 610 nach Christus im Alter von vierzig Jahren erleuchtet wurde, bezeichnete das Leben dieser Welt nur als Spiel und Zeitvertreib. Thomas von Aquin wurde am Morgen des 6. Dezember 1273 erleuchtet, während er in Neapel eine Messe las, und brach seine Predigt mit den Worten ab: »Ich kann nichts mehr tun; solche Dinge sind mir offenbart worden, daß alles, was ich geschrieben habe, wie Stroh scheint, und ich erwarte nun das Ende meines Lebens.« Laotse warnte, die Sinnesdaten verschleierten nur, was wirklich von Bedeutung sei: »Die Fünf Farben machen das Auge der Menschen blind; Die Fünf Töne machen das Ohr der Menschen dumpf; Die Fünf Geschmäcke machen den Mund der Menschen stumpf.« In ganz ähnlicher Art schrieb William Blake:

> This life's five windows of the soul
> Distort the heavens from pole to pole
> And teach us to believe a lie
> When we see with, not through, the eye.

Die mystische Erfahrung wird zwar als transzendental bedeutend bezeichnet, gleichzeitig aber auch als nicht beschreibbar. Alfred Lord Tennyson, der sich mit dem geschriebenen Wort einen Namen machte, beschrieb die Erfahrung dennoch als »jenseits aller Worte«. Und Plato sagte: »Das Eine ist unsagbar und unbeschreiblich.« Die Vision widersetzt sich den Worten, erklärte der Neuplatoniker Plotin. »Es ist unmöglich, die Erfahrung genau zu beschreiben«, schrieb Krishna. »Könnten wir weisen den Weg, Es wäre kein ewiger Weg«, schrieb Laotse. »Könnten wir nennen den Namen, Es wäre kein ewiger Name.«

Verständlicherweise widerstrebte es den Mystikern, viel über ihre Erkenntnisse zu schreiben oder zu sprechen, weil sich ihr Inhalt zum einen der Logik und der Sprache widersetzt und die Worte zum andern unecht und bombastisch wirken. Laotse soll die fünftausend Worte im ›Buch vom Tao‹ nur auf Geheiß des Stadt-pförtners diktiert haben, der ihn dazu bewegte, etwas von seiner Weisheit zurückzulassen, bevor er sich in die Berge zurückzog. Plotin meinte, er hätte trotz der dringenden Bitten des Porphyrius (seines Schülers und Biographen) keine Zeile hinterlassen sollen.

Die Unbeschreibbarkeit der mystischen Erfahrung bringt die Mystiker ein wenig in Schwierigkeiten: Schweigen wirkt kleinlich, während das Lehren (oder Predigen) einen Widerspruch darstellt. Diese mißliche Lage hat ihrem Ruf geschadet und auf der einen Seite den stereotyp schweigenden Einsiedler hervorgebracht, der unter Umständen falschspielt (»Es ist besser, stumm zu bleiben und für einen Narren gehalten zu werden, als den Mund aufzumachen und alle Zweifel zu zerstreuen«), und auf der anderen das lächerliche Schauspiel des Sehers, der behauptet, irgend etwas erlebt zu haben, das er nicht beschreiben könne, es dann aber doch beschreibt. Die Erklärung von Reginald Blyth zu diesem Punkt: »Je mehr wir sagen, je mehr wir schreiben, desto mehr wünschen wir, wir hätten es nicht getan. Ich kenne niemanden, der von alldem, was ich geschrieben habe, einen einzigen Satz wirklich versteht«, heißt es in einem sechsbändigen Werk, eine Ironie, die Blyth selbst sich zu Herzen nahm.

Dennoch haben sich die Mystiker im allgemeinen nicht beirren lassen, selbst auf beträchtliche eigene Gefahr hin nicht. Jesus von Nazareth hat nichts geschrieben, redete grundsätzlich nur in der schwer faßbaren Sprache des Paradoxons und der Gleichnisse, hütete seine Zunge, als Pontius Pilatus ihn fragte, »Was ist Wahr-heit?«, und zahlte für sein Schweigen mit dem Leben. In etwas leichterem Ton kam das Unbeschreibbare des Mystischen in einer überschäumenden, wenn auch sexistischen Anekdote zum Aus-druck, die der irische Satiriker John Toland zum besten gab:

Der alte Lord Shaftesbury ... unterhielt sich einmal mit dem Bür-germeister Wildman über die vielen religiösen Sekten in der Welt ... und kam schließlich zu diesem Schluß, daß ungeachtet jener zahllo-sen Teilungen, die durch die Interessen der Priester und die Unwis-senheit der Menschen hervorgerufen werden, alle vernünftigen

Menschen die gleiche Religion haben; woraufhin eine Dame im Zimmer, der ihre Strickarbeit wichtiger schien als das Gespräch der Männer, leicht besorgt fragte, was das für eine Religion sei. Worauf Lord Shaftesbury unverzüglich erwiderte: Madame, das verraten vernünftige Menschen nie.

Der eigentliche Inhalt der mystischen Erfahrung besteht, so schwer er vielleicht angemessen auszudrücken ist, in der Offenbarung der kosmischen Einheit. Diese innere Einsicht ist für die Erleuchtung so wichtig, daß Plotin die Erleuchtung definierte als »Bewußtsein ihrer selbst, da sie mit dem (von ihr) Gedachten selbig geworden ist«. Man spürt, daß alles – Geist und Materie, Gott und Mensch, man selbst und alle anderen Personen – Teil eines einheitlichen Ganzen ist. »In mystischen Zuständen … werden [wir] eins mit dem Absoluten, und wir werden uns dieser Einheit bewußt«, schrieb der amerikanische Philosoph William James. »Aus dieser geheimnisvollen Kraft … nehmen alle Dinge ihren gemeinsamen Ursprung«, schrieb Ralph Waldo Emerson.

Alle Vielfalt kommt aus dieser grundlegenden Einheit. »Alle Wesen … sind durch das Eine«, schreibt Plotin und wiederholt damit Laotse, der erklärte: »Der Weg schuf die Einheit. Einheit schuf Zweiheit. Zweiheit schuf Dreiheit. Dreiheit schuf die zehntausend Wesen.« Und deshalb, so sagen die Mystiker, enthält jedes Ding, egal wie klein oder scheinbar unbedeutend es ist, den Samen von allen anderen. So schreibt Julian von Norwich, ein Einsiedler, der während einer Krankheit am 13. Mai 1373 erleuchtet wurde: »Er zeigte mir ein kleines Ding von der Größe einer Haselnuß in meiner Hand; es war rund wie ein Ball. Ich betrachtete es mit dem Auge meines Verstehens und dachte: Was mag das sein? Und es wurde allgemein so beantwortet: Es ist alles, was geschaffen ist.« Der Zen-Meister Dogen aus dem dreizehnten Jahrhundert, der als der vielleicht größte unabhängige Denker der japanischen Geschichte gilt, schrieb:

In einem Staubkorn sind die Sutra-Rollen des Universums; in einem Staubkorn sind alle unendlichen Buddhas. Zusammen mit einem Grashalm und einem Baum sind Leib und Geist. Weil alle Dharmas (Dinge) ungeboren sind, ist auch der Eine Geist ungeboren. Weil alle Dinge in ihrer wahren Gestalt sind, ist auch ein Staubkorn in seiner wahren Gestalt. Deshalb ist der Eine Geist alle Dinge; alle Dinge sind der Eine Geist, sind der ganze Leib.

William Blake schrieb genau das Gleiche, als er sein Gedicht »Auguries of Innocence« mit den inzwischen vertrauten Zeilen begann:

> To see a World in a Grain of Sand
> And a Heaven in a Wild Flower,
> Hold Infinity in the palm of your hand
> And Eternity in an hour.

Obwohl der Mystizismus Logik und Sprache geringschätzt, konnte die mystische Erfahrung die Achtung vieler bedeutender rationaler Denker erringen. Der Physiker und Philosoph Niels Bohr, der bei seinem Ritterschlag 1947 das Yin-Yang-Symbol als Wappen wählte, sprach oft in Zen-Rätseln, wie bei seiner Bemerkung »es gibt Dinge, die so ernst sind, daß man nur Witze darüber machen kann«. Sein jüngerer Kollege Werner Heisenberg konnte Koan bilden, die eines frühen Taoisten würdig gewesen wären: »Warum spiegelt sich das Eine im Vielen, was ist das Spiegelnde und was das Gespiegelte, warum ist das Eine nicht allein geblieben?« Einstein war der Meinung: »Das Schönste, was wir erleben können, ist das Geheimnisvolle. Es ist das Grundgefühl, das an der Wiege von wahrer Kunst und Wissenschaft steht. Wer es nicht kennt und sich nicht mehr wundern, nicht mehr staunen kann, der ist sozusagen tot und sein Auge erloschen.«

Der französische Philosoph und Mathematiker Blaise Pascal machte selbst eine mystische Erfahrung, die er seine »Feurige Nacht« nannte. Er machte hastig einige Notizen auf einem kleinen Stück Pergamentpapier, das er die letzten acht Jahre seines Lebens in seine Jacke eingenäht bei sich trug, wo ein Diener es ein paar Tage nach seinem Tod 1662 entdeckte. Oben auf das Blatt hatte Pascal ein strahlendes Kreuz gezeichnet. Darunter schrieb er:

> Im Jahr der Gnade 1654
> Montag, den 23. November, ...
> ...

Von ungefähr halb elf abends bis ungefähr eine
halbe Stunde nach Mitternacht.

FEUER

Gott Abrahams, Gott Isaaks, Gott Jakobs,
nicht der Philosophen und der Gelehrten.
Gewißheit, Gewißheit, Gespür, Freude, Friede.
...
Erhabenheit der menschlichen Seele.
Gerechter Vater, die Welt hat Dich nicht erkannt,
so wie ich Dich erkannt habe.
Freude, Freude, Freude, Tränen der Freude.
...
Möge ich nie von Ihm getrennt werden! ...

Bald darauf gab Pascal seine physikalischen und mathematischen
Studien auf und wandte sich der Religion zu, nachdem seine
Erleuchtung ihn davon überzeugt hatte, daß die Logik eine Sackgasse ist. Religion steht der Vernunft nicht entgegen, erklärte er,
doch kein rationaler Gedanke, nur die »Größe der menschlichen
Seele« kann die Existenz Gottes beweisen.
   Der Hang vieler Wissenschaftler zum Mystischen erscheint vielleicht weniger eigenartig, wenn wir uns vor Augen halten, daß die
Wissenschaft zum Teil aus mystischen Erkenntnissen hervorgegangen ist. Pythagoras von Samos, dessen Ausspruch »alles ist Zahl«
ihn zum Vordenker der mathematischen Wissenschaft macht, war
so geheimnisvoll wie ihre Anfänge: Er meditierte, hielt seine Lehren geheim, soll fünf Jahre lang kein Wort gesprochen haben und
gründete seine Mathematik – eine wirklich abergläubische Zahlen-
mystik – auf die Überzeugung, daß die Zahl Eins (die bei den
Pythagoreern für »Wahrheit«, »Sein« und »das Schiff« stand, um
dessen Kiel sich das Universum drehte) der Ursprung aller Dinge
sei. Johannes Kepler, der Entdecker der phänomenologischen
Gesetze der Planetenbewegung, gründete seine Theorien auf den
Pythagoreischen Lehrsatz von der Harmonie des Himmels. Kopernikus bemühte als Unterstützung für seine heliozentrische Hypothese die die Sonne besingenden Päane des Alchimisten Hermes
Trismegistos, »des dreimalgroßen Hermes«, den man als wirklich

geistiges Wesen betrachten könnte, da er nicht einmal existiert habe. Isaac Newton, der glaubte, daß ein und derselbe elementare Stoff alles in der Erde durchdringt, verbrachte weniger Zeit mit seiner Gravitationshypothese als mit Grübeleien über die christliche Lehre und Spekulationen über den Grundriß des Tempels von Jerusalem, der nach seiner Meinung eine Karte des Universums darstellte. Diese Liste ließe sich beliebig verlängern; wissenschaftliche Theorien sind rational, die Schritte dorthin sind es sehr oft nicht.

Man kann sagen, daß die Wissenschaft in ihrem Wachstum von drei mystischen Lehren befruchtet wurde. Die erste wurde im sechsten Jahrhundert vor Christus von Thales von Milet verbreitet, der erklärte, daß das Universum keine chaotische Ansammlung vieler Dinge ist, sondern ein aus einem einzigen Stoff bestehender Kosmos. (Wie Laotse hielt er das Wasser für diesen Stoff.) Die zweite Lehre, die von den Pythagoreern aufgestellt und von Plato erweitert wurde, besagte, daß die Mathematik ein Schlüssel zum Verständnis der kosmischen Ordnung ist; hier wurde das Eine gelegentlich wörtlich gedeutet und durch die Zahl Eins dargestellt. Die dritte Lehre war der Monotheismus, der Glaube, daß alles Geschehen am Himmel und auf der Erde von einem einzigen göttlichen Wesen gelenkt wird. Die Aussagen dieser drei doch ziemlich nichtrationalen Lehren gingen dahin, daß die Ereignisse nicht willkürlich erfolgen, sondern nach Maßgabe eines einzigen Naturgesetzes oder -prinzips; daß die Wirkungsweise dieses Gesetzes durch die Erforschung der Natur und mit Hilfe der Mathematik erkannt werden kann; und daß ein auf der Erde bestimmtes Gesetz sich auch auf das Universum erstrecken kann.

Weil sie mit dieser Überzeugung gewappnet waren, wurden die Begründer der wissenschaftlichen Kosmologie – Kopernikus, Kepler, Galilei und Newton – ermutigt, hier auf der Erde Theorien aufzustellen, die das Verhalten von Sternen und Planeten erklärten. Man kann sagen, daß die moderne Wissenschaft begann, als die Gelehrten der Renaissance den Lehrsatz des Aristoteles verwarfen, daß das Universum in zwei grundverschiedene Bereiche geteilt sei, einen himmlischen und einen irdischen, und statt dessen die gegenteilige Überzeugung vertraten, daß unsere Welt und die Sterne den gleichen physikalischen Gesetzen unterliegen. So begann eine geistige Odyssee, die auch heute noch anhält, wo in unterirdischen Teilchenbeschleunigern durchgeführte Experimente die Geheimnisse der Sterne ergründen sollen und Wissenschaftler eine »einheitliche Theorie« suchen, die belegen soll, daß die Naturgesetze nur Facetten eines universalen Gesetzes oder Prinzips sind.

Fassen wir zusammen: Der mystische Lehrsatz von der kosmischen Einheit ist von großen Denkern der verschiedensten Kulturen über weite Strecken der aufgezeichneten Geschichte vertreten worden, obwohl er (bis in jüngste Zeit) durch keinerlei Beweise gestützt wurde. Das läßt mich vermuten, daß der Lehrsatz mehr mit dem inneren Aufbau des Gehirns zu tun hat als mit den Phänomenen des Universums. Ich möchte sogar so weit gehen zu behaupten, daß die Lehre von der kosmischen Einheit gerade aus dem Mechanismus erwächst, der aus den einzelnen Teilen des menschlichen Gehirns einen einheitlichen Geist macht.

Wenn dem so ist, welche neurologischen Prozesse bewirken dann die mystische Erfahrung, und wie könnten sie die Überzeugung hervorrufen, daß wir eins mit dem einen Kosmos sind?

Ich meine, Erleuchtung tritt dann ein, wenn die Selbstbeobachtung mit Erfolg die Sprachebene durchbricht und das geistige Modul – nennen Sie es das »Integrations«-Programm –, das für die Darstellung der vielfältigen Gehirnfunktionen verantwortlich ist, dem bewußten Geist als ein einheitliches Ganzes gegenüberstellt. Wir haben im vorigen Kapitel gesehen, daß es offenbar ein solches Programm gibt, denn wir erleben den Geist als einheitlich, obwohl das Gehirn vielschichtig ist. Meiner Meinung nach erhält der Seher (»der, der sieht«, ähnlich dem, der Einschnitte vornimmt oder den Durchbruch schafft) direkten Zugang zu diesem Programm – zu dem Modul, das die feste Überzeugung enthält, daß er ein Mensch mit einem Geist ist und verantwortlich für sein Handeln in einem geordneten Universum.

Dieser Durchbruch erzeugt sofort die drei Eindrücke, die wir als charakteristisch für die Erleuchtung erkannt haben. Die Erleuchtung ist überzeugend, weil der Mystiker sich einem Programm anvertraut hat, dessen Rolle die Überzeugung ist. Sie ruft eine Gewißheit kosmischer Einheit hervor, weil das Integrationsprogramm gerade den Zweck hat, ihm das Gefühl zu vermitteln, daß die vielen eins sind. Und sie hinterläßt bei ihm die Gewißheit, daß Worte überflüssig und unzuverlässig sind, denn er ist über die Ebene des »Interpreten«-Programms hinausgelangt, über das wir im vorigen Kapitel gesprochen haben. Jetzt, wo er die Masche des

Interpreten durchschaut, der mit Worten plausible aber unzulässige Erklärungen für unerwünschte Handlungen bastelt – wo er sozusagen hinter die Fassade dieser Potemkinschen Dörfer blickt –, läßt er sich wahrscheinlich nicht mehr durch Wörter hinters Licht führen.

Weil Erleuchtung bedeutet, hinter die Worte und Gedanken vorzudringen, um in das Reich des Programms zu gelangen, das das menschliche Denken vereint, muß man darauf verzichten, ihr mit der Sprache und Logik beikommen zu wollen. Satori kann, wie Suzuki meint, als ein intuitiver Blick in das Wesen der Dinge definiert werden, im Gegensatz zum analytischen Blick, der es auf logische Weise zu verstehen sucht. Der Erleuchtete betrachtet Sprache und Logik nicht als zwangsläufig irreführend, mißtraut diesen Fertigkeiten jedoch, weil er erlebt hat, wie schnell sie uns blind für die Wahrheit machen können.

Heißt das nun, daß die Erleuchtung die letzte, unerschütterliche Wahrheit ist? Ich bezweifle das. Das Gehirn ist komplex, und ich habe keinen Grund anzunehmen, daß die mystische Erfahrung uns in Berührung mit seinen Grundlagen bringt. In dem Maß allerdings, in dem man das Gehirn als mit hierarchischen Ebenen ausgestattet betrachten kann, ist es den Mystikern gelungen, eine oder zwei Schichten der Zwiebel abzulösen. Ein tieferes Eindringen ist folglich möglich, und so sprechen denn auch viele mystische Systeme von der Existenz weiterer Ebenen der Erleuchtung. Die Begleiterscheinungen eines weiteren Vordringens könnten allerdings störend sein. Könnte man das Integrationsprogramm ganz durchbrechen, würde man sich unter Umständen den schrillen Stimmen vieler unharmonischer Programme aussetzen, die mit wirren Codes senden, für die wir noch keine Entschlüsselung haben – und diese gefährliche Reise könnte, bis auf die besonders erfahrenen Entdekker, jedem das Gefühl eines einheitlichen Selbst und eines einheitlichen Universums rauben. Hier liegt das Reich göttlichen Wahnsinns, von dessen Ufern so manche verlorene Seele den Mond anheult.

Und doch verheißt uns der verlockende Gesang von diesem dunklen Kontinent, daß auf der anderen Seite etwas Schönes und Wahres, wenn auch Unvereintes, liegt; vielleicht wagen sich einige hinüber und kommen unversehrt zurück. Wenn wir die Untiefen des Gehirns erkunden, müssen wir denselben Mut und Glauben an die Schönheit und Vollständigkeit der Natur aufbringen, der uns trägt, wenn wir den Tanz der Elektronen oder die Stürme der interstellaren Nebel erforschen, aus denen wir geboren sind.

Wir können alles in allem Hoffnung aus der verhaltenen, aber doch beflügelnden Aussicht schöpfen, daß das Universum tatsächlich ein Kosmos zu sein scheint. Unser mystisches Gefühl der Einheit ist also doch nicht einem Nichts entsprungen; das menschliche Gehirn hat sich in einer wirklichen Welt entwickelt, die voller Stolpersteine und zerbrechlicher Äste ist, und wir wären in einer so rauhen Welt nicht so weit gekommen, wenn unsere Vorstellungen und unsere Weltsicht völlig illusorisch wären. Die Newtonschen Gleichungen versetzen uns tatsächlich in die Lage, ein Raumschiff zum Neptun zu schicken, und die Gleichungen Einsteins ergeben wirklich die leicht gekrümmten Umrisse des intergalaktischen Raums.

Warum wir in der Lage sein sollten, rationale Gesetze zu finden, die in der Natur insgesamt gelten, und etwas Sinnvolles daraus zu machen, bleibt ein Geheimnis; Einstein nannte es das größte Geheimnis überhaupt. Aber es ist auch für die Mystiker ein Geheimnis; und die letzte Wahrheit, wenn es sie denn gibt, ist immer noch im Futur zu konjugieren. Die Pfade der Wissenschaft und des Mystizismus treffen sich nicht auf dem Gipfel des Berges. Wo immer sie sich treffen mögen: Der Berg ragt hoch über sie hinaus, und sein Gipfel (falls es ihn gibt) ist nach wie vor in Wolken gehüllt.

Joe Montanas prämotorischer Kortex

Tell me, tell me, tell me the answer,
You may be a lover
But you ain't no dancer.
John Lennon und Paul McCartney
›Helter Skelter‹

You talk the talk. Do you walk the walk?
Animal Mother in ›Full Metal Jacket‹ von
Stanley Kubrick

Als ich an der University of Southern California lehrte, die für die
sportlichen Leistungen ihrer Studenten berühmt ist, hatte ich das
Glück, daß ich von meinem Büro auf das Stadion blicken konnte,
ein schön gelegenes orangefarbenes Oval inmitten eines sattgrünen
Rasens. Ich verschwendete Stunden damit, den Athleten bei ihren
Lockerungsübungen und beim Training zuzusehen. Eindrucksvoll,
wenn sie in Aktion waren – junge Sprinter, die mit brusthoch ange-
legten Knien und gestreckten Händen aus den Startblöcken wirbel-
ten, Speerwerfer, die kreideweiße Newtonsche Bögen an den
blauen Himmel zeichneten, Stabhochspringer, die am schwerelosen
Scheitelpunkt den Stab losließen und aus 5,80 Metern Höhe einen
Blick über die Schulter nach unten riskierten –, aber ich sah ihnen
auch gern zu, wenn sie sich ausruhten. Wenn die Langstreckler die
Hände ausschüttelten wie Vögel, die Regentropfen abschütteln, die
Hürdenläufer sich in der Hüfte bogen und sich an die Fersen grif-
fen, um ihre unglaublich langen, sehnigen Beine zu dehnen,
erschöpfte Diskuswerfer und Kugelstoßer in grauen Trainingsanzügen sich auf den Rasen streckten wie ein Rudel Löwen, für das
gerade dieser Platz bestimmt war. Nichts von der ruhelosen Ent-
wurzelung unserer Zeit; ich hätte auf die Serengeti vor zehntausend
Jahren blicken können.

Ich habe mir oft vorgestellt, daß ich Besuchern aus einer anderen
Welt, die bei uns gelandet wären und gern etwas gesehen hätten,
worauf unsere Spezies stolz ist, zuerst das hier gezeigt hätte – kein
Gemälde oder Sinfonieorchester, kein Gedicht, keine Differen-

tialgleichung und auch nicht die Skyline von Hongkong, sondern diese Läufer und Springer und Werfer, kämpfend und ruhend auf dem Grün. Da war so viel Menschliches, mit allen Fehlern und Leistungen, der verbissene Wettkampf und die sparsame Leichtigkeit der Bewegungen, das Aufgehen im Augenblick und die täglichen Opfer für ein fernes Ziel – und auch viel, das über das Menschliche hinausgeht und etwas mit der stummen Würde eines wilden Tiers gemeinsam hat. Schließlich gibt es nirgendwo im Universum etwas, das genauso ist wie sie.

Sportlern wird selten viel Intelligenz zugetraut – eine Universität für ihre Triumphe auf dem Sportplatz zu loben, würde von den meisten Professoren kaum als Kompliment aufgefaßt werden –, aber ich frage mich, ob unsere traditionellen Vorstellungen von Intelligenz nicht zu begrenzt sind. Wir Akademiker neigen dazu, die Bedeutung des abstrakten Denkens hervorzuheben, und die Logik ist sicher eine der Zierden des menschlichen Geistes, doch das kann wohl kaum alles sein. Wenn das Gehirn kein einheitlicher Monolith ist, sondern eine Anordnung von Programmen mit seinen jeweiligen Befähigungen und Anfälligkeiten, folgt daraus, daß es viele Arten von Intelligenz gibt, die alle in einem oder mehreren Programmen Außergewöhnliches leisten. Wir sind unfähig, die menschliche Intelligenz zu verstehen (geschweige denn die extraterrestrische), solange wir nicht anerkennen, daß sie in vielen Formen vorkommt, die alle ihren Wert haben.

Ich beschäftigte mich erneut 1989 mit der sportlichen Betätigung und dem Gehirn, als ich in Berkeley unterrichtete und die Spiele der Forty-Niners verfolgte, der professionellen Footballspieler aus San Francisco. Eine herrliche Zeit: Die Forty-Niners, hervorragend trainiert und beneidenswert ausgeglichen, zählten in dem Jahr zu den exzellentesten – und unbekümmertsten – Footballmannschaften, die je auf dem Platz standen. Der Sportjournalist Robert Oates jr. schrieb: »Sie schienen sich über den Machismo ihres Sports lächerlich zu machen. Nichts wirkte hart. Alles sah leicht aus. Die Neuner warfen kurze Bälle, lange Bälle, sie umliefen den Gegner außen, sie stießen innen durch – und das alles machten sie mit einer spielerischen Eleganz, die nicht an rohe Kraft erinnerte, sondern an Ballett.« Als ich sie spielen sah, wurde mir klar, wieviel wir hier auf der Erde noch über Intelligenz lernen müssen.

Einige Spieler dieses außergewöhnlichen Clubs waren eigentlich

Genies – womit ich meine, daß sie so phantasievoll spielten, daß sie dem Sport etwas Neues gaben.

Einer von ihnen war Ronnie Lott, der freie Verteidiger und damit in der letzten Abwehrreihe der Forty-Niners. Bedrohlich wie ein fränkischer Axtträger mit schwarzen Handschuhen und schwarzen Armschützern, mit denen er aussah, als würde er seine Unterarme vor jedem Spiel in kochendes Butyl tauchen, beherrschte Lott den Rückraum wie ein Geschöpf von einem etwas handfesteren Planeten. Er konnte rückwärts schneller laufen als die meisten Menschen vorwärts und so abrupt seitlich ausbrechen, wie ein Lichtstrahl von einem Spiegel reflektiert wird; ebenso beeindruckend war die geistige Wendigkeit, die Lott in das Spiel brachte.

Mir ist vor allem ein Spiel in Erinnerung, das Lotts ganzen Ideenreichtum zeigte. In einem Schlüsselspiel der Forty-Niners in der 1989er Play-off-Runde gegen den Erzrivalen Los Angeles Rams stand Lott auf der entgegengesetzten Seite des Spielfelds wie Flipper Anderson von den Rams, der seinen Gegenspieler abgeschüttelt hatte, sich in der Nähe der Torlinie herumtrieb und einen Paß des Quarterbacks Jim Everett verfolgte, der direkt auf ihn zukam – ein scheinbar sicherer Punkt. Mit unbeirrbarem Selbstvertrauen sprintete Lott quer über den Platz, stieg hoch und schlug den Ball vielleicht einen Meter vor Andersons ausgestreckter Hand weg. Daß Lott den Ball noch erreicht hatte, war eine bemerkenswerte körperliche Leistung, aber erstaunlich war auch der unerhörte Einfall, der ihn überhaupt hatte daran denken lassen, daß er dorthin kommen würde – das Vorstellungsvermögen, das ihn anregte, nach dem Ball zu laufen und ihn nicht Anderson zu überlassen, denn er wußte, wenn er den Bruchteil einer Sekunde zu langsam war, würde Anderson den Punkt machen. Das verfehlte seine Wirkung weder auf Anderson (der kopfschüttelnd den Platz verließ und murmelte, »Er kam aus dem Nichts«) noch auf die Rams, die für den Rest des Spiels abgemeldet waren und 30:3 verloren.

Jerry Rice war ein Angriffsgenie, ein drahtiger Stürmer voller Spielwitz, der immer dann am gelöstesten war, wenn er lief. Die meisten Receiver fintieren beim Laufen und täuschen einen Richtungswechsel an, aber Rice lief meistens geradeaus. In vollem Lauf wirkte er so entspannt wie in einem Sessel. Er hatte die Angewohnheit, wenn ein Paß in seine Richtung kam, ohne Hast zurückzublikken, als hätte er jemand seinen Namen flüstern hören, und dann den trudelnden Ball so beiläufig aufzunehmen, als öffnete er seine Post. Dann konnte entweder ein Sprint zur Torlinie folgen, oder ein wütender und frustrierter Verteidiger hechtete ihm voll ins Kreuz, aber in beiden Fällen reagierte Rice mit unerschütterlichem Humor. Seine Gelassenheit auf dem Platz war so berühmt, daß einmal, als er höflich der Entscheidung der zwei Schiedsrichter widersprach, die beiden sich tatsächlich hinstellten und über seinen Einwand diskutierten – was so unglaublich ist, wie wenn Verkehrspolizisten darüber beraten würden, einen Verkehrssünder laufen zu lassen, nur weil der behauptet unschuldig zu sein. (Die Videoaufzeichnung bewies, daß Rice recht gehabt hatte.)

Doch der Spieler, der mich unter neurologischen Gesichtspunkten besonders faszinierte, war Joe Montana. Der Posten des Quarterback in der National Football League verlangt Schnelligkeit (der Quarterback hat im Durchschnitt zweieinhalb Sekunden Zeit, den vom Center eroberten Ball anzunehmen, sich zurückfallen zu lassen, zu stoppen, einen Receiver zu finden und den Ball zu passen; eine direkte Abgabe kann weniger als eine Sekunde dauern), Täuschungsmanöver (während er all das macht, versucht er, den Eindruck zu erwecken, als habe er etwas ganz anderes vor, damit der Verteidiger seine Absichten nicht errät), Präzision (wenn Sie einen Ball treffsicher in einen Eimer werfen können, der auf dem Beifahrersitz eines schlingernden Jeeps in zwanzig Metern Entfernung steht, wissen Sie in etwa, was das heißt), Initiative (wenn das Spiel nicht wie abgesprochen läuft, versucht der Quarterback zu improvisieren) und Ausgeglichenheit (er muß ruhig bleiben, obwohl ein halbes Dutzend bärenstarker und wildentschlossener Spieler ihn mit der Absicht jagt, ihn so niederzumachen, daß er vom Platz geht, seine Schulterpolster an den Haken hängt und sich fürderhin nur noch dem Golfspiel widmet).

Montana, der alle Voraussetzungen für diesen einzigartigen Posten mitbrachte, wurde 1989 von vielen als der beste Quarterback überhaupt bezeichnet, unter anderem von so legendären Quarterbacks wie Joe Namath, Bart Starr, Roger Staubach und Terry Bradshaw. Sie waren nicht nur von seinen Zahlen beeindruckt, sondern auch von seiner Unbekümmertheit. Montana absolvierte jedes Spiel, selbst ein nervenaufreibendes Endspiel, mit der heiteren Gelassenheit eines Kindes, das auf einem Bolzplatz spielt und noch nicht weiß, was Verlieren heißt. Montana, der geschmeidig und durchtrainiert war, aber ansonsten unscheinbar wirkte, war intelligent, freundlich und bis zur Langeweile bescheiden. Auf der Pressekonferenz nach der verheerenden 55 : 10-Niederlage der Denver Broncos gegen die Forty-Niners im Endspiel von 1990 antwortete er auf die Frage, was seine nächsten Pläne seien: »Ich werde ein schönes Nickerchen machen.«

Was war das Geheimnis Montanas? Ein Genie sein heißt Genialität besitzen, irgendwo zwischen den Zentren des Gehirns. Das Genie eines großen Musikers sitzt vielleicht im rechten Großhirnlappen, das eines Dichters vielleicht im linken. Die Genialität Joe Montanas lag wahrscheinlich in seinem prämotorischen Kortex.

Der Anstoß zum Handeln läuft durch das Nervensystem zu den Muskeln und kommt vom motorischen Kortex des Gehirns, einem Gürtel aus grauem Gewebe, der das Vorderhirn überwölbt und bis zu den Ohren reicht. Wenn wir gehen oder laufen – oder einem Offensivverteidiger einen Ball zuwerfen –, regen die von den Neuronen in den motorischen Kortex übermittelten Impulse die gestreiften Muskeln in den Füßen, Beinen, Armen und Händen zum Handeln an. Der motorische Kortex wählt seinerseits bestimmte Handlungen aus einer Art Wörterbuch, das in der ergänzenden motorischen Region gespeichert ist, die an der Oberseite des Gehirns liegt. Diese beiden Zentren können zusammen einzelne Handlungen steuern, aber keine komplizierten Abläufe: Beim Einsatz allein des motorischen Kortex und der ergänzenden motorischen Region könnte ein Quarterback vielleicht einen Ball vom Center auffangen oder einen Paß werfen, aber er wäre nicht imstande, diese Dinge schnell hintereinander auszuführen. Zur Koordinierung eines Handlungsablaufs muß er auf den prämotorischen Kortex zurückgreifen, einen Streifen Gehirngewebe, der unmittelbar vor dem motorischen Kortex liegt.

Aufgrund von Anweisungen, die in die prämotorische Hirnrinde programmiert sind, kann ein Sportler mehrere Handlungen sehr viel schneller und reibungsloser zusammenfassen, als wenn das Gehirn jede Bewegung in Echtzeit erfinden müßte. Wir erleben den prämotorischen Kortex in seiner ganzen Größe, wenn wir dem scheinbar mühelosen Spiel des Cellisten Yo-Yo Ma lauschen oder einen Tanz des inzwischen gestorbenen Fred Astaire sehen. Joe Montana, den Joe Namath völlig zutreffend den »Fred Astaire des Football« nannte, war die Verkörperung des Reibungslosen. »Bei den meisten Spielern geht es: ›Ich sehe. Ich mache einen Schritt. Ich werfe‹«, erklärte Joe Madden, der Sportberichterstatter und frühere Trainer der Oakland Raiders. »Bei Montana geht es: ›Ich sehemacheeinenSchrittwerfe.‹«

Die Programme im prämotorischen Kortex Montanas bestachen nicht nur durch ihre nahtlose Webart, sondern auch durch ihre Dauerhaftigkeit und die Länge der Kette. Montana konnte zwei gedeckte Receiver abhaken und einen dritten Mann bedienen und fand manchmal sogar einen Weg, den Ball einem gedeckten Receiver zuzuspielen, was zum Teil daran lag, daß er in dem Augenblick nicht über die Situation nachdenken mußte. Das meiste von dem, was er tun mußte, war bereits in seinen prämotorischen Kortex programmiert; neben dem Prozeß noch bewußte Entscheidungen zu fällen, brachte normalerweise sein Timing durcheinander. Montana bemerkte dazu: »Wenn ich jemals anfangen würde, darüber nachzudenken, was passiert, wenn der Ball meine Hände berührt, würde alles schiefgehen.«

Die Bedeutung der prämotorischen Hirnrinde für Berufssportler hilft uns ihre Neigung zum harten Trainieren verstehen. Als ich Montana und Rice an einem sonnigen Nachmittag im Trainingslager in Santa Clara Konditionstraining machen sah, war ich überrascht, daß sie dabei fast so schnell waren wie im Spiel. In ihren Trainingsanzügen und ohne die Schulterpolster und Trikots sahen sie wie ganz normale junge Männer aus, die am Sonntagnachmittag Touchball spielen wollen – bis sie am Ball waren und sich alles in ein Schauspiel von erstaunlicher Anmut verwandelte. Einer Entscheidung von Rice und dem Offensivverteidiger Roger Craig folgend lief jeder Spieler in Ballbesitz in jedem Spiel bis in den Torraum, was bezwecken sollte, sie innerlich darauf zu trimmen, daß das falsch war. Dieses harte Training hatte keinen physischen Grund; Spitzenspieler trainieren beim Training kaum noch Kondition. Es hatte auch nicht viel damit zu tun, neue Erkenntnisse zu gewinnen; Montana und Rice lernten nicht, wie man mit dem Ball umgeht. Sie taten vielmehr das, was Geigen- oder Klavierspieler tun, wenn sie üben – den prämotorischen Kortex abstimmen –, und das geht am besten, wenn es wie im Ernstfall geprobt wird. Sich beim Training zurückzuhalten wäre so, als würde man ein schlechteres Programm laden, das sich später beim richtigen Spiel als unzureichend erweisen könnte. Es ist immer besser, es richtig zu machen, oder wie die

Cembalistin Wanda Landowska sagte: »Ich übe nie, ich spiele immer.« Hart üben heißt, das richtige Programm laden. »Sobald der Ball aufgenommen wird, läuft in mir das Spiel ab«, schrieb Montana in seiner Autobiographie. »Es ist wie ein Film, der mir durch den Kopf geht.«

Das wiederum erhellt, warum dem Spieler die innere Einstellung so wichtig ist. Die Bedeutung des Siegeswillens wird manchmal mystisch verklärt, als wäre das ein Geheimnis, das nur Eingeweihte verstehen können. Doch es wird weit weniger geheimnisvoll, wenn wir es als eine Methode ansehen, den bewußten Geist davon abzuhalten, sich in den Ablauf der prämotorischen Programme einzuschalten, die auf Erfolg abgestimmt sind. Ronnie Lott gab seinen Mannschaftskameraden vor einem Spiel oft den Rat sich vorzustellen, wie sie spielen wollten, und diese Vorstellung sich dann ganz fest einzuprägen, bis das Spiel vorüber war. Achtet nicht darauf, wie die andere Mannschaft spielt, empfahl er; denkt nur an eure Leistung. »Man muß das Spiel mental beherrschen«, sagte Harry Edwards, ein Soziologieprofessor in Berkeley und ehemals Aktiver, der den Trainingsstab der Forty-Niners betreute. »Ich kenne keinen großen Spieler ohne jene Grundeinstellung, die nicht fragt, ob er gewinnen wird, sondern nur, wie er gewinnen wird.«

Was erklären kann, warum gute Mannschaften oft gegen schlechte Teams am schlechtesten spielen. Wettbewerb ist eine zweigleisige Angelegenheit, und die besten Pläne des prämotorischen Kortex können platzen, wenn sie gegen einen Widersacher durchgeführt werden, der irrt. Der große Offensivverteidiger O.J. Simpson übte im Geist immer wieder bestimmte Muster ein; wenn er Auto fuhr, stellte er sich die anderen Autos als Abwehrspieler vor und überlegte, wie er durchbrechen könnte. Solange seine Gegner taten, was sie tun sollten, brachte Simpsons sorgfältige Planung die Ergebnisse, die ihn zu einem der Besten überhaupt machten. Aber Simpson war anfällig für Angriffe von Abwehrspielern, die unorthodox spielten und ihm plötzlich im Weg standen. Das waren die Forty-Niners auch. Die einzige entscheidende Niederlage, die sie in der Saison 1989 hinnehmen mußten, war die gegen die unkonventionellen Green Bay Packers, die so unorthodox spielten, daß sie die Neuner völlig durcheinanderbrachten und sie 21:17 schlugen.

Wie man vielleicht von einem prämotorischen Kortex-Typ erwarten kann, war Montana stark von seiner Einstellung abhängig.

»Für einen Quarterback ist das Spiel zu mindestens siebzig Prozent eine Sache des Kopfes«, sagte er. Seine Leistung konnte beängstigend nachlassen, wenn ein paar Spiele danebengingen und er das Vertrauen in den Film in seinem Kopf verlor, aber er erholte sich auf der Reservebank meistens sehr schnell und ließ selten zu, daß ein paar schlechte Angriffsaktionen ihm den Blick auf den Sieg nahmen.[*] Klare Niederlagen betrachtete er mit überlegener Gelassenheit als Verfälschungen des platonischen Ideals; auf die Frage eines Fans nach einem verpatzten Angriff in der letzten Minute in einem Entscheidungsspiel, das die Forty-Niners eigentlich hätten gewinnen müssen, antwortete er unbeschwert: »Haben Sie noch nie einen schlechten Tag im Büro gehabt?«

Das Individuum beginnt sich etwas anders darzustellen, sobald man es sich als eine Vielzahl von Intelligenzen denkt, und ich würde so weit gehen zu vermuten, daß man Anzeichen der körperlichen Spitzenleistungen Montanas an seinem relativ ausdruckslosen Gesicht ablesen kann. Joe lächelte häufig, auf dem Platz und außerhalb, aber es war ein gleichbleibendes, entspanntes Lächeln, fast wie bei einem Delphin. Diese ausdrucksarme Miene erinnert an etwas Bekanntes: Es ist die Verkörperung des »Coolen« – die Maske von Buster Keaton, des perfektesten Sportlers unter den Stummfilmstars, und von Steve McQueen, der sich in dem Film ›Bullitt‹ nur ein leichtes Stirnrunzeln erlaubt, als ihm ein Gangster, den er in halsbrecherischer Autojagd verfolgt, die Windschutzscheibe seines »Mustang« zerschießt.

Ich denke, diese Maske läßt sich auf Entwicklungen im kortikalen Gewebe zurückführen, die durch ständiges sportliches Training hervorgerufen werden. Die Steuerung bestimmter Körperbereiche ist in bestimmten Regionen der Hirnrinde angesiedelt, die man wie auf einer Karte darstellen kann. (Aus solchen Untersuchungen leiteten Forscher die homunkulusartigen Darstellungen ab, die man in

[*] Wenn alles gut lief, hielt Montana sich dadurch auf Trab, daß er sich neue Herausforderungen suchte. Zu Beginn des letzten Viertels des gewonnenen Endspiels 1990 in San Francisco sonnte sich Montana nicht im Jubel der Menge, sondern schlängelte sich zum Trainer George Seifert an der Seitenlinie und erklärte ihm, die Mannschaft solle darüber nachdenken, wie man in der nächsten Saison zum drittenmal die Meisterschaft gewinnen könnte. (Die Neuner verpaßten dieses Ziel um ein Spiel, das sie gegen die New York Giants verloren, nachdem Montana mit einem gebrochenen Finger ausgefallen war.)

Lehrbüchern finden kann und wo auf dem kortikalen Streifen große Regionen zur Steuerung von Händen und Gesicht und kleinere für die Knie, Rumpf und Schultern angeordnet sind.) Jahrelang wurde angenommen, daß die Größenrelation der einzelnen kortikalen Regionen beim Erwachsenen mehr oder weniger unverändert bleibe. In den achtziger Jahren stellten Forscher jedoch fest, daß zumindest bei der sensorischen Hirnrinde die Größe einer bestimmten Region zunimmt, wenn der entsprechende Körperteil öfter aktiv ist. Als man zum Beispiel einem Affen, dessen Rindenregionen überwacht wurden, beibrachte, einen Finger auf eine vibrierende Fläche zu legen, nahm die Zahl der Rindenzellen, die für das Verarbeiten der von dieser Fingerspitze ausgehenden Empfindungen zuständig waren, täglich meßbar zu. Das gleiche gilt wahrscheinlich auch beim Menschen, so daß bei einem Kind, das Klavier spielen lernt, oder einem Erwachsenen, der Kartentricks übt, sich die Region der somato-sensorischen Hirnrinde vergrößert, die für die Finger zuständig ist. Es ist durchaus denkbar, daß dieses Phänomen auch im motorischen Kortex auftritt, so daß die Karte der motorischen Hirnrinde einer Bauchtänzerin entsprechend mehr Zellen aufweisen würde, die für die Steuerung der Bauchmuskeln zuständig sind, und die eines Hürdenläufers mehr Zellen, die den Beinen und Füßen zuzuordnen sind.

Das Wachstum einer Rindenregion geht zu Lasten der benachbarten Regionen. Und was liegt auf der Hirnrinde neben der Handregion? Die Gesichtsregion. Widmet man der Steuerung der Hände mehr Kortex, zweigt Gehirngewebe ab, das andernfalls dem Gesicht zur Verfügung stehen würde. Wir würden also erwarten, daß eine Schauspielerin, die ständig ihre Mimik übt, die für ihr Gesicht zuständige Kortexregion vergrößert – und daß einem Quarterback vergleichsweise mehr Rindenregion für seine Hände und Handgelenke zur Verfügung stehen. Die motorische Hirnrinde ist gegabelt: Die dem Gesicht zuzuordnenden Muskeln belegen im Normalfall die eine Hälfte des kortikalen Gewebes, während die andere Hälfte Hände, Arme, Rumpf, Beine und alles andere steuert; möglicherweise verschiebt sich die Grenze zwischen den beiden Bereichen als Reaktion auf unterschiedliche Anforderungen an die Steuerung bestimmter Körperbereiche.

Es kann also durchaus sein, daß das gelassene, fast ausdruckslose Gesicht eines Sportlers wie Joe Montana das äußere Kennzeichen einer motorischen Hirnrinde ist, die so stark auf die Steuerung der Hände und Füße ausgerichtet ist, daß dies zu Lasten des kortikalen Gewebes geht, das normalerweise für die Gesichtsmuskulatur zuständig ist. Und uns beeindruckt diese Maske genau deshalb, weil wir gelernt haben, sie mit kompetentem Handeln in Verbindung zu bringen. Aus diesem Grund sind betont männliche Filmstars wie Clint Eastwood und Arnold Schwarzenegger äußerst sparsam, was die Mimik betrifft. Die Kritiker mögen beklagen, daß ihr immergleicher Gesichtsausdruck irgendwann langweilig wird, doch Eastwood und Schwarzenegger wissen, was sie tun: Sie spielen Männer, deren Intelligenz sich im Handeln ausdrückt, nicht in Worten, und deren motorische Hirnrinde Gewebe aus der reinen Ausdrucksregion abgezweigt hat, um es in den Dienst der muskelbetonten Funktionen des Laufens, Springens und Abfeuerns endloser MG-Garben zu stellen.

Aber heißt all das nicht, rundheraus zu behaupten, daß Sportler letztlich nichts weiter sind als dümmliche Muskelprotze, die ihr »besseres« Gehirn auf dem Altar sportlicher Höchstleistungen geopfert haben?

Ich glaube nicht und will auch sagen warum. Die motorische und prämotorische Rinde sind Teil des Großhirns und können einige unserer anspruchsvollsten Leistungen für sich reklamieren. Anatomisch hängen beide eng mit den Gehirnzentren zusammen, die für die Sprache zuständig sind: Das Broca-Zentrum, das Gehirnareal, das die Sprache verarbeitet, gehört zur prämotorischen Rinde. Diese Verbindung zwischen Sprechen und Handeln hat einige Gehirnforscher zu der These veranlaßt, daß unsere Fähigkeit zu sprechen und zu schreiben – eines der Merkmale der Geisteskraft – sich als Nebenprodukt der Entscheidung für herausragende sportliche Fertigkeiten entwickelt habe, insbesondere die Fähigkeit, gefährliche Tiere durch das Schleudern von Steinen oder Speeren zur Strecke zu bringen. Der amerikanische Neurobiologe William H. Calvin meint, daß »die vermutete Spezialisierung der linken Gehirnhälfte auf die Sprache wahrscheinlich nur ein Nebeneffekt einer primitiveren Spezialisierung der linken Hemisphäre auf die Behandlung von Abläufen ist«. Wenn Calvin recht hat, ist die Entwicklung des Kortex, die unsere Spezies mit der einzigartigen Fähigkeit zu sprechen und zu schreiben schmückt, weniger die Folge geistiger Herausforderungen als von Fortschritten der athletischen Befähigung des Menschen.* Das überrascht nicht weiter, wenn man bedenkt, daß das Sprechen ein komplizierter körperlicher Vorgang ist: Aus der Sicht der prämotorischen Hirnrinde ähnelt das Aussprechen langer Silbenketten dem Klettern an einem Felsen oder dem Werfen des Balls beim Baseball. Bei ihrer Arbeit beanspruchen der Shakespeare-Schauspieler Kenneth Branagh und der Quarterback Joe Montana viele der gleichen Regionen ihres Gehirns.

Alles schön und gut, könnte man sagen, vielleicht wurde die Sprache erst durch körperliche Heldentaten möglich, und wenn, dann haben wir genausowenig das Recht, auf einen der Sprache nicht mächtigen Sportler hinabzuschauen, wie uns über einen Redner lustig zu machen, der nicht Tennis spielen kann. Aber was ist mit der Logik? Hier, im Bereich des abstrakten Denkens, thront das Großhirn sicher hoch über seinen schweißtreibenden Ursprüngen des Ballspielens und Speerwerfens. Halten Intellektuelle das reine Denken eines Einstein und Euler nicht mit Recht den rein körperlichen Leistungen eines Michael Jordan oder einer Martina Navratilova für überlegen?

Eigentlich nicht, denn das abstrakte Denken der Wissenschaftler ist sehr viel physischer als allgemein angenommen wird. Die großen Theoretiker unter den Physikern denken, egal wie stark ihre umfassenden Theorien im Ätherischen mathematischer Gleichungen abgefaßt sind, im allgemeinen in geistigen Modellen, die nur ein Ersatz für die eigentlichen Konstruktionen aus Balsaholz, Siegellack und Schnur sind. »Ich gebe mich immer erst zufrieden, wenn ich ein mechanisches Modell von etwas machen kann«, sagte Lord Kelvin, der Papst der klassischen Thermodynamik. »Wenn ich ein mechanisches Modell herstellen kann, kann ich es auch verstehen. Solange ich kein ganzes Modell anfertigen kann, kann ich es auch nicht verstehen.« Einsteins »Gedankenexperimente« beruhten,

---

* Wir erleben die Wiederholung dieses evolutionären Ablaufs bei der Entwicklung von Kindern, die normalerweise erst mit dem Sprechen beginnen, wenn sie laufen können. Das Laufen ist wie das Sprechen ein komplexer Vorgang, und der motorische Kortex der linken Hemisphäre, der im allgemeinen für die Koordinierung der beiden Funktionen verantwortlich ist, muß erst ein bestimmtes Entwicklungsstadium erreichen, bevor das Kind beide Aufgaben bewältigen kann. »Sprichst du, bevor du läufst, ist die Zunge dein Untergang«, lautet ein viktorianischer Gemeinplatz.

obwohl sie ihn zu kontraintuitiven Vorstellungen wie der Teilchennatur des Lichts und räumlicher Zeit animierten, auf Informationen, die aus echten Experimenten hervorgegangen waren. Ganz ähnlich war es bei Archimedes und Galilei, deren physikalische Untersuchungen wesentlich auf ihre Beschäftigung mit der Arbeit von Seilen und Hebeln in Häfen und Docks zurückgingen, und bei Newton, der erklärte, die geeignetste Methode, die Eigenschaften der Dinge zu erforschen, sei, sie aus Experimenten abzuleiten. Die großen Abstraktionen der Wissenschaft gelten nicht, weil sie abstrakt sind, sondern fest verankert in der harten Realität der wirklichen Welt. Und wenn es auch stimmt, daß reine Mathematik ziemlich schwer verständlich sein kann, ist sie doch aus der Befragung des Faßbaren hervorgegangen: Die Zahlentheorie begann mit dem Zählen, und die Geometrie, für Plato geradezu das Sinnbild reinen Denkens, hatte ihren Ursprung in den Bemühungen der ägyptischen »Seilspanner«, die im häufig überfluteten Ackerland des nahen Nils die Grenzen der einzelnen Besitztümer abstecken mußten.

Jedenfalls bin ich nicht der Ansicht, daß die Quantenmechanik oder die Contorsche Mengenlehre weniger aufregend ist als die Aktion Ronnie Lotts, mit der er im Spiel der Neuner gegen die Rams jenen Paß wegschlug – oder um es anders auszudrücken, nicht der Ansicht, daß ein großer Wissenschaftler mehr zu gelten habe als ein großer Sportler –, sondern daß sie alle gleichermaßen Beachtung verdienen. Die Zentren des Großhirns, in denen Gedichte und Sinfonien und Theorien über chemische Verbindungen entstehen, sind nicht »besser« als die, die ausschließlich für das Laufen und Springen und Spielen zuständig sind; der amerikanische Physiker Richard Feynman bemerkte gerne: »Nichts ist ›ausschließlich‹.« Wenn diejenigen, die über die Möglichkeit extraterrestrischen Lebens nachdenken, mehr Zeit auf den Versuch verwenden würden, die Vielfalt der Intelligenz hier auf der Erde zu begreifen, würden wir uns wahrscheinlich nicht so schnell auf eindimensionale Paradigmen festlegen, die die gesamtstellare Intelligenz in Klug und Dumm einteilen, und dabei selbst ein wenig klüger werden.

Wenn Sie immer noch nicht davon überzeugt sind, daß es genausoviel Intelligenz erfordert (wenn auch von etwas anderer Art), Center bei den Red Sox zu spielen, wie in Harvard Anthropologie zu lehren, dann überlegen Sie einmal, was sich auf dem Gebiet der »künstlichen Intelligenz« getan hat. Dort stellen Wissenschaftler zu ihrer Überraschung fest, daß es für einen Computer schwerer ist, physikalische Abläufe zu koordinieren als abstrakte Probleme zu lösen.

Moderne Computer können logische Aufgaben der Art, die ihre Programmierer gern als intelligent einstufen, recht gut bewältigen. Sie können in wenigen Sekunden höhere mathematische Gleichungen lösen, für die der Mensch mehrere Jahre brauchte. (Tatsächlich stoßen wir mehr und mehr auf mathematische Beweise, die nur noch ein Computer führen kann; sie bereiten den Mathematikern Unbehagen, aber niemand außer einem anderen Computer hat die Zeit und die verbissene Hingabe zu prüfen, ob der erste Computer recht hatte.) Sie können auch ganz tückisch Schach spielen; Anfang der neunziger Jahre waren nur noch der Schachweltmeister und einige andere Großmeister in der Lage, Topprogramme wie Deep Thought zu schlagen, das, während es den nächsten Zug überlegt, bis zu 450 000 Stellungen pro Sekunde analysiert.

Was Computer nicht gut können, ist handeln. Die ganz einfachen Aufgaben fallen ihnen schwer. Beim Goddard Raumflugzentrum, dem führenden NASA-Zentrum für Robotertechnik, riß der Arm eines Roboters, der darauf programmiert war, bei einer Vorführung eine Tür zu öffnen, die ganze Tür aus den Angeln. (Der Computer brauchte eine bessere Rückkopplungsschleife, wie die, die zwischen der motorischen Hirnrinde Joe Montanas und seinem rechten Arm vermittelt.) Ein anderer Roboter, der programmiert war, das Bauteil einer imitierten Raumstation einzusetzen, griff zögernd nach dem Teil und hielt dann inne; irgend jemand hatte eine Deckenlampe eingeschaltet, und die Sensoren des Roboters konnten sich nicht auf die unterschiedlichen Lichtverhältnisse einstellen. Ingenieure beim Jet Propulsion Laboratory der NASA haben jahrelang versucht, ein computergesteuertes »Geländefahrzeug« zu bauen, den Prototyp eines automatischen Fahrzeugs, das auf dem Mars umherfahren sollte; obwohl das Fahrzeug mit Videokameras, einem Entfernungslaser und einem hochmodernen Supercomputer ausgestattet war, war es nicht in der Lage, einmal um den Parkplatz beim Labor zu fahren.

Nach Ansicht von Hans Moravec, dem Direktor des Mobile Robot Laboratory der Carnegie Mellon Universität, liegt das Problem darin, daß die mit Robotertechnik beschäftigten Forscher »direkt bei der Höchstleistung menschlichen Denkens ansetzen, bei Experimenten, die auf großen Rechenanlagen laufen und das reine Denken mechanisieren sollen«. Aber physikalischer Scharfsinn ist nicht eine schlechtere Version des logischen Denkens, sondern ein eigener und gleichberechtigter Bereich der Intelligenz, der nach seinen eigenen Bedingungen geführt werden muß.

Diese Bedingungen sind weitgehend unbewußt und nicht zu beschreiben, weshalb es uns meistens besser gelingt, einen Handlungsablauf durchzuführen – etwa einen Wagen in der zweiten Reihe parken oder einen Baseball werfen –, wenn wir nicht zu sehr über das nachdenken, was wir tun. Ein Schüler, der in Eugen Herrigels Buch ›Zen in der Kunst des Bogenschießens‹ zitiert wird, fragt den Meister:

> »Wie kann denn überhaupt der Schuß gelöst werden,
> wenn ›ich‹ es nicht tue?«
> »›Es‹ schießt«, erwiderte er.
> ….
> »Und wer oder was ist dieses ›Es‹?«
> »Wenn Sie dies einmal verstehen,
> haben Sie mich nicht mehr nötig.«

Diese Beherrschung jenes unbeschreiblichen »Es« ist es, was die Sportler tagtäglich demonstrieren, und an das Computer nirgendwo auch nur annähernd herankommen.

Entwicklungsgeschichtlich war das Körperliche der Erfinder des Geistigen – wir haben Jahrmillionen gebraucht, die Weisheit des Körpers zu entwickeln, verglichen mit vielleicht hunderttausend Jahren für das rationale Denken –, und bei Kindern läuft dieses alte Geschehen immer wieder ab. Das lernende Kind handelt; es greift nach Bauklötzen, versucht, sie aufeinanderzutürmen (es gibt dabei keine »falsche« Methode), verwandelt dann den Turm durch das Wunder der Phantasie in eine Burg oder eine Festung. Das Kind, das nur so vor sich hinstarrt, hängt wahrscheinlich keinen abstrakten Gedanken nach; es geht ihm vielleicht nicht gut.

Wie tiefgründig die Weisheit des Körpers ist, zeigt sich schlaglichtartig bei der Begabung Anomaler – bei großen Sportlern als dem einen Extrem und bei den hirngeschädigten Insassen psychiatrischer Anstalten als dem anderen. Eine der großen Tragödien in der jüngeren Geschichte psychohygienischer Einrichtungen, auf die auch viele Wissenschaftler hingewiesen haben, war unsere Blindheit gegenüber den außergewöhnlichen Fähigkeiten von autistischen Kindern und von Aphatikern. Das sind Menschen mit geschädigtem Sprachzentrum, die von jeder verbalen Kommunikation abgeschnitten sind, deren körperliche Intelligenz oft jedoch hoch entwickelt ist. Weil sie sich nicht normal ausdrücken können, wurden sie allzu oft als schwachsinnig eingestuft. Sie zeigen typischerweise großes Interesse an Maschinen. Der Psychologe Bernhard Rimland beschreibt einen seiner Patienten, einen autistischen Jugendlichen namens Joe:

Vor kurzem hat er ein Tonbandgerät, eine Leuchtstoffröhre und ein kleines Transistorradio mit einigen anderen Bauteilen so verbunden, daß die Musik vom Band in Licht in der Röhre und dann wieder in Musik im Radio umgewandelt wurde. Wenn er die Hand zwischen Bandgerät und Lichtquelle hielt, konnte er die Musik unterbrechen. Er versteht die Grundsätze der Elektronik, Astronomie, Musik, Navigation und Mechanik. Er weiß, wie was funktioniert und kennt sich in technischen Begriffen aus. Mit zwölf Jahren konnte er sich mit Stadtplan und Kompaß beim Radfahren in der Stadt zurechtfinden. Er liest, was Bowditch über die Navigation geschrieben hat. Sein IQ wird auf achtzig geschätzt. Er arbeitet als Monteur in einer Behindertenwerkstatt.

Dieser Joe ist, wie ich vermute, von Maschinen begeistert, weil die am höchsten entwickelte Region seines Gehirns diejenige ist, die den mechanischen Umgang mit Gegenständen steuert. Auf dem Gebiet zeigt er geniale Züge, so wie Joe Montana ein Genie beim Football ist. Rein verstandesmäßig betrachtet, erinnern uns beide Joes daran, daß wir nicht nur auf die Stars zu schauen brauchen, wenn wir die ganze Vielfalt der verschiedensten Formen der Intelligenz erkennen wollen. Jeder menschliche Geist ist eine Galaxis von Intelligenzen, in der das Licht von Milliarden Sternen leuchtet.

Schallendes Gelächter

Fortschritt ist nichts weiter als der Sieg
des Gelächters über das Dogma.
Benjamin DeCasseres

Die Komik ist eine ernste Angelegenheit.
Buster Keaton

Das Lachen: ein Fenster zum Gehirn. Zum erstenmal dachte ich
daran, als mein vierjähriger Sohn, der sich mitten in der Nacht zu
meiner Frau und mir ins Bett geschlichen hatte und sofort wieder
eingeschlafen war, plötzlich im Schlaf lachte, während ich hellwach
in der Dunkelheit lag. Es war ein angenehmer Laut, ein tiefes, inni-
ges Glucksen, das zu einem schallenden Lachen anschwoll und für
einen so kleinen Körper bemerkenswert sonor klang. Ich fragte
mich, was ihn wohl zum Lachen gebracht hatte. Und dann fing ich
an mich zu fragen, was uns eigentlich zum Lachen bringt.

Eine schwierige Frage. Gelacht wird in jeder Kultur, doch jede
Gemeinschaft leistet sich auch mindestens einen Griesgram. Vorauszusagen, was die Leute zum Lachen bringt, ist schwer – die Produ-
zenten komischer Filme wissen nur zu gut, daß eine Szene, die bei
einem Publikum Lachsalven auslöst, von anderen Zuschauern zwei
Stunden später im selben Kino mit eisigem Schweigen aufgenommen
werden kann. Aber mancher Humor wird allgemein aufgenommen;
Charlie Chaplin ist heute in China genauso beliebt wie in den Vereinigten Staaten. Wir lachen über einen Witz, der das Gehirn anregt,
aber auch, wenn wir gekitzelt, also körperlich gereizt werden. Aber
während das Lachen gleich klingt, ist es doch ganz unterschiedlich:
So kann ich mich vor Lachen biegen, wenn ich etwas Witziges gesagt
habe, aber ich kann mich nicht durch Kitzeln selbst zum Lachen
bringen. Jedes Lachen ist etwas Paradoxes.

Ich gab schließlich den Versuch auf, wieder einzuschlafen, stand
auf und ging in mein Arbeitszimmer, wo ich einige Bücher durch-
blätterte, um zu sehen, was große Denker über das Wesen des
Lachens geschrieben hatten. Monate später beschäftigte ich mich
immer noch damit.

Es gibt, wie ich erfuhr, etwa achtzig eigenständige Theorien darüber, warum Menschen lachen, und sie decken sich fast nirgendwo. Einige Autoren meinen, der Sinn für Humor sei angeboren, andere halten ihn für erworben. Die meisten betrachten Humor als eine universale menschliche Eigenschaft, doch einige weisen auf die schmerzliche Wahrheit hin, daß mancher überhaupt keinen Sinn für Humor hat, und behaupten, daß Lachen eine Fähigkeit sei, die man erlernen müsse wie das Radfahren. Viele meinen, Lachen mache Spaß, doch Henri Bergson behauptet in seinem berühmten Beitrag über den Humor, daß Lachen ohne jede Emotion sei: »Seelische Kälte ist sein wahres Element. Das Lachen hat keinen größeren Feind als jede Art von Erregung«, schreibt Bergson. »... es wendet sich an den reinen Intellekt.« Ich hatte gedacht, mein Sohn hätte gelacht, weil er im Traum etwas Lustiges gesehen hatte, doch Sigmund Freud belehrte mich, daß dem Kind jegliches Gefühl für das Komische fehlt. Hegel hielt Humor für überwiegend aggressiv, während Chaplin und Walt Disney nichts besonders Feindseliges am guten Lachen finden konnten. (Bei diesem letzten Punkt können wir vielleicht den Unterschied zwischen einem Künstler und einem kritischen Geist erkennen; Disney und Chaplin waren lustig, während ich bezweifle, daß Hegel ein Lachen hätte provozieren können, um sein Leben zu retten.)

Die Fachleute sind sich nicht einmal in so grundlegenden Fragen einig wie der, ob es gut ist, Sinn für Humor zu haben. Sicher ist »Lachen die beste Medizin«, wie es in der Witzecke von ›Reader's Digest‹ hieß, der Journalist Norman Cousins förderte seine Genesung von einer lebensgefährlichen Erkrankung, indem er sich Filme der Marx Brothers ansah, eine Tat, die ihm einen Posten an der medizinischen Fakultät der University of California in Los Angeles einbrachte –, aber was immer es körperlich nützt, in manchen Kreisen gilt Lachen als völlig unmöglich. In den Sprüchen Salomos heißt es, »ein Narr lacht überlaut, ein Weiser lächelt ein wenig«. Lord Chesterfield schrieb seinem mit Ratschlägen überfütterten Sohn: »Lautes Gelächter ist die Lustigkeit des Pöbels, der bloß an einfältigen Dingen Gefallen findet. Wahrer Witz oder gesunder Verstand hat seit Erschaffung der Welt niemals Gelächter erregt. Einen Mann von Geistesgaben und vornehmer Art sieht man also bloß lächeln, hört ihn aber niemals lachen.« Ich stieß sogar auf einen griesgrämigen Fachmann, der die Liebe zum Humor als eine angelsächsische

Marotte abtat; diese Hypothese entlockte einem meiner Freunde von den Samoa-Inseln ein herzliches Lachen.

Wir haben es also mit einem Geheimnis im menschlichen Gehirn zu tun, das so unergründlich wie alles ist, was wir in den Sternen gefunden haben. Woran liegt es, daß das Lachen solche Widersprüche auslöst, so daß die Philosophen und Psychologen sich bemüßigt fühlten, derart absurd ernste und einander ausschließende Gedanken auszuhecken, um es zu erklären?

Ich habe lange über diese Frage nachgedacht und glaube, die Antwort gefunden zu haben – die Licht auf das Wesen des Gehirns wirft und damit auch auf die Rolle des Geistes in einem kosmischen Zusammenhang. Wie alle Philosophen vor mir bin ich zuversichtlich, daß meine Theorie vom Lachen die einzig richtige ist und alle anderen so sicher vertreiben wird wie die aufgehende Sonne den Tau. Wie sie will ich meine Theorie mit unerschütterlichem Ernst vortragen und so sicherstellen, daß sie, auch wenn sie heute vielleicht nicht lustig erscheint, doch in der Zukunft noch zum Lachen reizt. (Cervantes bemerkte dazu: »Es ist schwer, keine Satiren zu schreiben.«)

Der Hauptgedanke meiner Theorie besagt, daß das Lachen aus dem Wechselspiel zweier wichtiger Programme im menschlichen Gehirn entsteht, von denen das eine einleuchtende Modelle der Wirklichkeit entwirft, während das andere diese Modelle anficht. (In der Realität sind wahrscheinlich mehr als zwei Programme beteiligt, aber aus Gründen der Einfachheit will ich so tun, als wären es nur zwei, etwa so wie die Historiker zwei große Armeen wie zwei Personen behandeln, obwohl beide aus vielen Korps bestehen.) Wenn ich recht habe, liefert das Lachen uns deutliche Beweise dafür, daß das Gehirn aus mehreren Teilen besteht, und die Schwierigkeiten, von denen die bisherigen Versuche, das Lachen zu verstehen, heimgesucht wurden, gehen auf die falsche Annahme zurück, daß das Gehirn am besten als Einheit betrachtet wird.

Wie ich meine, geschieht Folgendes:

Der Geist wird jeden Tag vor die Aufgabe gestellt, dem Universum, sich selbst und dem eigenen Platz im Universum einen Sinn abzugewinnen. Dazu hat er ein Programm entwickelt, das Modelle entwirft. Dieses Programm ist nüchtern, verantwortungsvoll, kreativ und selbstbewußt – das Reich, wenn Sie wollen, des Gottes Apollo. Das Apollo-Programm (wie ich es nennen möchte, die

NASA wird mir hoffentlich verzeihen) deckt zeitlich und räumlich ein breites Spektrum ab, wandelt augenblicklich Sinnesdaten in wahrnehmbare Objekte um und erzeugt in größeren und längeren Zusammenhängen die Vorstellungen, die wir von unseren Mitmenschen und der Welt haben.

Das Apollo-Programm arbeitet jedoch lückenhaft. Alle Modelle, die es entwirft, sind auf die eine oder andere Art fehlerhaft – es sind eben Modelle, und wenn sie ungeprüft übernommen würden, lebten wir die meiste Zeit in einer Welt der Täuschungen. (Das tun wir vielleicht ohnehin, aber das ist ein anderes Thema.) Täuschungen können gefährlich sein: Der Baumbewohner, der nach einem morschen Ast greift, weil er ihn fälschlicherweise für gesund hält, kommt in Schwierigkeiten; das tut auch ein Camper, der faules und gutes Wasser verwechselt, oder ein Perlentaucher, der einen Steinfisch für einen Stein hält. Aus diesem Grund hat das Gehirn ein zweites Programm entwickelt, das dazu da ist, die Modelle des Apollo-Programms auf die Probe zu stellen. Dieses zweite Programm ist respektlos, skeptisch und verspielt – das Reich des Pan.

Jede gute Komik stellt diese beiden Götter zur Schau. Der Banker ist Apollo; W.C. Fields als Bankdetektiv ist Pan. Der Eingangssprecher ist Apollo; der Querschläger, der seine flotten Ankündigungen unterbricht, ist Pan. Die Gesellschaft braucht beide. Es ist witzlos, einen aufgeblasenen Professor als verkalkt zu verspotten oder zu beklagen, daß einem Komiker der Respekt vor unseren geliebten Institutionen fehlt; beide tun nur ihre Pflicht, indem sie den Gott verkörpern, der Modelle entwirft und verteidigt, bzw. den, der sich darüber lustig macht und sie einreißt. (Das Tragische der wissenschaftlichen Kreativität ist, daß der große Wissenschaftler als Pan beginnt, neue Theorien entwickelt, die die alten verdrängen, und sich dann, wenn er sie verteidigt, zum Apollo wandelt; das ist meiner Meinung nach der Grund, warum kaum ein theoretischer Physiker über vierzig noch kreative Arbeit leistet.)

Wenn das Pan-Programm einen gefährlichen Fehler in einem vom Apollo-Programm konstruierten Modell entdeckt, ist die Situation gar nicht lustig – zumindest nicht für den, der durch die Diskrepanz bedroht wird. Stellen Sie sich vor, Sie schlendern einen Dschungelpfad entlang. Dank dem Apollo-Programm sehen Sie überall »Objekte« – Bäume, Lianen, einen Vogel im Flug, einen Ast auf dem Pfad. Dank dem Pan-Programm werden diese Modelle ständig hinterfragt. Entdeckt das Pan-Programm eine bedrohliche Diskrepanz zwischen Wirklichkeit und Darstellung – der »Ast« auf dem Weg ist kein Ast, sondern eine Giftschlange, die gut getarnt im Grün am Boden liegt! –, aktiviert es Mechanismen, die Gehirn und Körper auf die Bedrohung vorbereiten. Wird die Gefahr als unmittelbar und ernst wahrgenommen, produziert das limbische System ein Arsenal chemischer Stoffe (vor allem ein Corticotropin ausschüttendes Hormon, das seinerseits die Freisetzung eines adrenocorticotropen Hormons und von Kortisol in den Blutkreislauf auslöst), die sofort dafür sorgen, daß der Geist hellwach und der Körper angespannt ist, ein Zustand, der allgemein als »Streß« bezeichnet wird. Diese chemischen Stoffe bereiten den Körper darauf vor, ungewöhnlich schnell und intensiv zu reagieren: Die Zeit läuft langsamer ab, die Wahrnehmung ist gesteigert und die Muskelkraft erhöht sich drastisch.

Erweist sich die Gefahr jedoch als unbegründet – die Schlange ist doch ein Ast –, läuten die Alarmglocken ohne Grund: Die chemischen Flucht- oder Angriffsstoffe treiben hochaktiviert im Blut und werden nicht abgeleitet. Extreme körperliche Betätigung kann den Streß abbauen; Meditation ebenfalls. Aber die schnellste und einfachste Art, den Streß abzuleiten, besteht darin, hingebungsvoll zu bellen, ein Ausbruch von Gehirn und Körper, den ein Fachmann einmal als »krampfartige Kontraktionen der großen und kleinen zygomatischen (Gesichts-)Muskeln und plötzliche Entlastung des Zwerchfells [beschrieben hat], begleitet von Kontraktionen des Kehlkopfs und der Epiglottis« – mit einem Wort, zu lachen.

Ein Lachen entsteht also dann, wenn das Pan-Programm in einem vom Apollo-Programm geschaffenen Modell einen potentiell bedrohlichen Fehler entdeckt, der sich jedoch als harmlos entpuppt, so daß zunächst Streß auf- und dann schnell wieder abgebaut wird.

Je größer der Streß ist, mit desto größerer Wahrscheinlichkeit lachen wir, sobald er abgeklungen ist. Das kann ohne jeden lustigen Anlaß geschehen. Charles Darwin zitierte das Beispiel von den Soldaten, »die nach starker Erregung infolge höchster Gefahr sehr dazu neigten, beim geringsten Scherz in lautes Lachen auszubrechen«. Als ich noch Redakteur bei der Zeitschrift ›Rolling Stone‹ war, stürmte einmal eine Bande bewaffneter Hell's Angels in mein Büro und drohte, mich an den Füßen aus dem Fenster zu hängen, so daß ich mir den Gehweg fünf Etagen tiefer hätte ansehen können.

(Sie waren über einen Artikel wütend, der in der Zeitschrift erschienen war.) Solange sie sich damit begnügten, sich mit mir zu unterhalten, anstatt mich aus dem Fenster zu schmeißen, war ich überglücklich, wie ich Ihnen versichern darf.

Billige Komik läuft auf dieser Ebene ab und löst Streß einfach dadurch auf, daß sie ihn nach außen leitet. Wir lachen über die Bauchlandungen eines Clowns, weil wir alle ein wenig Angst davor haben, uns weh zu tun – vor allem beim Fallen, ein Relikt unserer baumbewohnenden Ahnen –, und fühlen uns erleichtert mit anzusehen, daß jemand sich noch unbeholfener als wir anstellen kann und trotzdem davonkommt. Humor dieser Art kann leicht ins Grausame umschlagen – etwa wenn Kinder darüber lachen, daß jemand auf einer Bananenschale ausrutscht, wobei sie nicht erkennen, daß er sich sehr wohl verletzen kann –, doch es ist ein Irrtum zu folgern, wie Hegel es tat, daß alle Komik grausam ist. Schlechte Komik ist nur eine Form der Komik; sie mindert zwar unsere Spannung, lehrt uns aber wenig und wird daher von denen verachtet, die es besser können. (»Das Leben ist zu ernst, um daraus eine billige Komödie zu machen«, sagte Buster Keaton, nachdem er in einem 1939 gedrehten Hollywood-Rückblick auf die Stummfilmzeit mit einem Stück Torte geworfen hatte und nun nachdenklich meinte, nie zuvor in seiner langen Karriere habe er es für nötig erachtet, mit Torten zu schmeißen.)

Die anspruchsvolle Komik hat andere Zutaten; sie baut den Streß nicht nur ab, sondern deckt in dem Modell der Wirklichkeit eine Unvollkommenheit auf, die den Streß hervorgerufen hat. Dadurch lehrt sie uns etwas. Das Lachen leitet unsere Angst ab, und wir freuen uns gleichzeitig, etwas gelernt zu haben.

Deshalb handeln die besten Witze von ernsten Angelegenheiten wie Sex, Unzulänglichkeit, Tod und Steuern. Charlie Chaplin meinte, der Rolle seines Tramps liege als Thema das Sterben zugrunde: »Mir ist ständig bewußt, daß Charlie mit dem Tod spielt«, sagte er. »Er spielt mit ihm, macht sich über ihn lustig, dreht ihm eine lange Nase, aber der Tod ist immer da. Er ist sich jeden Augenblick seines Daseins des Todes bewußt, und er ist sich furchtbar bewußt, daß er lebt.« Als sich Lenny Bruce am Eröffnungsabend im New Yorker ›Blue Angel‹ Wilt Chamberlins Zigarette auslieh, den Filter betrachtete und dann mit einem Anflug des Erstaunens sagte: »Er hat sie in seinen Niggerlippen gehabt!«, lachten die Leute, weil so viel latenter Rassismus in der Luft lag, daß die Beleidigung wirklich schockierte, ihre Verflüchtigung in einen Scherz aber zur Erhellung dieser Tatsache beitrug. (Weil er darauf beharrte, daß verletzende Worte ihren Stachel verlieren, sobald wir über sie lachen, machte Bruce sich Feinde unter denen, die Worte mit der Wirklichkeit verwechseln.)

Die Abhängigkeit des Lachens vom Streß zwingt dem Humor eine Art Energieerhaltungsgesetz auf. Ein Komiker kann die Leute schnell zum Lachen bringen, indem er relativ wenig Streß aufbaut und ihn sofort wieder auflöst, auch wenn die Pointe nur eine simple Einsicht vermittelt. Wenn er länger braucht, um einen Witz zu entwickeln, und das Streßniveau erhöht, muß die Pointe anspruchsvoller sein, sonst bricht der Witz unter der eigenen Last zusammen. Die meisten professionellen Komiker machen sich dieses Gesetz zunutze, indem sie schnell arbeiten; der Durchschnittskomiker auf der Bühne bringt alle zehn bis fünfzehn Sekunden eine Pointe. Wenn Henny Youngman sagt: »Ich habe das Parkproblem gelöst – ich habe mir einen geparkten Wagen gekauft«, hat er sicher nichts Weltbewegendes enthüllt, aber wir lachen, weil die Angst, die wir ausstehen mußten, um den Clou zu erleben – die schnelle Erledigung des Parkproblems –, nicht viel Mühe kostete.

Sparsamkeit, nicht Kürze, ist die Seele des Witzes. Ein guter Komiker kann es sich leisten, langsam vorzugehen, die Spannung aufzubauen, vorausgesetzt, er hat bei der Pointe noch etwas zuzusetzen. Jack Benny erzählte in seiner Fernsehserie 1957 einen Witz, der fast zehn Minuten Sendezeit in Anspruch nahm. Hintergrund ist, daß der Chef eines Hollywood-Studios mit Benny über die Verfilmung seiner Lebensgeschichte reden will. Benny, dessen letzter Film ›The Horn Blows at Midnight‹ ein Reinfall war, sieht sich durch seine vorweggenommene Rückkehr ins Filmgeschäft schon auf dem Gipfel des Ruhms. Als er und seine Frau ankommen und von einem Wachposten durch das Tor gelassen werden, weist Benny seinen Chauffeur Rochester an, den Wagen auf den Platz zu stellen, der für den Direktor der Studios reserviert ist. Rochester hat den Wagen kaum geparkt, da ertönt ein Schuß. Die drei blicken erschrocken auf und sehen, daß der Wachposten in den Kühler von Bennys Wagen geschossen hat.

»Was soll denn das, hier auf uns zu schießen?« stellt Benny den Wachposten Herman zur Rede.

»Sie haben sich auf den Parkplatz gestellt, der für Mr. Adler reserviert ist«, erwidert Herman.

»Oh«, sagt Benny. »Das tut mir furchtbar leid ... Wissen Sie, ich bin Jack Benny und habe eine Verabredung mit –«

»Jack Benny?«

»Ja.«

»Der aus dem Film ›The Horn Blows at Midnight‹?«

»Ja, genau. Den hab ich vor vielen Jahren für Warner Brothers gemacht. Haben Sie ihn gesehen?«

»Gesehen?« schnaubte der Wachposten. »Ich habe die Regie geführt.«

Das ist eine herrliche Pointe, aber um den Gag über einen so langen Zeitraum aufzubauen, mußten Benny und seine Texter die Spannung und Nichtübereinstimmung der Situation sehr hoch treiben. Das galt auch für viele von Bennys Witzen, von denen einige so langsam von der Stelle kamen, daß sie in Schweigen übergingen. Bei seinem bekanntesten Gag sah sich Benny einem Straßenräuber gegenüber, der ihn anherrschte: »Geld oder Leben!« Benny sagte gar nichts. Als er schließlich die Pointe brachte – »Ich überlege gerade, was« – hatte er, wie es später hieß, das längste Lachen der Rundfunkgeschichte ausgelöst.

Die tiefgründigsten Witze bauen auf den Widerspruch, die letzte Unvereinbarkeit. Ihr Thema ist die Unzulänglichkeit nicht nur eines bestimmten Wirklichkeitsmodells, sondern aller Modelle. Sie greifen direkt die Grundlage des Apollo-Programms an und erinnern uns daran, daß kein Muster die Wirklichkeit ganz spiegelt. Ihr Ziel sind alle diejenigen, die meinen, ihre Sicht des Lebens sei die einzig richtige.

Deshalb hat, wie ich annehme, der Widerspruch auch eine so große Tradition im Humor der Juden, die so häufig unter »wahren« Gläubigen gelitten haben. Freud zitiert einen Witz über einen alten Juden, der mit einem Freund Karten spielen möchte, aber entnervt aufgibt, weil der andere sich so dumm anstellt und das Spiel nicht begreift: Unwillig wirft er die Karten hin und sagt: »Was kann ich schon von jemandem erwarten, der mit mir Karten spielt?«

»In einem Club, der mich als Mitglied aufnimmt, möchte ich nicht Mitglied sein«, sagt Groucho Marx, der den gleichen Witz aufgreift (und ihn noch steigert; Grouchos große Stärke war das Lapidare). Groucho geht mit seinem Witz nicht nur auf den Antisemitismus los, sondern auf sämtliche starren Gedanken- und Glaubenssysteme. Sie alle haben Knoten, wo sich die schönen Parallelen aus Glauben und Logik verwirren und wie Wasser den Abfluß hinablaufen. Die meisten von uns nehmen die Knoten meistens nicht zur Kenntnis und handeln so, als wären unsere Annahmen über das Leben und das Universum so eben wie ein gehobeltes Hartholzbrett. Querdenker wie Einstein und Bohr und Keaton und Marx sammeln sich an den Knoten und bohren dort und gewinnen manchmal einen überraschenden Durchblick. Die neue Sicht kann besser oder schlechter sein, aber auch sie bleibt unzureichend. Die Querdenker wissen das und bohren unverdrossen weiter. Das ist ihre Aufgabe – Breschen in die Glaubenssysteme zu schlagen, damit Licht durchkommt, das uns aufweckt.

Das Gebot, daß im Witz Weisheit steckt, gilt sogar (oder vielleicht gerade), wenn der Humor unbeabsichtigt ist. Vor vielen Jahren hörte ich als Junge in Südflorida im Radio das Interview eines Armeegenerals, der in Cape Canaveral stationiert war. Er wurde gefragt, warum er es nicht für ratsam halte, Satelliten mit polarer Umlaufbahn direkt über Miami hinweg starten zu lassen, da das doch viel günstiger sei als die Bahn über das Meer. »Sollte eine Rakete mitten in Miami abstürzen«, entgegnete der General bedächtig, »könnte das zu einem erheblichen Verlust an Menschenleben und der Zerstörung von Eigentum führen, und das wäre für die Kampfmoral meiner Männer schlecht.« Was diese Bemerkung in meinen Augen so lustig machte, ist, daß der General genau das tat, was er tun sollte – sich nämlich vor allem um das Wohlergehen der ihm unterstellten Soldaten sorgen –, wenngleich der verrutschte Maßstab seiner Ansichten, nach denen die Moral seiner Männer höher rangierte als ein Feuerinferno in Miami, einem Zivilisten schon die Sprache verschlagen konnte.

Humor kann ohne Frage eine bedrohliche Waffe sein. Komiker, die von einem Triumph berichten, sagen: »Ich habe sie *vernichtet*; ich habe sie *fertiggemacht*; ich habe sie *umgebracht*.« Die Deutschen haben einen Ausdruck dafür: *auslachen* – jemanden angreifen und entwaffnen, indem man auf seine Kosten Witze macht. Bei einigen afrikanischen und arktischen Völkern gibt es den Brauch des verbalen Duells: Zwei im Streit liegende Männer kämpfen nicht gegeneinander, sondern werfen sich abwechselnd Beleidigungen an den Kopf, bis der eine, der das entscheidende Bonmot gesprochen hat, zum Sieger erklärt wird. Danach reichen sich die Gegner die Hand und begraben das Kriegsbeil. (Ähnliches findet man bei einigen afro-amerikanischen Gemeinschaften.)

Auch körperliche Gewalt kommt in der Komik häufig vor. Der junge Chaplin hatte nach den Worten seines Freundes und Jongleurs Blaise Cendrars »eine Art, Leuten in den Hintern zu treten, die herrlich anzusehen war«. W. C. Fields' beliebteste Nummer war die mit dem Billardstock, die damit endete, daß er seinem Partner den Queue zum Anschein über den Schädel schlug; einmal merkte Fields, daß sein Partner, der unter dem Billardtisch hockte, die Leute mit Grimassen zum Lachen brachte, verzichtete kurzerhand auf den Anschein und schlug den Mann bewußtlos. Buster Keaton spielte als Kind eine Nummer, in der er von seinem Vater, einem Alkoholiker, regelmäßig grün und blau geprügelt wurde. Wenn Keaton das Gesicht vor Schmerz verzog, zischte sein Vater ihm zu: »Gesicht! Gesicht!« »Das hieß, laß den Ausdruck so«, erinnerte sich Keaton.

Bei diesen Klamaukszenen prügelten mein Vater und ich uns mit Besen, was mir Gelegenheit zu den komischsten Purzelbäumen und Hinfallern verschaffte. Wenn ich versehentlich einmal lachte, fiel der nächste Schlag gleich um einiges fester aus. Alle elterlichen Strafen, die ich je erhalten habe, fanden vor Zuschauern statt. Ich konnte nicht einmal schreien.

Doch Gewalt ist ein Katalysator der Komik, nicht ihr Ergebnis. Ein Witz, der Zorn erregt, ihn dann aber wieder zerstreut, unterscheidet sich grundlegend von einem grausamen Witz, der den Zorn unbesänftigt läßt; Cervantes sagte, »Scherze, die ins Gesicht schlagen, sind keine guten Scherze.« Ein wirklich guter Scherz erzeugt Spannung nicht nur, um sie zu zerstreuen, sondern auch, um uns etwas klarzumachen. Und Kant bemerkte dazu: »Das Lachen ist ein Affekt aus der plötzlichen Verwandlung einer gespannten Erwartung in nichts.« Die Erwartung muß gespannt sein, sonst hätten wir zuviel Abstand, um das Muster zu durchschauen und den Witz zu verstehen. Das Muster wird in nichts verwandelt in dem Sinn, daß es als das gezeigt wird, was es ist, nämlich ein dünner, zerfetzter Schleier, der zwischen unseren zarten Empfindungen und der kalten Wirklichkeit eines gleichgültigen Universums hängt.

Das Wesen des Stresses und der Erkenntnis ermöglicht es einer tiefen Einsicht, ein Lachen zu erzeugen, selbst wenn die Situation überhaupt nicht komisch ist. Ich habe oft laut aufgelacht, wenn ich zum erstenmal die meisterhafte Phrasierung eines Komponisten in einer Sinfonie gehört oder eine exzellente Turnerin am Stufenbarren gesehen habe, nicht weil ich sie als unzulänglich empfunden hätte, sondern mir vorher nicht vorgestellt hatte, daß so etwas überhaupt möglich sei; die Tat lenkte meine Aufmerksamkeit auf eine groteske Diskrepanz zwischen der großartigen menschlichen Leistung und meinen armseligen Vorurteilen hinsichtlich ihrer Grenzen. (Freud fand Interesse an der Psychologie des Witzes, nachdem sein Freund und Schüler Theodor Reik bemerkt hatte, daß die Studenten Freuds mit einem befreiten Lachen reagierten, wenn ihnen die Bedeutung eines Traums offenbart wurde.) Dieses Phänomen ist das Spiegelbild der leichten Komik, bei der die Ebene des Stresses hoch und die der Einsicht niedrig ist. Hier ist der Streß auf einem Minimum, die Einsicht aber auf einem Maximum. Ein hervorragender Witz kann das ganze Spektrum abdecken: Über Harold Lloyd, der in schwindelnder Höhe am Zeiger einer Uhr hängt, kann man immer lachen, aus der Sicht der leichten Komik, weil er in Gefahr ist, und auch aus der der anspruchsvollen Komik, weil er, wie wir alle, ein Gefangener der Zeit und ohnehin dazu verurteilt ist zu sterben.

Bergson meint dagegen, daß die Unvereinbarkeit, die ein Lachen auslöst, nicht ausschließlich geistig sein muß. Sie kann überwiegend emotional sein. Wir lachen über unanständige Witze, weil Sex ein zutiefst beunruhigendes Thema ist, selbst wenn wir aus den Witzen nichts weiter lernen, als daß wir mit unserem Unverständnis nicht allein sind. Aber wir verachten unanständige Witze auch, genau wie entsprechende Wortspiele, weil ihr geistiger Gehalt meistens so mager ist. Die lohnendsten Witze sind immer wieder die, die einem am meisten bringen.

Wir haben also Freude am Lachen, weil wir die Auflösung der Angst genießen, die es mit sich bringt, und (falls der Witz sich über das rein emotionale Niveau erhebt) weil das Gehirn Vergnügen daran findet, Inkongruenz zwischen Wahrnehmung und Wirklichkeit aufzuspüren. Schopenhauer kam dem, was ich ausdrücken möchte, sehr nahe, als er feststellte, daß Humor aus dem wahrgenommenen Unterschied zwischen abstraktem rationalem Wissen und dem Rohstoff der Wahrnehmung entsteht. »Das Lachen«,

schrieb er, »entsteht jedesmal aus nichts Anderem, als aus der plötz
lich wahrgenommenen Inkongruenz zwischen einem Begriff und
den realen Objekten, die durch ihn, in irgend einer Beziehung,
gedacht worden waren, und es ist selbst eben nur der Ausdruck
dieser Inkongruenz«, also der Inkongruenz zwischen dem
»Abstrakten und dem Anschaulichen«. (»Es steht alles bei Schopen
hauer«, sagte Chaplin zu Blaise Cendrars, als er in London als
junger Mann daran dachte, die medizinische Laufbahn einzu
schlagen.)

Daraus folgt, daß ein wirklich ernsthafter Mensch eher einen
gesunden Sinn für Humor hat als ein oberflächlicher Mensch,
weil er gewohnt ist, seine Version der Wirklichkeit ständig gegen
die Tatsachen abzuwägen, und lernen muß – eben weil er ernst
haft ist –, sich mit den geistigen Purzelbäumen zu kugeln, zu
denen es kommt, wenn seine Modelle die Probe nicht bestehen.
»Daher je mehr ein Mensch des ganzen Ernstes fähig ist, desto
herzlicher kann er lachen«, schreibt Schopenhauer. Sinn für
Humor, schreibt George Santayana, ist Sinn für das richtige Ver
hältnis, und für jemanden, der ein Gefühl für das richtige kosmi
sche Verhältnis hat, ist jeder menschliche Anspruch lächerlich.
»Beim Humor wird das Kleine groß und das Große klein, um
beide zu zerstören, denn vor dem Unendlichen ist alles gleich«,
schrieb Samuel Coleridge in Anlehnung an einen Gedanken von
Jean Paul.

Humor kann, wie alles andere auch, verfälscht werden, und es
gibt immer ein paar Komiker (Don Rickles fällt mir in dem Zusam
menhang ein), die ihr Geld weniger damit verdienen, daß sie
komisch sind, als damit, daß sie so tun, als wären sie komisch. Der
Unterschied liegt in der Fähigkeit des echten Komikers, durch das
Eröffnen einer Einsicht die Hauptursache der Angst zu dämpfen.
Die Einsicht stürmt wie ein Stier hinter dem Umhang des Matadors
hervor. In der Tragödie stirbt der Stier. In der Komödie stellt sich
heraus, daß es Ferdinand ist.

Gute Witze vermitteln eine Einsicht, schlechte Witze keine; daß
sie sich ähneln, ist nur ein weiteres Beispiel für die Vorliebe der
Natur zur Tarnung. Die Tatsache, daß zwei Verhaltensmuster iden
tisch aussehen können und trotzdem einer ganz anderen Geistes
verfassung entspringen, wird im Zen-Buddhismus, der Lebensan

schauung von Groucho Marx und von Fuke hervorgehoben.* Auf den ersten Blick tut ein Zen-Meister, der den Boden wischt, genau das gleiche wie ein einfacher Mönch, der den Boden wischt, aber in Wirklichkeit erleben sie etwas völlig Unterschiedliches. Der Zen-Meister Bokushu machte das in einer Rede vor den versammelten Mönchen deutlich: »Wenn ihr euch noch nicht im klaren über die Große Frage seid«, sagte er, »ist es wie die Beerdigung der Eltern; wenn ihr euch schon darüber im klaren seid, ist es wie die Beerdigung der Eltern.«

Unter allen Denksystemen löst das Zen das universelle menschliche Dilemma, in dem der Humor wurzelt, am besten. Könnte ich die Botschaft des Zen angemessen in Worte fassen (was ich nicht kann), würde ich sagen, es bestätigt die Tatsache, daß der Geist sich bemüht, dem menschlichen Dasein einen Sinn abzugewinnen, obwohl er weiß, daß das vergebens ist. Der Zen-Meister nimmt die Absurdität des Lebens hin und geht dann darüber hinaus, indem er es genauso lebt, als ob es lebenswert wäre: Er schläft und ißt und wischt den Boden, obwohl er die Sinnlosigkeit all dessen erkennt, aber er tut es dennoch. Sein Leben ist frei von absichtlicher Grausamkeit, Panik, falschem Pathos, Frömmelei, Moralpredigten, Entschuldigungen und Erklärungen. An die Stelle dieser illusionistischen Äußerungen tritt ein Sinn für die Schönheit und den Wert des Lebens als Erlebnis, so daß er jeden Tag wirklich so leben kann, als ob es sein letzter wäre.

Ich selbst habe einen Anflug von Erleuchtung als Siebzehnjähriger an einem Sommernachmittag erlebt. Mein Vater und ich arbeiteten unter der heißen Sonne Floridas in einem Garten, und er schickte mich drei Rechen holen. Ich kam mit den Rechen zurück, verlor sie aber, als ich sie ihm geben wollte, aus der Hand, und sie fielen wie Mikadostäbe durcheinander. Wutschnaubend bückte ich mich, suchte die Rechen zusammen, erhob mich wieder und reichte sie meinem Vater, der mich gleichmütig beobachtete. Er nahm sie, hielt einen Augenblick inne, ohne die Augen von mir abzuwenden, und ließ sie absichtlich wieder fallen. Ich betrachtete die auf dem

---

* Fuke war ein Zen-Meister, dessen Lebensdaten unbekannt sind und der für seinen makabren Sinn für Humor berühmt war. Seine letzten Worte sind die großzügigsten, das heißt lehrreichsten, die ich je gehört habe. Als Fuke, umgeben von Freunden, im Sterben lag, hielt er die Hand auf und sagte: »Gebt mir etwas Geld!«

Boden liegenden Rechen und fing laut an zu lachen. Ich begriff urplötzlich etwas Wichtiges – daß mein Bemühen, die Rechen zusammenzusuchen (was letztlich eine Form der Beschwerde war), nur dazu geführt hatte, eine einfache Aufgabe zu erschweren. Es waren schließlich nur ein paar Rechen, und wir waren ein Mann und ein Junge, die in einem Garten arbeiteten. Warum also so ein Theater daraus machen? Warum nicht einfach fröhlich sein?

Viele Jahre später begegnete mir der gleiche Scherz in einer Erzählung vom Zen-Meister Ryutan und seinem Schüler Tokusan:

Tokusan ging eines Abends zu Ryutan und bat um Unterweisung. Ryutan sagte schließlich: »Es ist schon spät, du gehst am besten zurück.« Tokusan verbeugte sich, schob den Vorhang beiseite und ging hinaus. Als er merkte, wie dunkel es draußen war, kam er zurück und sagte: »Draußen ist es ganz dunkel.« Ryutan zündete eine Laterne an [eine Kerze mit einem Windfang aus Papier] und gab sie ihm. Tokusan wollte sie gerade nehmen, als Ryutan sie ausblies. Da wurde Tokusan erleuchtet.

Der Punkt (teilweise; insgesamt ist er dem Universum gleich), um den es Ryutan ging, war, daß der Schüler die Dunkelheit zu wichtig nahm. Nur wir haben Angst vor der Dunkelheit und lieben das Licht; für Gott sind Dunkelheit und Licht das gleiche, und wenn wir ganz ungezwungen im Universum leben wollen, müssen sie auch für uns das gleiche sein. Wenn wir danach trachten, uns eines Dialogs mit einer »überlegenen« außerirdischen Intelligenz würdig zu erweisen, müssen wir lernen, daß diese Art von Verstehen mehr verlangt als Weltraumraketen, Bücher oder Bomben.

Warum hat mein Sohn also damals im Schlaf gelacht? Weil er an etwas Lustiges dachte, nehme ich an. Aber an was? Ich weiß es nicht, aber ich wette, es ging um eine Inkongruenz. Vielleicht dachte er an eins seiner vielen Wortspiele, wenn er etwa die Nase Zeh nennt oder einen Mann einen großen Klumpen Haferbrei. Kinder spielen gern mit Worten; es macht ihnen deutlich, daß Worte nur Worte sind und keine Gegenstände, und übt Fertigkeiten ein, die durch die erhebliche Bürde, eine erste Sprache zu lernen, auf die Probe gestellt werden. (Im Durchschnitt lernt ein Kind vier bis acht Wörter am Tag und hat mit sechs Jahren einen Wortschatz von acht- bis vierzehntausend Wörtern.) Vielleicht hat er etwas Körperliches geträumt – etwa wie jemand ein eingefettetes Schwein fangen will – und über die Kluft zwischen den Bemühungen des Betreffenden um Anmut und seinen höchst unvollkommenen Aktionen gelacht und belustigt an die eigenen Bemühungen um Körperbeherrschung gedacht. (Bauchklatscher können etwas Lustiges sein, wenn der Springer bei uns die Erwartung auf etwas Besseres weckt; ein perfekter Sprung ist nur dann lustig, wenn wir mit einem Bauchklatscher gerechnet haben.) Vielleicht hat er auch nur geträumt, daß er gekitzelt wird. (Der riesenhafte Erwachsene bedroht das Kind körperlich, aber heraus kommt nur ein leichtes Kitzeln, und dann lacht das Kind.)

Erklärt all das den Humor? Nicht besonders gut, fürchte ich. Aber vielleicht läßt es ahnen, wie der Humor das Dunkle des Unbekannten heraufbeschwört, während wir in unserem kleinen Kreis aus Licht pfeifen und herumzappeln und lachen. Die Hälfte dieser Dunkelheit liegt draußen im weiten Universum; aus kosmischer Sicht ist der Bericht zur Lage der Nation oder eine Werbekampagne vermutlich genauso lustig wie eine Parodie von Amos und Andy. Die andere Hälfte liegt innen, wo das Lachen durch die unerforschten Korridore des Geistes hallt. Wir lachen, wenn wir plötzlich daran erinnert werden, wie klein wir sind oder wie wenig wir wissen. Und deshalb bleiben wir jung, solange wir noch lachen können, und deshalb ist das Lachen jedes Kindes unser eigenes Lachen.

Todestrip

Es ist sehr schön da drüben.
Thomas Edison auf dem Sterbebett
über eine Vision vom Jenseits

Das ist die ewige Seligkeit, das kann man gar nicht
beschreiben, es ist viel zu wunderbar! dachte ich.
Carl Gustav Jung über einen Herzanfall,
der ihn fast das Leben gekostet hätte

In letzter Zeit hören wir immer wieder, Sterben sei schön. Zeugnisse dafür legen immer mehr Menschen ab, die »gestorben« sind (ihr Herzschlag und die Atmung haben ausgesetzt) und wiederbelebt wurden. Menschen, die ein solches »Sterbeerlebnis« überstanden haben, beschreiben in vielen Fällen, sie seien durch einen dunklen Raum gestürzt, hätten ihr Leben an sich vorbeiziehen sehen und seien dann in ein Reich des Lichts getreten, in dem sie verstorbenen Verwandten oder Freunden begegneten. Ihre vorherrschende Empfindung sei gewesen, überwältigt, außer sich zu sein. Eine 1982 landesweit in den USA durchgeführte Befragung ergab, daß gut ein Drittel der acht Millionen Amerikaner, die angaben, ein Sterbeerlebnis gehabt zu haben, »sich erinnern, in einem überwältigten oder ekstatischen Zustand gewesen zu sein«. Kenneth Ring, ein Psychologe von der University of Connecticut, der 102 Personen mit einem Sterbeerlebnis befragt hat, erklärt, das Erlebnis rufe »ein Gefühl des Friedens und Wohlbehagens [hervor], wie man es sich kaum vorstellen kann«. Einige finden ihren Flirt mit dem Tod so beglückend, daß sie sogar etwas mürrisch darüber sind, ins Leben zurückzukehren. »Warum haben Sie mich zurückgeholt, Doktor?« beklagte sich eine Betroffene. »Es war so wunderbar.«
Wir besitzen also Zeugnisse in Form von Berichten, nach denen viele, die dem Tod ganz nah waren, diese Erfahrung als erleuchtend und grandios empfinden. Personen unterschiedlichsten Alters, aus verschiedenen Ländern, und Angehörige verschiedener Religionen stimmen darin überein. Natürlich gibt es einige spezifische Beobachtungen: Ein kurz vor dem Tod stehender südasiatischer Hindu-

Pilger machte sich auf dem Rücken einer »geschmückten Kuh« auf den Weg zum Himmel, während ein Amerikaner in der gleichen Situation ein Taxi rief; und während Zeugen unserer Tage berichten, sie seien in strahlendes Licht getaucht gewesen, mußte ein armer Bauer namens Thurkill aus Essex, der im Jahr 1206 fast gestorben wäre, sich durch eine eher traditionelle biblische Landschaft mühen, in der er auf einen eiskalten Salzsee stieß, eine Waage besteigen, auf der die Seelen gewogen wurden, einen Ort mit spitzen Ruten und Dornen und einen feurigen Gang durchqueren, der zur Hölle führte. Doch zu denken gibt der einheitliche Tenor der vielen Berichte, in denen von einem Sturz durch die Dunkelheit erzählt wird, dann von himmlischem Glanz ringsum, dem vorbeiziehenden Leben, dem Zusammentreffen mit den Gestorbenen und »überwältigenden Gefühlen der Freude, der Liebe und des Friedens«, wie Dr. Raymond A. Moody es nennt, dessen Bücher dem Phänomen des Sterbeerlebnisses sehr viel Beachtung eingebracht haben.

Was hat all das zu bedeuten? Falls die Sterbeerlebnisse uns einen kurzen Blick auf das Leben nach dem Tod gestatten, liefern sie uns die Aussicht auf ein paralleles Universum, das näher vor unserer Tür liegt als die Sterne am Himmel. Und wenn sie uns auch nichts über ein Leben nach dem Tod sagen, können sie doch Zeugnis einer Harmonie zwischen Geist und Natur ablegen, die bis an die äußerste Grenze unseres sterblichen Daseins reicht. In die Zone des Todes fällt der Schatten eines großen Geheimnisses. Aber hat dieses Geheimnis in erster Linie mit dem Geist zu tun oder mit dem Universum?

Die offenkundigste Erkenntnis aus den Berichten über Sterbeerlebnisse – daß der Tod nichts Schreckliches hat – ist nicht neu. Ärzte sagen das seit Jahren, wenn auch kaum jemand auf sie hört. Mehr als hundert Jahre sind vergangen, seit der kanadische Arzt Sir William Osler in einer Untersuchung von etwa fünfhundert Todesfällen zu dem Schluß kam, daß nur achtzehn Prozent der Sterbenden körperliche Schmerzen und nur zwei Prozent größere Angst verspürten: »Wir sprechen vom Tod als dem König der Schrecken, doch nur selten scheint das Sterben schrecklich zu sein«, stellte Osler fest. Und in jüngerer Zeit bemerkte der amerikanische Arzt Lewis Thomas, daß er in all seinen Berufsjahren nur einen einzigen qualvollen Todesfall erlebt habe, und das war ein Fall von Tollwut.

Die Todesursache kann durchaus unangenehm sein – es macht keine Freude, ein bösartiges Lymphom, eine Herzerkrankung oder multiple Sklerose zu haben –, doch Ärzte, die ständig mit Sterbenden zu tun haben, sind übereinstimmend der Meinung, daß der Tod selbst gar nicht so unangenehm ist.

Aber was die Menschen an den Sterbeerlebnissen so fasziniert, ist natürlich nicht nur die Aussicht auf eine Besänftigung der befürchteten Todespein, sondern die verlockende Möglichkeit, einen kurzen Blick ins Jenseits erhaschen zu können – etwas, um es ganz simpel auszudrücken, vom Himmel zu sehen. Wer diese Sichtweise teilt, kann darauf verweisen, daß das Szenario der Sterbeerlebnisse mit traditionellen Vorstellungen vom Paradies als einem strahlenden Reich übereinstimmt, in dem wir die lieben Verstorbenen wiedersehen. Aber so verlockend es sein mag, an ein ewiges Leben zu glauben, und ohne uns ein Urteil über die Gültigkeit dieses alten und weitverbreiteten Glaubens anzumaßen, müssen wir doch zugeben, daß die Sterbeerlebnisse selbst bei großzügigster Auslegung kein Wahrheitsbeweis sind.

Der wirksamste Einwand gegen die Vorstellung, daß die Sterbeerlebnisse die Vision von einem Leben nach dem Tod darstellen, ergibt sich aus der Tatsache, daß sie sehr stark Berichten ähneln, die nicht vom Tod handeln, sondern von traumatischen Erlebnissen, bei denen der Tod droht. Eine überzeugende Untersuchung, die sich auf diesen Punkt bezieht, wurde Ende des neunzehnten Jahrhunderts von Albert Heim durchgeführt, einem Züricher Geologieprofessor und Alpinisten, der Bergsteiger, Steinmetze und Dachdecker befragte, die tödliche Stürze überlebt hatten. Heim entdeckte, daß ihre Berichte eine Reihe gemeinsamer Elemente enthielten, die eine große Ähnlichkeit mit den neueren Darstellungen von Sterbeerlebnissen aufweisen – ein Gefühl der Euphorie und Ruhe, einen Rückblick auf das vergangene Leben und das Wahrnehmen eines sehr hellen Lichtscheins, wie bei einem Blick ins Paradies. »Es herrschte keine Angst, keine Spur von Verzweiflung, kein Schmerz«, merkte Heim an, »sondern eher ruhiger Ernst, tiefe Hingabe und eine dominierende geistige Wachheit sowie ein Gefühl der Gewißheit ... Versöhnung und besänftigender Friede waren die letzten Empfindungen, mit denen sie Abschied von der Welt genommen hatten; sie waren sozusagen in den Himmel gefallen.« Heim war 1871 in den Alpen in 1800 Metern Höhe selbst von einem

Gletscher gestürzt. »Ich sah mein gesamtes bisheriges Leben in vielen Bildern wie auf einer Bühne in einiger Entfernung von mir«, erinnerte er sich. »Ich sah mich selbst als den Hauptdarsteller der Aufführung. Alles war wie durch ein himmlisches Leuchten verklärt, und alles war herrlich, ohne Kummer, ohne Angst und ohne Schmerz.«

Ein Kletterer, der von einem Felsen stürzt, ist nicht tot. Er leidet nicht einmal. Er ist absolut fit und nur in dem Sinn dem Tod »nahe«, als er allen Grund hat, mit dem Tod zu rechnen. Wenn, wie wir gesehen haben, die geistigen Verklärungen, die er beim Fallen erlebt, weitgehend den modernen Berichten über Sterbeerlebnisse ähneln, dann sagt uns das Phänomen des Sterbeerlebnisses etwas über das Trauma, nicht über den Tod. Und wenn es uns nichts über den Tod sagt, sagt es uns auch nichts über das Leben nach dem Tod.

Es hat also den Anschein, als sei Streß die physiologische Grundlage der Sterbeerlebnisse. Wie schon im vorigen Kapitel erwähnt, reagiert das menschliche Nervensystem auf bedrohliche Situationen mit der Freisetzung einer Flut von Chemikalien in die Blutbahn. Darunter sind auch Polypeptide, die sich an die Endorphinrezeptoren im Gehirn heften, die gleichen Rezeptoren, an die sich auch Morphium und andere Opiate binden; werden sie aktiviert, bewirken sie ein verringertes Schmerzempfinden und ein Gefühl der Euphorie.

Warum ähneln Berichte von Sterbeerlebnissen so sehr dem herkömmlichen biblischen Bild vom Himmel? Genau deshalb, weil das die Bilder sind, die der lebensbedrohende Streß hervorruft. Schließlich sind Menschen seit Tausenden von Jahren »gestorben« und ins Leben zurückgekehrt, wenn auch nicht so oft wie in der heutigen Zeit der hochmodernen Operationssäle. Und da ihre Erlebnisse, wie wir gesehen haben, eine bemerkenswerte Übereinstimmung zeigen, überrascht es nicht, daß ihre Darstellungen vor langer Zeit als Augenzeugenberichte vom Himmel angesehen wurden. Wenn unsere Vorstellung vom Himmel als einem Reich strahlender Glückseligkeit selbst jahrhundertelang auf den Zeugnissen von Sterbeerlebnissen beruhte, hieße es, im Kreis zu argumentieren, wenn man heute behauptete, der Himmel sei Wirklichkeit, weil unsere Vorstellung von ihm den Berichten über Sterbeerlebnisse ähnelt. Ich stimme daher Dr. Moody zu, wenn er schreibt: »Die fundamentale Frage nach einem Weiterleben nach dem Tode können wir heute noch genausowenig beantworten wie unsere Vorfahren, die vor Tausenden von Jahren zum erstenmal darüber nachdachten.«

Aber das heißt nicht, daß wir das Sterbeerlebnis aller Geheimnisse entkleidet hätten. Ganz im Gegenteil. Nachdem wir mit dem Mythos aufgeräumt haben, daß die Sterbeerlebnisse zur Klärung der Frage beigetragen haben, ob es ein Leben nach dem Tode gibt, stehen wir vor einem noch größeren Rätsel: Warum sollte die Begegnung eines Menschen mit dem Tod nicht von Kummer und Verzweiflung begleitet sein, sondern von einem Gefühl der Verklärung und Ekstase?

Soweit wir wissen, ist die Darwinsche Evolution der einzige Mechanismus, der die genetische Ausstattung des Menschen und anderer lebender Organismen bestimmt. Genetische Zufallsmutationen bringen innerhalb der Arten einmalige Individuen hervor; manchmal begünstigt die natürliche Auslese die Überlebenschancen dieser atypischen Individuen; und diejenigen, die sich so lange halten, daß sie sich fortpflanzen können, können ihre Erbanlagen an kommende Generationen weitergeben, die die neuen Eigenschaften erben, die sie tauglicher für ihre Umwelt machen.

Wir können nachvollziehen, wie die Darwinsche Auslese die Streßreaktion hätte hervorbringen können: Es ist überlebenswichtig, auf Gefahr mit einem Adrenalinstoß zu reagieren, der die geistige und körperliche Leistungsfähigkeit steigert, und schmerzstillende Stoffe auszuschütten, die das bedrohte Individuum durch Schmerzunterdrückung in die Lage versetzen, seine Verletzungen nicht zu beachten und sich statt dessen ganz auf lebensrettende Maßnahmen zu konzentrieren.* Vermutlich sind wir eher die Nachfahren junger Männer und Frauen, die auf Angriffe mit Stärke

---

* Viele, die von Grislybären und Haien angegriffen worden sind, erinnern sich, nicht in erster Linie Schmerz empfunden zu haben, sondern einen unbeteiligten Geisteszustand, der ihnen ermöglichte, ihre Lage einigermaßen objektiv zu beurteilen. Dieser veränderte Bewußtseinszustand versetzte sie wahrscheinlich in die Lage, besser mit dem Angriff fertig zu werden und erhöhte damit ihre Fluchtchancen. Beim Angriff eines weißen Hais zum Beispiel haben Sie die besten Überlebenschancen, wenn Sie ruhig bleiben und nicht um sich schlagen, damit der Hai Gelegenheit hat, Ihre Körperkonturen zu erfühlen und festzustellen, daß Sie keiner der vielen Fische sind, die ihm so gut schmecken. Das erfordert beachtliche Geistesgegenwart, aber Taucher und Surfer, die es fertigbrachten, im Rachen eines Hais zu erschlaffen, haben überlebt und können es bezeugen.

und kühler Entschlossenheit reagierten, als von Vorfahren, die in Panik gerieten und gefressen wurden. Ähnliche Vorzüge der Streßreaktion lassen sich in anderen lebensbedrohenden Situationen ausmachen, vom Beinaheertrinken bis zum Verlaufen im Wald.

Aber welche Überlebensfunktion kann darin bestehen, in einem Augenblick höchsten Stresses anzunehmen, wir seien in ein himmlisches Reich des Lichts gelangt, in dem wir die Geister der Toten treffen und unser Leben an uns vorüberziehen sehen? Diese Bilder würden, wenn überhaupt, unsere Aufmerksamkeit von der unmittelbaren Aufgabe ablenken, ein Scharmützel mit dem Tod zu überleben. Und wozu kann es gut sein, daß wir als die Darwinsche Auslese auf dem Höhepunkt des Stresses, wenn das Herz und die Lunge schon aufgehört haben zu arbeiten und die Überlebenschancen verschwindend gering geworden sind, unsere Lebenserfahrungen noch einmal rekapitulieren? Wenn es einen Zeitpunkt gibt, an dem das Gesetz der natürlichen Auslese eigentlich keinen Sinn mehr ergibt, dann sicher im Augenblick des Todes. Warum ist am Sterben dann alles so angenehm?

Zweifellos müssen wir noch eine Menge darüber lernen, warum wir überhaupt sterben. Wir alle haben schon von Menschen gehört, die starben, nachdem sie ihren Lebensgrund verloren hatten. Ein alter Ceylonese erzählte mir, daß er sich immer über die britischen Beamten geärgert hatte, die in seinem Land wie die Maden im Speck lebten, früh in Pension gingen und dann auf der Veranda ihres herrschaftlichen Anwesens saßen und Gin Tonic tranken, bis er bemerkte, daß die meisten, nachdem sie ihr höchstes Ziel erreicht hatten, innerhalb eines Jahrzehnts tot waren. Statistiken stützen die Annahme, daß wir wahrscheinlich einen Einfluß auf unsere Todesstunde nehmen können: Wissenschaftler der University of California in San Diego berichteten 1990, daß die Sterblichkeit der älteren Amerikanerinnen chinesischer Abstammung in der Woche vor dem Vollmondfest geringer war als in der Woche danach, wo ihre Sterblichkeitsziffer um ein Drittel anstieg; anscheinend verschoben sie ihr Ableben (durch Schlaganfall, Krebs und vor allem Herzerkrankungen) tatsächlich bis nach dem Fest. »Diese Ergebnisse entsprechen fraglos dem Gedanken, daß es so etwas wie einen Lebenswillen gibt, der mit darüber entscheidet, wie lange man lebt«, erklärte einer der Wissenschaftler.

Ein Hinweis auf diesen Mechanismus findet sich vielleicht darin, daß Sterbeerlebnisse meistens ganz persönliche und individuelle Fragen zum Inhalt haben. Die meisten Menschen, die ein Sterbeerlebnis hatten, berichten, daß sie sich mit Familienmitgliedern unterhielten (vermutlich weil die Familie für die meisten von uns sehr wichtig ist); für einen Intellektuellen kann dieses Erlebnis aber sehr viel abstrakter sein. Der englische Philosoph A. J. Ayer, der in seinem Leben mit den Begriffen Raum und Zeit gerungen hatte, ließ davon auch nicht ab, als sein Herz während einer schweren Lungenentzündung vier Minuten lang aussetzte. Ayer schreibt, daß er die »Regierung des Universums« traf, wie er sie nannte:

Unter den Ministern waren auch zwei Geschöpfe, denen man die Verantwortung für den Raum übertragen hatte. Diese Minister inspizierten regelmäßig den Raum und hatten soeben eine solche Inspektion beendet. Sie hatten ihre Aufgabe jedoch nicht ordentlich erledigt, so daß der Raum wie ein schlecht zusammenpassendes Puzzle etwas aus den Fugen geraten war. Als weitere Folge funktionierten die Naturgesetze nicht mehr so, wie sie sollten. Ich merkte, daß ich aufgefordert war, die Dinge in Ordnung zu bringen ... Dann erlebte ich, daß es seit der Bestätigung der allgemeinen Relativitätstheorie Einsteins üblich geworden war, Raum-Zeit als eine Einheit zu betrachten, während die Physiker noch bis zum gegenwärtigen Jahrhundert die Newtonsche Trennung von Raum und Zeit vertreten hatten. Dementsprechend dachte ich, den Raum heilen zu können, indem ich auf die Zeit einwirkte.

Hobard Jarrett, ein bekannter Englischprofessor, mit dem ich am Brooklyn College lehrte, befand sich einmal an Bord eines Flugzeugs, das über 10 000 Meter zur Erde stürzte, bevor der Pilot die Maschine kurz vor dem Aufprall abfangen konnte; er erzählte mir, daß ihm Shakespeare-Zeilen durch den Kopf schossen, als das Flugzeug auf die Erde zuraste. Albert Heim machte sich, während er vom Gletscher stürzte, Gedanken, daß er nun seine Vorlesung in fünf Tagen nicht würde halten können. (Dick bandagiert, hielt er die Vorlesung dann doch zum vorgesehenen Termin.)
Viele schaurige Geschichten berichten, daß Menschen ihren Tod vorausgesehen haben. Der Physiker Heinz Pagels träumte wiederholt, er würde bei einem Sturz ums Leben kommen. Er schrieb über diesen immer wiederkehrenden Traum im Schlußkapitel seines

Buchs ›Cosmic Code‹, das 1982 herauskam: »... starr vor Angst stürzte ich in den Abgrund. Plötzlich merkte ich, daß mein Fall relativ war; es gab keinen Grund und kein Ende. Ein angenehmes Gefühl durchströmte mich.« Sechs Jahre später, am 24. Juli 1988, trat der achtundvierzigjährige Pagels beim Abstieg vom Pyramid Peak in Colorado auf einen losen Stein und stürzte in den Tod.

Ich behaupte nicht, daß wir in die Zukunft sehen können. (So ist es nichts Übernatürliches, wenn jemand wie Pagels, der sein ganzes Leben geklettert ist, ahnt, daß er bei einer Tour umkommt.) Ich meine jedoch, daß es möglich ist, sich einen angenehmen Tod vorzustellen, so wie man danach trachtet, ein angenehmes Leben zu führen. Wie ich das Schiff wähle, mit dem ich fahre, und das Haus, in dem ich wohne, so wähle ich den Tod, durch den ich aus dem Leben scheide, sagte der Stoiker Seneca.

Was sollen wir mit alldem anfangen – mit dem Geologen Heim, der in den vermeintlich letzten Augenblicken seines Lebens glaubte, er sei »in den Himmel gefallen«, oder mit dem Englischprofessor Jarrett, der an Shakespeare und John Donne dachte, als er in einem defekten Flugzeug zur Erde stürzte, oder mit der Unbekümmertheit des alten Huang-tzu, der auf die Frage seiner Schüler, wie man sein Begräbnis angemessen ausrichten solle, antwortete: »Mein Sarg werden Himmel und Erde sein; für den Begräbnisschmuck aus Jade gibt es die Sonne und den Mond; als Perlen und Juwelen habe ich die Sterne und Sternbilder; alle Dinge werden um mich trauern. Ist nicht alles für mein Begräbnis gerichtet?« Oder mit Heinz Pagels, der über seinen Todestraum schrieb: »Mir wurde klar, daß alles, was ich verkörpere, das Prinzip Leben, unzerstörbar ist. Es ist im kosmischen Code, in der Ordnung des Universums, verewigt. Während ich weiter in die finstere Leere fiel, eingehüllt von den Räumen des Unendlichen, besang ich die Schönheit der Sterne und machte meinen Frieden mit der Dunkelheit.« Wenn, wie Epikur glaubte, nichts von Gott zu fürchten ist, nichts beim Tod zu spüren, warum nicht?

Ich habe diese Frage Lewis Thomas gestellt, der einmal gemeint hat, die gesamte terrestrische Biosphäre gleiche einem einzigen, einheitlichen Organismus, der einer lebenden Zelle ähnelt. »Vielleicht balanciert sich das ganze System auf diese Weise aus«, entgegnete er.

Ich weiß nicht, wie das funktionieren würde, aber wenn man versuchte, ein kompliziertes System mit einer Vielzahl verschiedener Spezies zu entwickeln, so vielen verschiedenen Lebewesen, wie es auf diesem Planeten gibt, und es auf diesem Planeten wie ein einziges, in sich schlüssiges System arbeiten ließe, in dem alles von allem abhängig ist, dann brauchte man irgendeinen Mechanismus, der das Sterben und den Tod annehmbar machte.

In seinem Buch ›The Medusa and the Snail‹ fragt Thomas sich, wie es dazu kam, daß der Tod im allgemeinen schmerzlos ist. »Schmerz ist sinnvoll, damit man ausweicht, damit man fortkommt, wenn noch Zeit ist fortzukommen, doch wenn das Ende naht und es keinen Weg zurück gibt, wird der Schmerz offenbar abgeschaltet, und die entsprechenden Mechanismen arbeiten wunderbar präzise und schnell«, schreibt er. »Wenn ich ein Ökosystem entwerfen müßte, in dem die Lebewesen voneinander leben müßten und in dem das Sterben ein unentbehrlicher Bestandteil des Lebens wäre, könnte ich es mir besser nicht vorstellen.«

Vielleicht haben wir die Rolle der Harmonie in der biologischen Entwicklung unterschätzt. In populärwissenschaftlichen darwinistischen Darstellungen werden die Wildheit und der Wettbewerb hervorgehoben, aber damit ein Organismus »tüchtig« ist, braucht er nicht unbedingt andere zu beherrschen, sondern muß eher an seine Umwelt angepaßt sein. Harmonie erfordert Kommunikation, und wir entdecken allmählich, daß die Natur über eine Fülle verschiedenster und höchst raffinierter Kommunikationskanäle verfügt: Bienen kommunizieren über den Tanz, eine amerikanische Ameisenart durch das Absondern von Duftstoffen; und wenn eine Douglastanne von Schädlingen befallen wird, sondert sie einen chemischen Stoff ab, der die umstehenden Tannen zur Produktion einer insektizidartigen Substanz anregt, die sie zur Abwehr eben dieser Schädlinge brauchen. Wenn man an die gewaltige Zahl von Kommunikationsgliedern im riesigen Baum der Evolution denkt, ist es vielleicht gar nicht so unvernünftig anzunehmen, daß das Leben auf der Erde auf innere und äußere Harmonien anspricht, von denen die Wissenschaft bislang noch nichts weiß. In dem Fall wäre das Einrichten interstellarer Kommunikationsglieder für den Menschen weniger eine Innovation als eine vollkommen natürliche Erweiterung einer biologischen Tradition.

Es mag durchaus sein, daß der Mensch und andere Organismen zum Teil aus, wie man sagen könnte, ästhetischen Gründen ausgewählt wurden, nicht nur, weil sie gut jagen und sammeln und das Feld bestellen und vor Gefahren fliehen konnten, sondern auch weil sie spürten, daß sie hierher gehörten – das Leben genießen und im Einklang mit der Welt sein konnten. Vielleicht ist das Entzücken, das wir erleben, wenn der Tod naht, eine Art Tusch, den das Streßplektron auf dem Nervensystem spielt, eine Schlußnote, die von unserem Gleichklang mit der Welt draußen zeugt, und die Botschaft eines leichten Todes die, daß wir auf irgendeine unverstandene Art doch zum Universum gehören.

In dem Fall ist der Tod ein kosmisches Ereignis. Bande ziehen sich zurück durch die Zeit, die uns mit alldem verbinden, was da ist – nicht zerrissene Fäden, die unser aller Leben mit allem früheren Leben auf Erden verknüpfen, sein Wesen mit dem Brodeln der molekularen, interstellaren Urwolken vereinigen und deren Atome in das Wirken der Quanten hineinziehen, die bei der Geburt des Universums freigesetzt wurden. Wenn wir die Geheimnisse des Kosmos erforschen – seiner Geburt und seines Todes oder des unseren –, bringen wir dieses alte Geflecht zum Klingen. Wir haben erst einen Bruchteil des Liedes vernommen. Wir lauschen ihm in den Wellen am Strand, im Heulen des Windes in den Wipfeln des alten Waldes und mit Radioteleskopen, die auf die Sterne gerichtet sind.

TEIL III

Hart im Raume stoßen sich die Dinge

> Redet doch zu uns, in unseren Namen, zu
> eurem Vater, zu eurer Mutter. Lobet uns!
> Rufet an Huracán, Chipí-Cakulhá, Raxa-
> Cakulhá, das Herz des Himmels, das Herz der
> Erde, den Schöpfer, den Former, den Erzeuger.
> *Popol Vuh, Das Buch des Rates*
>
> Das Steuer des Alls aber führt der Blitz.
> *Heraklit*

Seit Darwin – eigentlich schon lange vor Darwin – wurde die biologische Evolution als ein Triumphzug des ständigen Fortschritts von den einfacheren zu den komplexeren Lebensformen dargestellt, deren Krone die menschliche Intelligenz war. So betrachtet, ähnelt die Biosphäre einer wie geölt laufenden Maschine, deren Räder langsam mahlen, um aus Blaualgen Karpfen, aus Karpfen Therapsida zu spinnen und so fort, bis am Ende ein intelligentes Wesen vom Band rollt.

Die Lehre, daß die Evolution zur Intelligenz hin fortschreitet, stand beim »Homo sapiens« verständlicherweise lange hoch im Kurs, dessen angenommener Artenname »klug« bedeutet und dem es natürlich schmeichelte, daß nicht irgendein blinder Zufall, sondern Milliarden Evolutionsjahre vorgewiesen werden konnten, bis schließlich etwas so Hervorragendes wie das menschliche Gehirn geschaffen war. Alexander Pope schrieb im ersten Brief seines ›Versuchs über den Menschen‹:

So lang die volle Reihe der Schöpfung ist, so weit steigen in der Leiter die Kräfte des Leibes und der Seelen. Siehe, wie sie von den grünen Myriaden in dem bevölkerten Grase bis zum herrschenden Geschlecht des Menschen hinauf gehet!

Die fossilen Funde liefern nur spärliche Beweise für ein schrittweises Fortschreiten der Evolution. Sie zeigen kein Bild eines geordneten Aufstiegs zu immer höheren Formen, sondern das eines unberechenbaren Chaos und Wandels. Denken wir an die Eiszeiten. Jede Erforschung des Ursprungs der menschlichen Intelligenz – das einzige Beispiel, von dem aus wir bis jetzt theoretisch hochrechnen können, wie extraterrestrische Intelligenz entstanden sein könnte – muß berücksichtigen, daß die Spanne, in der das Gehirn unserer Vorfahren sich drastisch vergrößerte und in nicht einmal drei Millionen Jahren sein Volumen vervierfachte, mit einer Zeit bemerkenswerter klimatischer Schwankungen zusammenfiel, in der Gletscher etwa alle hunderttausend Jahre ein Viertel der Erde unter sich begruben. Wenn es kein Zufall war, hat es den Anschein, daß zumindest unsere Intelligenz nicht aus einer allmählichen Entwicklung in einer stabilen Umwelt hervorging, sondern das Ergebnis unvorhersehbarer, großflächiger Umweltveränderungen war.

Vergrößern wir den zeitlichen Maßstab und blicken Hunderte von Millionen Jahren zurück, finden wir Beweise noch verheerenderer Veränderungen, die große Löcher in das Gewebe der Evolution reißen. Lange Zeiträume der Stagnation wurden offenbar von überfallartigen Ausrottungen unterbrochen, die den Weg für das plötzliche Aufblühen neuer Arten frei machten. Es wird immer deutlicher, daß unserem Planeten in seiner Geschichte wiederholt Schreckliches widerfahren ist, etwas, was die Umwelt global veränderte und damit die Mehrheit der ausgezeichnet angepaßten Lebewesen zum Aussterben verurteilte, die sich unter den alten klimatischen Bedingungen so gut entwickelt hatten. Das Neue erwächst offenbar meistens aus den Trümmern einer einstmals nahezu perfekten Welt, und wir verdanken unser Dasein nicht ausschließlich den überlegenen Qualitäten unserer Vorfahren, sondern auch ihrem Untergang.

Was bei diesem Deutungsmuster des Fortschritts fehlte, war eine Einschätzung der Bedeutung der verheerenden Katastrophen. Die historischen Gründe für diese Nichtbeachtung sind leicht zu durchschauen. Die Evolutionstheoretiker des neunzehnten Jahrhunderts (von denen Darwin nur einer war; er steuerte nicht den Gedanken der Evolution bei, sondern ihren Wirkungsmechanismus, die natürliche Auslese) wurden von Anhängern der Katastrophentheorie angefeindet, die erklärten, die Erde sei nur wenige tausend Jahre alt.

Die Katastrophentheoretiker behaupteten, in der kurzen Erdgeschichte hätte es ständig Überflutungen, Erdbeben und Vulkanausbrüche gegeben, die fast über Nacht Tausende geologischer Schichten hätten ablagern können. Die Evolutionstheoretiker hielten dem die allmähliche Entwicklung entgegen, nach der die Schichten sich stetig in Jahrmilliarden gebildet hatten, durch sanfte Niederschläge, leichte Hebungen und Senkungen des Meeresspiegels und andere Zuwachsprozesse der Art, wie sie noch heute vor sich gehen. Der Sieg des Darwinismus war damit auch ein Sieg des Grundsatzes von der stufenweisen über den der katastrophenbedingten Entwicklung. Darwin schreibt dazu abschließend in seiner ›Entstehung der Arten‹: »... können wir sicher sein, daß die regelmäßige Aufeinanderfolge der Geschlechter nie unterbrochen war und daß keine Sintflut die Erde verwüstete ... Und da die natürliche Zuchtwahl nur durch und für den Vorteil der Geschöpfe wirkt, so werden alle körperlichen Fähigkeiten und geistigen Gaben immer mehr nach Vervollkommnung streben.«

Erst in jüngster Zeit haben Geologen und Paläontologen ansatzweise die Bedeutung von Katastrophen in der Geschichte unseres Planeten erkannt. Die Theorie vom »durchbrochenen Gleichgewicht«, die die Paläontologen Niles Eldredge und Stephen Jay Gould 1971 aufgestellt haben, behauptet, daß die Evolution nicht schrittweise vonstatten gegangen ist, sondern stoßweise, wobei lange Perioden der Stagnation durch das plötzliche Aufkommen neuer Lebensformen unterbrochen wurden. Die geologischen Zeugnisse lassen vermuten, daß das plötzliche Aufblühen neuer Arten durch massives Aussterben ermöglicht wurde, das seinerseits die Folge verheerender Einschläge extraterrestrischer Objekte auf der Erde war. Diese ganze Forschung hat zum Aufleben einer neuen Katastrophentheorie geführt, deren Weiterungen gerade die Frage vom Ursprung des Menschen berühren und sich damit auf Überlegungen auswirken, wo und wie oft auf anderen Planeten Intelligenz entstanden sein kann.

Ich unterhielt mich einmal beim Mittagessen mit dem Geologen Walter Alvarez in Berkeley über diese Frage. Wir hatten uns eigentlich schon am Mittwoch vorher treffen wollen, doch am Dienstag hatte ein schweres Erdbeben die Gegend um die Bucht heimgesucht. Jetzt, eine Woche später, liefen die Bewohner von San Francisco immer noch wie benommen umher, als suchten sie ihre Seefe-

stigkeit, während Nachbeben alle paar Stunden die Erde wie eine
weite Dünung auf träger See rollen ließen. Bei dem Erdbeben waren
Gebäude und das obere Deck einer Schnellstraße eingestürzt und
zweiundsechzig Menschen ums Leben gekommen. Aber das Erdbeben hatte nicht nur nachteilige Auswirkungen. Die Menschen
taten sich zusammen, halfen ihren Nachbarn und merkten wieder,
wie sehr sie sich der Stadt verbunden fühlten, in der sie lebten.
»Wenn eine Zivilisation reifen soll, muß es zu einer Verinnerlichung
einer tragischen Metapher kommen«, erklärte der Historiker Kevin
Starr Robert Reinhold von der ›New York Times‹. Starr meinte, das
Erdbeben »verleiht einer Zivilisation in San Francisco, die auf der
verhängnisvollen Jagd nach dem Oberflächlichen war, eine gewisse
Tiefe«.

Das war das Umfeld, in dem Walter und ich über die Wirksam-
keit einer unerwünschten Änderung sprachen. »Als Student habe
ich viel über die alten Griechen gelesen«, sagte Walter. »Und dabei
habe ich überrascht festgestellt, daß viele ihrer bedeutenden kulturellen Leistungen mit dem Zusammenbruch ihrer Gesellschaft im
Peloponnesischen Krieg zusammenfielen.«

»Das ist plausibel«, erwiderte ich. »Es erinnert mich an den
Monolog, den Graham Greene für Orson Welles in ›Der dritte
Mann‹ geschrieben hat. Sie erinnern sich: Welles spielt den Harry
Lime, einen Ganoven, der direkt nach dem Krieg auf dem schwar-
zen Markt in Wien gestrecktes Penizillin verkauft. Es ist ein mieses
Geschäft; Kinder sterben, weil man ihnen dieses Penizillin spritzt.
Auf jeden Fall trifft Harry in der Szene mit dem Riesenrad seinen
alten Freund, den Joseph Cotten spielt, und Harry sagt sinngemäß:
›In Italien gab es in den vierzig Jahren unter den Borgias Krieg,
Terror, Mord und Blutvergießen, aber sie haben uns Michelangelo,
Leonardo da Vinci und die Renaissance geschenkt. In der Schweiz
gab es Bruderliebe, fünfhundert Jahre Demokratie und Frieden.
Und was haben sie uns geschenkt? Die Kuckucksuhr.‹«

Walter war so etwas wie ein Katastrophenexperte. Anfang der
siebziger Jahre führte ihn seine Arbeit als Geologe zu einer Schlucht
in der Nähe des Ortes Gubbio im umbrischen Apennin. Hier sind
in Jahrmillionen abgelagerte Schichten an die Oberfläche getreten
und so gekippt worden, daß man bei einem normalen Gang auf
einem Bergpfad ein geologisches Zeugnis vor sich hatte, das zig
Millionen Jahre umspannte. In den Wochen, die er in diesen Som-

mern bei Gubbio arbeitete, interessierte er sich mehr und mehr für einen bestimmten Schichtenbereich aus der sogenannten KT-Grenze, dem Übergang der Kreide in das Tertiär vor 65 Millionen Jahren, als die Dinosaurier ausstarben. Dieses Schicksal ereilte damals nicht nur die Dinosaurier, sondern auch viele andere Arten: Die meisten Arten wurden ausgelöscht.

Der Schatten des Todes schlägt sich in den Felsen von Gubbio in einer ein Zentimeter dicken Schicht aus rotem Ton nieder. Walter meißelte ein Stück aus diesem KT-Ton, nahm es mit nach Berkeley und zeigte es seinem Vater, dem Physiker Luis Alvarez. Vater Alvarez, ein erfinderischer Mann – er hatte vierzig Patente auf alles Mögliche von einer Bifokalbrille bis zu einem Stabilisierungssystem für Videokameras und vertrieb sich einmal die Zeit im Krankenhaus damit, daß er ein neues medizinisches Gerät entwarf –, hatte mit seinem Sohn an Methoden zur Altersbestimmung von Gesteinsproben gearbeitet. Er schlug vor, durch die Bestimmung des Iridiumgehalts des Tons festzustellen, wie lange der Ton gebraucht hatte, um sich abzulagern.

Iridium ist ein sogenanntes Edelmetall, was besagt, daß es selten ist. Es ist deshalb selten, weil es sich leicht mit Eisen bindet. Als die Erdoberfläche noch geschmolzen war, sank das Eisen größtenteils zum Erdkern und zog das damalige Iridium des Planeten mit, so daß heute kaum noch Iridium in der Erdkruste vorkommt. Bei Kometen, Asteroiden und Meteoren war das nicht so. Weil sie kleine Objekte sind, haben sie kein Schwerefeld, so daß ihre Schwermetalle beim Entstehungsprozeß nicht zum Kern gezogen wurden, sondern gleichmäßig verteilt blieben.

Die Erde zieht täglich tonnenweise Meteoritentrümmer an, die überwiegend mikroskopisch klein sind; die Erdoberfläche wird ständig mit iridiumhaltigem kosmischem Staub getränkt. Alvarez wollte das Iridium als Uhr benutzen. Unter der Annahme, daß der Meteoritenstaub im Lauf der Jahrhunderte mehr oder weniger gleichmäßig niedergegangen war, mußte eine etwas höhere Iridiumkonzentration in einer Schicht anzeigen, daß ihre Bildung länger gedauert hatte als die einer anderen, ähnlichen Schicht, die nicht so viel Iridium enthielt.

Die Idee schien vielversprechend, doch als die beiden Berkeley-Chemiker Frank Asaro und Helen Michel die KT-Tonprobe von Alvarez untersuchten, kamen ganz andere Ergebnisse heraus als erwartet. Die Tonschicht, die zeitlich mit dem Tod der Dinosaurier zusammenfiel, enthielt nicht nur etwas mehr Iridium, sondern mehrere hundertmal mehr als die Schichten darüber und darunter. Ein so hoher Iridiumgehalt war durch einen ständigen Niederschlag von kosmischem Staub selbst über einen noch so langen Zeitraum nicht erklärbar. Es mußte vielmehr einen plötzlichen regelrechten Schauer gegeben haben.

Nachdem Vater und Sohn Alvarez die Sache ein Jahr hin und her gewendet hatten, stellten sie die Hypothese auf, daß ein großes extraterrestrisches Objekt vor 65 Millionen Jahren auf die Erde geprallt sei und ein Aussterben großen Ausmaßes verursacht habe. Ein Komet oder Asteroid (viele in Erdnähe kommende Asteroiden sind kolossale Überreste aufgelöster Kometen) würde genügen. Ein Kometenkern mit einem Durchmesser von zehn Kilometern, der mit 72 000 Kilometern pro Stunde auf die Erde prallt, hätte eine weit größere Wirkung als ein totaler Atomkrieg. Fachleute in Sachen Massenvernichtung, von denen es in unserer geplagten Zeit sehr viele gibt, erklären, eine so gewaltige Explosion würde praktisch alles in Sichtweite töten, Stürme mit 500 Kilometern pro Stunde über ganze Kontinente fegen lassen und Tsunamis auf allen Weltmeeren auslösen; die schlimmsten Auswirkungen würden sich jedoch erst in den folgenden Wochen und Monaten zeigen. Der Feuerball würde nach ihren Berechnungen Tonnen von Trümmern in eine Erdumlaufbahn schleudern und damit Millionen ballistischer Raketen schaffen, die durch die Hitzeentwicklung beim Wiedereintritt in die Erdatmosphäre weltweit Waldbrände auslösen würden. In die obere Atmosphäre gezogener Staub würde Dunkelheit und Kälte über die Erde bringen, und Ruß aus Tausenden von durch den Aufschlag ausgelösten Bränden würde den Schaden noch erhöhen; die Luft würde so diesig werden, daß ein Brontosaurier nicht einmal mehr die eigenen Füße sehen könnte. Würde der Komet in ein Meer stürzen – was wahrscheinlich ist, denn vier Fünftel der Erdoberfläche sind von Wasser bedeckt –, gelangten riesige Mengen Wasserdampf in die Atmosphäre, so daß auf den Winter nach dem Aufschlag ein Treibhaussommer folgen würde. Stickstoff und Sauerstoff würden sich in der Explosionshitze vereinen und einen Salpetersäureregen bewirken, der für alle marinen Pflanzen und Wirbeltiere tödlich wäre, deren Kalziumkarbonatschalen säurelöslich sind. Diese und andere drastische Klimaveränderungen würden vermutlich genügen, viele Pflanzenarten zu vernichten, einige direkt und andere durch Nahrungsentzug.

Nach dem Mittagessen untersuchte ich in Walters Labor eine Probe der KT-Schicht unter dem Stereomikroskop. Am Boden der Probe war eine starke Kalksteinschicht mit vielen Foraminiferen, den Gehäusen von Einzellern, die die Form kleiner spiraliger Galaxien haben, die gleichen Organismen, deren Schalen man auch in den weißen Kreideklippen von Dover findet. (Foraminiferen oder Wurzelfüßer traten im Zeitalter der Dinosaurier so häufig auf, daß eine ganze geologische Periode nach ihnen benannt wurde, die Kreide.) Mitten durch die Probe zog sich die iridiumhaltige Schicht, ein wirrer Streifen eingefrorenen Unglücks, wellenförmige Grautöne, die in Ziegelrot übergingen. Darüber lag eine nichtssagende, lachsrote Schicht, die nur wenige Wurzelfüßer einer einzigen Art enthielt. »Alle noch existierenden Foraminiferen sind die Nachkommen von nur wenigen dieser Kerle, die durchgekommen sind«, sagte Walter, der mir über die Schulter sah.

Eine gute wissenschaftliche Theorie hat mindestens zwei Dinge mit einem guten literarischen Werk gemeinsam. Erstens strebt sie danach, genau zu sein (oder gehobener ausgedrückt »wahr«, wie man von einem Gedicht oder Roman sagen könnte). Zweitens – und das wird außerhalb der Wissenschaft nicht so allgemein anerkannt – sollte die Theorie etwas bewirken. Die Aufschlagstheorie ist vielleicht genau – die meisten Zeugnisse stützen sie –, aber sie hat auch insofern gute Dienste geleistet, als sie Emotionen bei den Wissenschaftlern geweckt hat. Die Menschen interessieren sich für die Geschichte des Lebens auf unserem Planeten, und wenn jemand eine neue Theorie darüber bringt, wie Millionen Arten untergegangen sind, findet er ihre Beachtung. Diese emotionale Kraft der Aufschlagstheorie, aber auch ihre geistige Strenge waren es, die Astronomen, Paläontologen, Vulkanologen, Wetterforscher, Geologen, Physiker und Chemiker dazu brachten, mit ihr zu arbeiten und über sie nachzudenken, was neue Ideen und Beweise und Gegenbeweise zur Folge hatte.

Vor allem die Geologen hatten Grund, für den frischen Wind dankbar zu sein. Solange die Vergangenheit unseres Planeten als ruhig angesehen wurde, war ihre Wissenschaft eine eintönige Sache gewesen, die von den Studenten als langweilig und schmutzig gemieden wurde. »Geologie war in den fünfziger Jahren tatsächlich langweilig«, räumte Walter Alvarez bei unserem mittäglichen Gespräch ein. »Es ist mir direkt ein bißchen peinlich, daß ich als Geologe angefangen habe.« Dann brachte die Plattentektonik neues Leben in das Gebiet, die einst verschmähte und dann wiederauferstandene Theorie, daß die Kontinente auf schwimmenden Platten ruhen, die sich bewegen. Die beständige Reibung der Platte, die den Pazifischen Ozean trägt, gegen die, auf der Nordamerika ruht, hatte das letzte Erdbeben von San Francisco verursacht und dafür gesorgt, daß Geologen in den Nachrichtensendungen zu Wort kamen, deren Forschung plötzlich als etwas erkannt wurde, das unmittelbar mit Fragen von Leben und Tod zu tun hat. Die Aufschlagstheorie belebte die Disziplin neu, die die Studenten einst mit Vorträgen über Tropfsteinablagerungen und der chemischen Formel für Hornblende hatte einschlafen lassen.

Die Geologen, die durch die Aufschlagstheorie teils angeregt, teils schockiert wurden, machten sich an die Arbeit und suchten auch an anderen Stellen als Gubbio nach KT-Schichten mit ungewöhnlich hohen Iridiumwerten. (Das war ein wichtiger Test: War der hohe Iridiumanteil auf ein einziges Gebiet beschränkt, ging er vermutlich auf ein rein lokales Ereignis zurück, das kaum zu einer weltweiten Ausrottung ganzer Arten hätte führen können.) Man fand sie – KT-Schichten aus Spanien, Dänemark, Neuseeland, aus trockenem Boden und dem Boden des Pazifik nördlich von Hawaii wiesen hohe Iridiumkonzentrationen auf –, und man fand zusätzliche Beweise für den Aufschlag, in der Gestalt von geschocktem Quarz, Rußpartikeln und winzigen Kugeln aus verschmolzenen Silikaten wie denen, die bei Atomwaffentests übrigbleiben.

Andere suchten unterdessen nach einem Krater, der unwiderlegbar und direkt den Aufschlag selbst beweisen würde. Ein so alter Krater wäre längst mit Sedimenten aufgefüllt, könnte aber dennoch durch Abweichungen im Schwere- und Magnetfeld geortet werden – Sedimente sind leichter und weniger metallhaltig als das Gestein, das durch den Aufschlag entfernt wird – und wäre dann mit Hilfe von Bodenproben zeitlich zu bestimmen. 1990 entdeckten zwei Geophysiker einen möglichen Kandidaten auf der Halbinsel Yukatan, wo kreisförmige Anomalien des Schwere- und Magnetfelds schon seit längerem die Aufmerksamkeit von Wissenschaftlern und Mystikern gleichermaßen erregen. Chicxulub, so genannt zu Ehren der Mayas, deren Kultur vor einem Jahrtausend auf Yukatan blühte, wäre mit 175 Kilometern Durchmesser der größte bisher auf der Erde entdeckte Krater. Dennoch könnte er nur die Hälfte der Energie erklären, die bei der KT-Katastrophe schätzungsweise freigesetzt wurde. Die Wissenschaftler vermuteten, daß der Chicxulub-Krater von einem unter zwei oder mehreren Objekten geschlagen wurde – vielleicht Teilen eines auseinandergebrochenen Kometenkerns, die gleichzeitig auf der Erde aufgeschlagen sind –, und so suchten sie nach weiteren Kratern. 1991 hatten sie einige Kandidaten bei Haiti, in Iowa und in der Sowjetunion ausfindig gemacht.

Die Beweise häuften sich, daß Aufschläge nicht nur für die KT-Katastrophe verantwortlich waren, sondern für viele der verheerenden Ereignisse, die die Erde im Verlauf ihrer langen und bewegten Geschichte heimgesucht haben. Iridium und andere Hinweise auf Bombardements aus dem All wurden in Schichten gefunden, die mit der Katastrophe in Frasne vor 367 Millionen Jahren zusammenfielen, als riesige Meteoriten in Schweden und Kanada einschlugen und Tsunamis die Ökosysteme der seichten Gewässer weltweit verwüsteten; bei der Massenausrottung zwischen Perm und Trias vor 250 Millionen Jahren, als neun Zehntel aller seebewohnenden Arten vernichtet wurden; beim Übergang von Turon zu Coniac vor 90 Millionen Jahren, als die Weltmeere die Kontinente überfluteten und die Seeigel besonders hart getroffen wurden; in der Zeit zwischen Eozän und Oligozän vor 35 Millionen Jahren, als die Winter vordrangen und die polaren Eiskappen wuchsen und der Rückgang zahlreicher Familien baum- und höhlenbewohnender Säugetiere den Weg freimachte für den Vormarsch der Kaninchen, Hunde, Eichhörnchen, Taschenratten und Spitzmäuse; und in der Zeit um die Mitte des Miozäns vor etwa zwölf Millionen Jahren, als sich die Eiskappe der Antarktis ausdehnte und unzählige Säugetiere ausstarben.

Kritiker der Aufschlagstheorie von Alvarez führten an, daß der Untergang im großen Maßstab offenbar »schrittweise« im Lauf von Jahrmillionen vor sich ging, und hoben hervor, daß der Aufschlag eines einzigen Kometen kein allmähliches Aussterben verursachen könne. Mehrere Aufschläge, über einige Millionen Jahre verteilt, hätten das bewirken können, aber man kannte damals allgemein noch keinen astronomischen Mechanismus, der eine solche Wirkung hervorrufen konnte. Sicher kann ein Asteroid oder

Komet von Zeit zu Zeit die Erde treffen, aber warum sollten derartige Objekte gleich in Schauern niedergegangen sein?

Bei der Suche nach einer Antwort auf diese Frage wollen wir den Blick von den fossilienhaltigen Schichten und verwitterten Kratern der Erde heben und zu den Grenzen des Sonnensystems schauen. Dort, weit jenseits der Umlaufbahnen von Neptun und Pluto und des hypothetischen Planeten X, liegt die Heimat der Kometen. Dort soll es zehn Billionen Milliarden Kometen in einer kugelförmigen Ansammlung geben, der Oortschen Wolke (benannt nach dem holländischen Astronom Jan Oort, der ihre Existenz postulierte). Die Oortsche Wolke ist riesig: Sie beginnt etwa nach dem Tausendfachen der Entfernung Neptun-Sonne und erstreckt sich bis zu einem Drittel des Weges zum nächsten Stern. Die Kometen dort sind nicht die glühenden Erscheinungen, die wir von astronomischen Fotos kennen; für den Schweif brauchen sie die Nähe der Sonne. Die Kometen in der Oortschen Wolke sind kahl und unattraktiv, jeder ein schmutziger Eisberg von ein, zwei Kilometern Durchmesser, schwarz wie Lampenruß, ein Haufen Dreck und Schnee, der gefroren ist, seit es das Sonnensystem gibt.

Normalerweise kreisen die Kometen der Oortschen Wolke auf festen Bahnen um die ferne Sonne. Aber hin und wieder zerrt etwas – vielleicht die Anziehungskraft eines vorbeiziehenden Sterns – an der Wolke und bringt die Umlaufbahnen durcheinander. Dann stürzen Milliarden Kometen wie entfesselt auf die Sonne zu. Die meisten kommen jedoch über den Jupiter oder Saturn nie hinaus; die Schwerefelder dieser Riesenplaneten zwingen sie entweder auf neue Umlaufbahnen in der inneren Oortschen Wolke oder schleudern sie ganz aus dem Sonnensystem. Doch einige erreichen eine neue, kleinere Umlaufbahn, die die der Erde und der anderen inneren Planeten kreuzt. Wie viele Kometen auf diese Weise in eine gefährliche Position gelangen, ist unklar, unter anderem weil wir den Bestand der Oortschen Wolke und all die anderen maßgeblichen dynamischen Variablen nicht kennen, aber grob geschätzt können wir annehmen, daß bei einem solchen Schauer bis zu eine Milliarde Kometen in erdnahe Umlaufbahnen gelangen, wovon vielleicht zwei bis mehrere Dutzend die Erde treffen können.

Stellen wir uns die tödliche Passacaglia vor. Die aufgescheuchten Kometen brauchen zwei oder drei Millionen Jahre für ihren Sturz ins innere Sonnensystem. Während dieses langen Vorspiels leuchtet am nächtlichen Himmel über der Erde kaum einmal ein Komet auf; und dann wird eine größere Zahl sichtbar, wie irgendwelche sich auf geheimnisvolle Weise vermehrende Arten himmlischer Pantoffeltierchen. Fast alle diese Kometen ziehen harmlos vorbei, werden zunächst heller, wenn sie sich der Sonne nähern, und verblassen dann, wenn sie sich einige Monate später entfernen. Aber dann kommt einer, der nicht verblaßt, sondern immer größer und heller wird, Nacht für Nacht, ein furchterregendes milchigweißes Auge, das wächst, bis es den ganzen Himmel ausfüllt, die Sterne fliehen läßt und die Dunkelheit verbannt. Dieser Komet kommt direkt zu uns verlorenen Geschöpfen.

Wenn er aufschlägt, bricht die Hölle los: Wellen zerschmettern unterseeische Korallenriffe, Staub und Ruß verdunkeln den Himmel, in die Höhe geschleuderter Wasserdampf verbreitet Treibhausschwüle, saurer Regen entlaubt die Wälder, und Pflanzen und Tiere sterben in Massen hin, weil sie verhungern, vergiftet werden oder sich einfach nicht anpassen können. Aber das ist noch nicht das Ende. Wahrscheinlich folgt bald ein weiterer Aufschlag und noch einer, etwa zehn vielleicht in den nächsten paar Millionen Jahren. Lebewesen, die eine Katastrophe überstehen, kommen bei der nächsten um; und wenn der Schauer schließlich abflaut, ist die Erde fast so tot wie eine in Penizillin getauchte Bakterienkolonie.

Dieses düstere Szenario paßt recht gut zu den fossilen Zeugnissen. Wiederholte Aufschläge durch einen Kometenschauer können jene »schrittweisen« Muster hervorrufen, die einige Wissenschaftler in den geologischen Zeugnissen der einzelnen Katastrophen zu erkennen glauben. Beim Übergang vom Eozän zum Oligozän etwa sind anscheinend Planktonarten bei vier eindeutigen und plötzlichen Ereignissen ausgelöscht worden, die in einen Zeitraum von ungefähr ein bis drei Millionen Jahren fallen. Damit würde man rechnen, wenn diese verheerenden Zwischenfälle tatsächlich von vier oder mehr Kometeneinschlägen im Rahmen eines Kometenschauers verursacht worden wären, der sich über drei bis vier Millionen Jahre erstreckt hat.

Unerklärt blieb in diesem Stadium der Aufschlagstheorie der Auslösemechanismus, der den Kometenschauer überhaupt erst in Bewegung setzt. Offensichtlich in Frage kam dafür die zufällige Annäherung der Sonne an einen Stern, doch derartige Flybys sind selten. Am Rand der galaktischen Scheibe, wo wir leben, gibt es

kaum Sterne – verstreuen Sie quer über Nordamerika ein paar Sandkörner, dann haben Sie eine recht gute Vorstellung von der unermeßlichen Weite des Raums, der einen normalen Stern in unserem
Bereich der Milchstraße umgibt –, und die Erdgeschichte hat mehr
Ausrottungen erlebt, als sich durch zufällige stellare Annäherungen
erklären ließen. Irgend etwas fehlte noch.

1984 kam ein Hinweis, als David Raup und John Sepkoski, zwei
Geologen von der University of Chicago, einen aufsehenerregen-
den Artikel veröffentlichten, in dem sie erklärten, kosmische Bombardements ereigneten sich regelmäßig. Raup und Sepkoski untersuchten Daten über den Lebensraum von etwa 3500 Meerestierfa-
milien. In der graphischen Darstellung wiesen die Untergangsraten
dieser Arten starke Ausschläge – Ausrottungen – auf, die in Zyklen
von etwa 26 Millionen Jahren wiederkehrten. »Die Folgen der
Periodizität für die Evolutionsbiologie sind weitreichend«, schrieben die beiden Geologen. »Die offenkundigste ist die, daß das Evo-
lutionssystem nicht ›allein‹ ist in dem Sinne, daß es zum Teil von
tiefgreifenderen äußeren Einflüssen abhängt als den lokalen und
regionalen Umweltveränderungen, die normalerweise berücksich-
tigt werden.«

Der Gedanke, daß die Erde in regelmäßigen Abständen von so
massiver Vernichtung heimgesucht wurde, als würde eine kosmische Todesglocke läuten, war so ausgefallen, daß selbst Luis Alvarez zunächst nicht daran glaubte. Er stürmte in das Büro seines
bereits ausgezeichneten Schülers und Physikers Richard Muller.
»Rich«, rief er, wie Muller das Gespräch in Erinnerung hat, »ich
habe gerade einen verrückten Artikel von Raup und Sepkoski
bekommen. Sie behaupten, daß es auf der Erde regelmäßig alle 26
Millionen Jahre zu riesigen Katastrophen kommt, wie nach dem
Kalender. Das ist doch lächerlich. Ich habe ihnen einen Brief
geschrieben und sie auf ihre Fehler hingewiesen. Lesen Sie ihn mal
durch, bevor ich ihn abschicke?« Muller sah sich die Unterlagen an,
fand es jedoch wahrscheinlicher, daß Raup und Sepkoski recht hatten und Alvarez unrecht. Auf seine entsprechende Äußerung reagierte Alvarez mit Unwillen. Die Verwüstungen, beharrte Alvarez,
seien die Folge von Asteroiden- oder Kometenaufschlägen, und die
Astronomen wissen, daß sich derartige Aufschläge in unbestimmten Abständen ereignen. Aber Muller blieb bei seiner Meinung. Es
folgte eine der interessanten Mischungen aus wissenschaftlicher

und philosophischer Diskussion der neueren Wissenschaftsgeschichte.

»Nehmen wir an, wir finden irgendwann eine Möglichkeit, daß ein Asteroid alle 26 Millionen Jahre auf der Erde einschlägt«, erklärte Muller Alvarez. »Müßten Sie dann nicht einräumen, daß Sie unrecht hatten?«

»Wie sieht Ihr Modell aus?« wollte Alvarez wissen. Er wollte konkrete Hypothesen haben, keine windigen Spekulationen.

»Das ist doch egal!« entgegnete Muller. »Allein die Möglichkeit eines solchen Modells läßt Ihre Logik falsch erscheinen, nicht die Existenz eines bestimmten Modells.«

»Wie können Asteroiden regelmäßig auf der Erde aufschlagen?« wiederholte Alvarez mit vor Unmut bebender Stimme. »Wie sieht Ihr Modell aus?« wiederholte er.

Wie Muller später schrieb, dachte er: »›Verdammt noch mal! ... Wenn ich schon muß, dann will ich diesen Streit zu seinen Bedingungen gewinnen. Ich erfinde ein Modell.‹ Jetzt strömte das Adrenalin. Ich dachte einen Augenblick nach und sagte: ›Angenommen, es gibt einen Begleitstern, der die Sonne umkreist. Alle 26 Millionen Jahre nähert er sich der Erde und macht etwas, ich weiß nicht was, auf jeden Fall läßt er Asteroiden auf die Erde stürzen.‹«

»Alvarez' nachdenkliches Schweigen überraschte mich«, erinnert sich Muller. »Offenbar nahm er den Gedanken ernst und überprüfte innerlich, ob irgend etwas daran falsch war. Sein Unmut war verflogen.« Schließlich entschied Alvarez, den Brief doch nicht abzuschicken.

Mullers weitere Beschäftigung mit diesem Gedanken, an der sich über weite Strecken die Astronomen Marc Davis und Piet Hut beteiligten, entwickelte sich zur von ihm so genannten »Nemesis-Hypothese«. Danach ist die Sonne ein Doppelstern, ihr Begleiter – Nemesis – ein Zwergstern mit einer stark elliptischen Umlaufbahn, auf der er alle 26 Millionen Jahre in Sonnennähe kommt. Wenn Nemesis an der Sonne vorbeifliegt, stört deren Schwerefeld die Oortsche Wolke und löst einen Kometenschauer aus. Der Auslösemechanismus hinter den Katastrophen war gefunden – vielleicht.

Um die Hypothese zu testen, machten sich Muller und seine Kollegen auf die Suche nach Nemesis. Sie errechneten, daß der Begleitstern nur ein Zehntel der Sonnenmasse haben konnte (hätte er mehr, wäre er heller, und die Astronomen hätten ihn bereits entdeckt) und jetzt etwa seine größte Entfernung von der Sonne haben mußte, da das letzte große Aussterben in der Mitte des Miozän etwa zwölf Millionen Jahre zurücklag, knapp die Hälfte der mutmaßlichen 26 Millionen Jahre, die Nemesis für eine volle Umrundung der Sonne braucht. In den Bergen bei Berkeley stellten sie ein altes 76-Zentimeter-Teleskop und drei Computer auf, zogen ein Verzeichnis der roten Zwergsterne zu Rate und machten mit einem elektronischen CCD-Abbildungssystem Aufnahmen von deren Position. Von jedem Stern wurden zwei Aufnahmen gemacht, nachts und im Abstand von sechs Monaten, wenn die Erde sich auf der anderen Seite ihrer Bahn um die Sonne befand. Falls einer der Sterne Nemesis war, war er nur 2,4 Lichtjahre von der Sonne entfernt und ihr damit viel näher als jeder bisher bekannte Stern und würde sich durch einen deutlichen Wechsel seiner Position vor den Sternen im Hintergrund alle sechs Monate verraten. Diese Verschiebung, von den Astronomen Parallaxe genannt, wird durch die sich ändernde Position der Erde auf ihrer Bahn um die Sonne verursacht und ist die Grundlage für die Entfernungsmessungen bei sämtlichen Sternen in unserer kosmischen Nachbarschaft.

Ich unterhielt mich 1989 mit Muller im Lawrence Berkeley Laboratorium, das in einem Redwood-Wäldchen liegt. Er hatte die Übersicht über den nördlichen Sternenhimmel fast abgeschlossen; falls er nichts fand, würde der nächste Schritt die Aufnahme der südlichen Hemisphäre sein. »Ich bezweifle, ob die Nemesis-Hypothese von der Mehrzahl der Astronomen ernst genommen wird«, sagte er. »Ich habe da gemischte Gefühle.« Einerseits, meinte Muller, hätte er es gern, wenn seine Hypothese Anhänger unter den Astronomen fände, aber »andererseits bin ich gar nicht mal so traurig, daß nicht alle da draußen nach Nemesis suchen, denn natürlich würden wir sie gerne entdecken.« Wenn eine Bestandsaufnahme aller roten Zwerge in beiden Hemisphären keine Spur von Nemesis brächte, würde er die Theorie verwerfen, meinte er abschließend, und erneut darüber nachdenken, was die Ursache für regelmäßige Kometenschauer sein könnte.

Ich selbst war nicht so pessimistisch wie Muller, daß seine Hypothese so einfach zu entkräften wäre. Wir wissen aus Dynamikuntersuchungen, daß unsere Galaxis doppelt soviel Masse birgt, wie sich durch die sichtbaren Sterne erklären läßt, und diese »Dunkelmaterie« könnte in Gestalt brauner Zwerge existieren, Sterne, die so dunkel sind, daß sie überhaupt nicht in sichtbarem Licht zu sehen sind. Sollte Nemesis ein solcher Stern sein, brauchte man ein Spezialteleskop – ein Infrarotteleskop im All wäre ideal –, um ihn zu orten. Nemesis könnte also existieren, selbst wenn Mullers erste Suchaktion keinen Erfolg bringen sollte.

Als ich mich von Muller verabschiedet hatte, schlenderte ich durch das Wäldchen und blickte zur Sonne, deren Strahlen durch die Äste fielen. Wenn Rich recht hat, ging es mir durch den Kopf, wird die Sonne nie wieder wie bisher aussehen. Wir werden nicht mehr zu ihr hinaufblicken und sagen, »da ist unsere Sonne«. Wir werden vielmehr sagen, »da ist eine unserer Sonnen, die helle, die Lebensspenderin. Aber draußen im Weltraum lauert eine andere, ein dunkler Stern, der Todesstern.«

Die Aufschlagstheorie ist nach wie vor umstritten, und es fehlt nicht an fähigen Kritikern, die bezweifeln, daß Aufschläge für eine der großen Katastrophen verantwortlich sind, daß sie sich regelmäßig ereignet haben und daß sie von einem Zwergstern verursacht wurden, der die Sonne umkreist. Aber welches Schicksal auch auf sie wartet, die Theorie hat doch die alte Wahrheit neu ins Licht gerückt, daß das Leben beim Tod in der Schuld steht. Die Aussicht auf einen himmlischen Mechanismus hinter dem massenhaften Aussterben hat ein radikales – und für mich belebendes – neues Denken über die Geschichte des Lebens auf der Erde angeregt.

In den Tagen Darwins, als die Evolution als stufenweise fortschreitend galt, wurde das Auftauchen jeder neuen Art als ein nach oben offener Prozeß gewertet, bei dem immer bessere Lebensformen, wenn vielleicht auch langsam, den ihnen zustehenden Platz als Sieger über die nicht so gut angepaßten Lebensformen einnahmen, an deren Stelle sie traten. Aussterbende Geschöpfe waren Versager, überlebende Arten – insbesondere wir selbst – verkörperten den Erfolg. Erfolg ist besser als Mißerfolg, und so hielt man die Arten, die überlebten, für irgendwie besser als diejenigen, die untergingen. (Herbert Spencers Bezeichnung »Überleben des Tüchtigsten« förderte diese Einstellung; strenggenommen bezog sie sich nur auf Organismen, die sich ihrer Umwelt besser anpaßten, doch für die Allgemeinheit, vor allem im viktorianischen England, war sie gleichbedeutend mit körperlicher Leistungsfähigkeit und Überlegenheit.) Und so wurde die Evolution in den Schulbüchern schließlich als eine aufsteigende Treppe immer besserer Organismen dargestellt – eben als Fortschritt. Von Fischen zu Säugetieren, von kleinen zu großen Pferden und, das schönste überhaupt, von Menschenaffen über den primitiven Menschen zum Homo sapiens – die Natur perfektionierte ihre Schöpfung offenbar langsam aber stetig.

All das ändert sich schlagartig, sobald wir uns die Vorstellung zu eigen machen, daß die Evolution zu flotteren Rhythmen tanzt als dem getragenen Walzer, den Darwin und seine Zeitgenossen im Ohr hatten. Der Schlüssel zum Verständnis der neuen Auffassung liegt darin anzuerkennen, daß massive Vernichtungen die Befreiung von der Tyrannei des Bestehenden bedeuten. Was verheerend für die Arten war, die untergingen, wird zum Segen für die, die überleben: Ihnen bietet sich ein Paradies, ein reiner Tisch, ein Land mit neuen Möglichkeiten.

Betrachten wir die Ökonomie des Überlebens. Unser Planet bietet seinen Lebewesen nur eine begrenzte Zahl von Möglichkeiten. Bei ausreichend Zeit und einer einigermaßen stabilen Umwelt entwickeln sich verschiedene Arten und passen sich an, bis alle ökologischen Nischen ausgefüllt sind. Das Endergebnis ist eine Gleichgewichtssituation, in der sämtliche verfügbaren Stellen von Lebewesen besetzt werden, die für ihren jeweiligen Platz optimal ausgestattet sind. Eindringlinge brauchen sich gar nicht zu bemühen; die Chance ist gering, daß eine neue Art auftaucht, die den Platz besser ausfüllt als die bereits vorhandene Art und somit eine Lücke auf einem gesättigten ökologischen Markt findet.

Diese Stagnation ist vor allem für die evolutionären Ausreißer ungemütlich – die Mutationen innerhalb der Arten. Sie sind sehr viel weiter verbreitet, als allgemein angenommen wird: Wenn eine Art die seltene Möglichkeit erhält, sich ohne nennenswerte Konkurrenten zu entfalten, treten Mutationen in erstaunlich großer Zahl auf. So war es, um nur ein Beispiel zu nennen, als Bairdiella, ein kleiner Meeresfisch aus dem Golf von Kalifornien, 1952 im südkalifornischen Salton See ausgesetzt wurde. Da reichlich Nahrung und keine Konkurrenz vorhanden war, entwickelte Bairdiella sich prächtig – die Mutationen und die normalen Exemplare. Fast ein Viertel der Tiere aus der ersten Brut wies erkennbare Deformationen auf. Einige Fische waren blind, anderen fehlte der Unterkiefer oder sie waren bucklig oder hatten zwei oder drei Wirbelsäulen. Als die Nahrung jedoch knapp wurde, ging die Zahl der mutierten Fische auf wenige Prozent zurück; da die Mutanten nicht so gut an die Umwelt angepaßt waren, waren sie beim Kampf um die Nahrung unterlegen.

Wenn sich die Umwelt jedoch drastisch verändert, haben einige Mutanten eine Chance. Wenn beispielsweise das Plankton verschwindet und nur noch Fischschuppen als Nahrung bleiben, hat ein Fisch mit deformiertem Kiefer unter Umständen bessere Chancen als die mit normalen Kiefern; in dem Fall vermehrt sich die Klasse der deformierten Fische so stark, daß der deformierte Kiefer tatsächlich zur Norm wird. Jetzt sterben langsam die bis dahin normalen Varietäten aus, so daß auf das Verschwinden ganzer Taxa das explosionsartige Auftauchen seltsamer neuer Formen folgt. Die Katastrophe bereitet die Bühne für die Rache der Zukurzgekommenen. *

Alle lukrativen Jobs für große Tiere waren in der Kreidezeit von Dinosauriern besetzt, 130 Millionen Jahre lang (also doppelt so viele, wie seit ihrem Untergang verstrichen sind), und das so gut, daß wir noch heute den Hut ziehen. Die Säugetiere schlugen sich derweil am Rande durch und besorgten den Kleinkram; zur Zeit der Dinosaurier wurde kein Säugetier größer als eine Hauskatze.

Dann kam die Katastrophe – ein Kometenaufschlag, vermuten wir –, und die bestens angepaßten Dinosaurier erkannten, daß für sie in einer völlig veränderten Welt kein Platz mehr war. Sie starben aus, aber die wenigen kleinen Säugetiere, die sich hielten, fanden plötzlich ideale Bedingungen vor. Konkurrenten gab es kaum; die Ausrottung der meisten früheren Arten ließ eine Vielfalt von Plätzen offen, und so mancher Ausreißer unter den Säugetieren lebte auf der verwüsteten Erde jetzt wie im Paradies. Wild dreinschau-

---

* Etwas, das – nebenbei bemerkt – in dem Film ähnlichen Namens ausgelassen wurde. Als auf dem Höhepunkt des Films ein »Zukurzgekommener« bei einer Footballveranstaltung zum Mikrofon greift, um gegen die Verfolgung seinesgleichen auf dem Campus zu protestieren, ruft er den »schönen Menschen«, den Footballspielern und Cheerleaders, zu, »Wir sind mehr als ihr«. Die eigentliche Schönheit der Zukurzgekommenen liegt jedoch nicht darin, daß sie so zahlreich sind, sondern in ihrem Anderssein. Weil sie anders sind, besitzen sie Fähigkeiten, die sich in einer wandelnden Welt vielleicht einmal als wertvoll erweisen – etwa wenn sie mit der Schule fertig sind und ins Leben treten, wo die Fähigkeit, einen Computer zu programmieren, letztlich vielleicht mehr bringt als die, einen Football vierzig Meter weit zu werfen.

ende Insektenfresser entwickelten Flügel und eroberten als Fledermäuse den von den ausgestorbenen Pterosauriern aufgegebenen Himmel; wiederkäuende Huftiere grasten auf den Ebenen, die jetzt frei von Raubdinosauriern waren; und Primaten zogen sich auf die jetzt sicheren Bäume zurück, wo sie sich von Ast zu Ast schwingen konnten – dank der Opposition der Daumen, die sich später beim Herstellen von Handäxten und Radioteleskopen als nützlich erweisen sollte.

Das war unser Paradies, und wir leben noch immer darin – falls wir es bewahren können, wie Benjamin Franklin nach einem Treffen des Continental Congress über die neue Republik sagte –, aber es entstand aus der gewaltsamen Einwirkung eines Meteors. »Hätte es den großen Kometen, der vor 65 Millionen Jahren einschlug, nicht gegeben, hätten die Säugetiere den Dinosauriern die Erde vielleicht nie entrissen«, schreibt Rich Muller. Und wenn die Säugetiere sich nicht so hätten ausbreiten können, wer will da sagen, ob sich je Intelligenz entwickelt hätte? Die Botschaft der neuen Katastrophentheorie lautet, daß biologische Erfindungen wie die Opposition des Daumens und die Entfaltung des Neocortex die Folge von Zwischenfällen aus dem Kosmos sind. Wenn dem so ist, verdanken wir unsere Existenz – und damit die intelligenten Lebens auf der Erde – einer von Himmelskörpern verursachten Gewalteinwirkung.

Die Suche nach Intelligenz irgendwo im Universum kommt somit nicht der Suche nach der vorhersehbaren Erfüllung eines fortschreitenden Plans, sondern nach den unvorhersehbaren Auswirkungen eines Unglücks gleich. Wenn die Aufschlagstheorie richtig ist, sind die wahrscheinlichsten Aufenthaltsorte für intelligentes Leben nicht die schweigenden, friedlichen Planeten, sondern gefährliche Welten voller Unheil. Im himmlischen wie im irdischen Leben muß man die Weisheit dort suchen, wo das Leben hart ist.

Im Atomzeitalter muß eine solche Geschichte die Moral enthalten, daß wir, wenn wir den falschen Knopf drücken, erleben, was eine Katastrophe ist, aber auf der Seite der Verlierer. Wir werden nicht alles Leben auf der Erde vernichten; das übersteigt, trotz gegenteiliger Behauptungen, nun doch unsere Zerstörungskraft. Wir könnten allerdings viele Arten ausrotten, vor allem die Landbewohner, die in der Nahrungskette ganz oben stehen, und da insbesondere uns selbst. Die Situation birgt insofern eine schreckliche Parallele, als der Schaden, den wir anrichten würden, uns selbst am

meisten träfe. Sobald sich der Staub verzogen, die Strahlung nachge-
lassen hätte und die Schaben nicht mehr wie wild umherrennen
würden, würden neue Arten auftauchen. Einige davon – vielleicht
die Termiten mit ihrem flexiblen Verhalten und ihren eindrucksvol-
len technischen Fähigkeiten – würden sich recht gut schlagen in
ihrem neuen Garten Eden, der auf den Trümmern unseres Untergangs entstünde. Ihre Gebete wären erhört worden. Aber würde
sich bei ihnen Intelligenz entwickeln? Und wären sie dann besser
dran?

Die manichäische Ketzerei

Liebe Nachwelt! Wenn Ihr nicht gerechter,
friedlicher und überhaupt vernünftiger sein
werdet, als wir sind, bzw. gewesen sind, so soll
euch der Teufel holen.
Albert Einstein,
Botschaft für eine Dokumentenkapsel

König Belsazar von Babylon feierte ein rauschendes Fest − er und
viele tausend Höflinge, Prinzen, Frauen und Konkubinen, die tanz-
ten und zechten und aus verzierten Kelchen Wein tranken und
falsche Götter aus Gold, Silber, Holz und Stein verehrten −, als die
Hand erschien und die Worte MENE MENE TEKEL UPHAR-
SIN an die Wand schrieb. Belsazar wurde bleich, seine Knie zitter-
ten − und das, noch bevor er wußte, was die Worte bedeuteten. Er
wurde noch bleicher, als die Dolmetscher die Schrift übersetzten:
»Man hat dich auf der Waage gewogen und für zu leicht befunden.«
Es erübrigt sich festzustellen, daß die Hand wußte, was sie schrieb:
Belsazar wurde noch in derselben Nacht ermordet, wie der Prophet
Daniel schreibt. Das war im Jahr 539 vor Christus.

Heute (um die Moralpredigt fortzusetzen) leisten wir uns in der
industrialisierten Welt ein tolles Fest und merken allmählich, daß
die Uhr abläuft. Wir haben die Vorräte unseres kleinen Planeten
geplündert, als gäbe es kein Morgen, Luft und Wasser verschmutzt,
Löcher in die Atmosphäre gerissen, ganze Tier- und Pflanzenarten
ausgerottet, ohne das überhaupt zur Kenntnis zu nehmen, und die
Welt mit so vielen tödlichen Waffen bestückt, daß wir die Menschheit über Nacht vernichten können. Es überrascht kaum, daß wir
uns manchmal fragen, ob die Menschheit ebenfalls gewogen und für
zu leicht befunden wird.

Die fossilen Zeugnisse bieten wenig Trost. Neunzig Prozent aller
Arten, die jemals auf der Erde lebten, verschwanden schließlich
wieder, viele davon als Opfer weltweiter Katastrophen, die in mancher Hinsicht einem Atomkrieg, dem Aufheizen der Erdatmosphäre, der Zerstörung der Ozonschicht und den anderen erschrek-

148

kenden Zukunftsaussichten ähneln, die wir uns mit großem Eifer ermöglichen. Wir sind auch nur eine Art; was sollte uns daran hindern, das Schicksal der schweigenden Mehrheit zu teilen?

Da dies ein Buch über wissenschaftliche Fragen ist, möchte ich unser Dilemma in Gestalt einer wissenschaftlichen Formel darstellen. Die sogenannte Drake-Gleichung, benannt nach dem Astronom Frank Drake, den wir schon als Wegbereiter der SETI kennengelernt haben, stellt eine grobe Methode dar, die Zahl der intelligenten Zivilisationen in der Galaxis zu schätzen. Sie lautet:

$$N = N^* f_p n_e f_l f_i f_c L$$

Die Drake-Gleichung will N bestimmen, die heutige Zahl der kommunikativen Welten in der Milchstraße. Dazu stellt sie sieben Fragen, die durch die sieben Glieder auf der rechten Seite der Gleichung verkörpert werden. Das sind:

N^*: Wie viele Sterne gibt es in der Milchstraße? (Etwa 400 Milliarden.)

f_p: Wie viele dieser Sterne haben Planeten? (Vielleicht die Hälfte, aber um zurückhaltend zu sein, sagen wir zehn Prozent oder 40 Milliarden.)

n_e: Auf wie vielen dieser Planeten ist Leben möglich? (Falls das Sonnensystem typisch ist, hat jeder Stern etwa zehn Planeten, von denen einer wie die Erde auf einer Umlaufbahn in einer gemäßigten Zone kreist, in der Wasser in allen drei Formen vorkommt – flüssig, fest und als Dampf. Dort könnte Leben existieren, wie wir es kennen. Bei der vielleicht sehr großzügigen Annahme, daß jedes dieser Systeme einen solchen Planeten hat, kommen wir bei n_e auf geschätzte hundert Prozent. In dem Fall beherbergt die Galaxis etwa 40 Milliarden fruchtbare Planeten.)

f_l: Auf wie vielen der Planeten, auf denen sich Leben entwickeln kann, hat es tatsächlich Leben gegeben? (Das Leben begann sehr früh in der Erdgeschichte, so daß wir hier auf einhundert Prozent kommen könnten. Aber selbst wenn wir nur auf jeden zehnten Planeten tippen, ergibt sich immer noch eine Ausbeute von vier Milliarden lebentragenden Planeten.)

f_i: Auf wie vielen Planeten entwickelt sich intelligentes Leben? (Wie schon erörtert, wissen wir über den Ursprung der Intelligenz nicht sehr viel; möglicherweise ist er weitgehend vom Zufall abhängig. Falls die Chancen gegen die Intelligenz hundert zu eins stehen, gäbe es in der Milchstraße immer noch 40 Millionen Planeten mit intelligentem Leben.)

fc: Wie viele dieser intelligenten Arten besitzen eine interstellare Kommunikationstechnologie? (Wir haben von der Steinzeit bis zum Radioteleskop nur zehntausend Jahre gebraucht. Der Sprung von der Intelligenz zur Kommunikationstechnologie erfolgt im allgemeinen also vielleicht sehr schnell. Ich schätze fc auf eins zu zehn oder vier Millionen Planeten.)

L: Wie lange überleben technologisch erfahrene Arten normalerweise?

Hier, beim letzten Glied der Drakeschen Gleichung, wird SETI besonders heikel – und zwar aus zwei Gründen. Da wir erstens von keiner anderen Zivilisation als der unseren wissen, läuft es, wenn wir L einen Wert zuweisen, auf ein Abschätzen unserer eigenen Überlebensaussichten hinaus. Zweitens erweist sich die Lösung der Drake-Gleichung – unsere beste Schätzung, wie viele kommunikative Welten es heute in der Galaxis gibt – als stark abhängig von deren durchschnittlicher Lebensdauer. Wenn beispielsweise technologisch hochstehende Gesellschaften sich im Normalfall zehn Millionen Jahre halten, lassen unsere Berechnungen vermuten, daß gegenwärtig etwa viertausend derartige Gesellschaften in unserer Galaxis existieren, und die Chancen, eine davon im Rahmen einiger Jahrzehnte SETI zu entdecken, sind nicht schlecht. Wenn dagegen technologisch fortgeschrittene Gesellschaften im allgemeinen nur etwa zehntausend Jahre existieren, kommen wir mit der gleichen Berechnung auf heute nur vier Gesellschaften in der Galaxis, und SETI scheidet als Suchmaßnahme für Jahrhunderte aus.

Die L-Uhr fängt an zu laufen, sobald eine Gesellschaft in die Lage kommt, Radiosignale durch den interstellaren Raum zu senden und zu empfangen; wir Erdenbewohner haben diese Fähigkeit vor ein paar Jahrzehnten erworben, so daß der lokale Wert von L noch weniger als hundert Jahre beträgt. Wenn das typisch ist – wenn uns, mit anderen Worten, bestimmt ist auszusterben oder innerhalb der nächsten etwa einhundert Jahre in ein Stadium aus der Zeit vor dem Radioteleskop zurückzufallen, und wenn ein solches Schicksal typisch für kommunikative Welten ist –, dann sind wir in der Galaxis allein und die Aussichten für SETI düster, und die Lage könnte wie folgt charakterisiert werden:

Das Schlechteste, was SETI uns melden könnte, wäre ein kleiner Wert für L.

Es sind einige weniger unheilvolle Gründe vorstellbar, aus denen fremde Zivilisationen ihre Sendungen einstellen könnten. Sie könnten ihre Umwelt durch Funkrauschen so »verschmutzen«, daß jede interstellare Kommunikation blockiert würde (etwas Derartiges bedroht heute bereits unsere eigenen SETI-Bemühungen), oder das Interesse an SETI verlieren, nachdem sie lange ins All gelauscht und nichts empfangen haben, oder einer überdrüssigen, egoistischen Haltung verfallen und dem übrigen Universum die kalte Schulter zeigen. Was die SETI-Verfechter jedoch am meisten beunruhigt, ist die Möglichkeit, daß fortschrittliche Zivilisationen meistens deshalb verstummen, weil sie sich selbst vernichten. Falls dem so ist – falls technologisch leistungsfähige Arten wie Eintagsfliegen sind –, ist SETI hoffnungslos (und dann auch fast alles übrige).

Es hat etwas zutiefst Befriedigendes, sich in Endzeitszenarien zu vertiefen, und jahrhundertelanges Schorfkratzen hat eine Unmenge Meinungen hervorgebracht, warum für die Menschheit vielleicht keine Hoffnung besteht. Vier der etwas dauerhafteren populären pessimistischen Szenarien haben mit Macht, Fehlbarkeit, Aggression und Untergang zu tun.

Das Macht-Szenario behauptet, die Technologie selbst fördere die Selbstzerstörung. Der Besitz von Hochtechnologie bedeute Manipulation der Macht; Macht könne sowohl vernichten wie aufbauen, und sobald eine Art genügend Macht besitze, sich selbst zu vernichten, reiche ein einziger Fehler, sie zum Untergang zu verurteilen. Ich nenne es das Phaëton-Syndrom. Phaëton war der sterbliche Jüngling, der einmal den Sonnenwagen am Himmel lenken wollte, was sonst allein seinem Vater, dem Gott Apollo, gebührte. Phaëton verlor die Gewalt über den Wagen, und die Sonne geriet aus ihrer Bahn und verbrannte ihn und die Erde. (Wie Ovid in seinen ›Metamorphosen‹ erzählt, brach eine stark mitgenommene Mutter Erde in lautes Wehklagen aus: »Sieh hier mein Haar, das versengte, Und in den Augen die glühende Asche und über dem Munde! ... Das ist der Fruchtbarkeit Lohn!«)

Je mehr Macht die Technologie uns gibt, desto größer ist die Gefahr, daß es zu einem Unglück kommt, sobald wir die Herrschaft über sie verlieren. Unsere bisherigen irdischen Erfahrungen bestätigen das ganz offensichtlich. In nicht einmal einem Jahrhundert haben wir unseren Energieverbrauch vertausendfacht und damit zwar das Leben Hunderter von Millionen Menschen in nicht gekanntem Ausmaß erleichtert, aber Mutter Erde dabei so verletzt, daß wir das Schreckgespenst einer weltweiten Umweltkatastrophe heraufbeschworen haben. Im gleichen Zeitraum hat sich das Zerstörungspotential der Waffen auf der Welt um mehr als das Einmillionenfache erhöht, was hauptsächlich auf die Flut der Atomwaffen zurückging, die – Phaëton läßt grüßen – auf der Kernfusion beruhen, dem gleichen Prinzip, das die Sonne antreibt. Im Schreckenskatalog der tödlichen technologischen Gefahren von der globalen Erwärmung bis zur chemischen und biologischen Kriegführung erreicht noch nichts die Bedrohung durch die Atomwaffen. Die Explosion nur eines Bruchteils davon würde zur größten Katastrophe in der Geschichte der Menschheit führen, die den Homo sapiens und viele andere Arten an den Rand des Untergangs brächte und vielleicht auch darüber hinaus. Der Physiker Kosta Tsipis vom Massachusetts Institute of Technology erklärt dazu: »Wir haben die Macht, Ereignisse vom Zaun zu brechen, die sich gänzlich unserer Beherrschung entziehen.«

Während diese Zeilen entstehen, breitet sich dank einer Tauwetterperiode im kalten Krieg die Hoffnung aus, daß die Bedrohung durch ein nukleares Unglück abnimmt. Der richtige Weg, eine Gefahr zu beurteilen, ist jedoch der, die Wahrscheinlichkeit ihres Eintretens mit der Schwere der voraussichtlichen Folgen zu multiplizieren, und da die Schwere eines Atomkriegs praktisch unendlich ist, ist es wenig tröstlich, hinter dem Komma die Wahrscheinlichkeit zu verringern, daß er zu einem bestimmten Zeitpunkt und an einem bestimmten Ort ausbricht. Damit die nukleare Abschreckung greift, darf sie nie versagen, und nie ist eine lange Zeit. Stellen Sie sich vor, Sie werden an jedem Tag Ihres Lebens aufgefordert, den Lauf einer Roulettekugel vorauszusagen. Wenn eine bestimmte Zahl kommt, wird die Welt zerstört; andernfalls passiert nichts, und das Leben geht einen Tag weiter. Stellen Sie sich weiter vor, daß es vor zwanzig Jahren drei Todeszahlen waren, heute dagegen nur noch eine. Das heißt, Sie sind statistisch sicherer als früher, denn die tägliche Wahrscheinlichkeit, vernichtet zu werden, ist von 3:38 (das amerikanische Roulette hat 38 Zahlen) auf nur noch 1:38 gefallen. Trotzdem können Sie nicht damit rechnen, immer zu gewinnen; früher oder später kommt die Zahl, und wenn sie kommt, ist die

Strafe entsetzlich genug, jede Befriedigung zunichte zu machen, die Sie vielleicht bei Ihrem Leben mit geborgter Zeit erlangt haben. Das ist die mißliche Lage, in der die menschliche Spezies bleibt, solange wir ein Vernichtungspotential in der Größenordnung der gegenwärtigen 50 000 Atomsprengköpfe haben.

Es ist jedoch zu spät, Apollo die Zügel des Sonnenwagens zurückzugeben. Auch wenn wir unsere atomaren Waffenarsenale abbauen können und sollten, unser Wissen um die Kernfusion oder die Genchirurgie oder die anderen Spielarten der Macht, die unsere Zukunft bedrohen, bleibt bestehen. Wir haben keine andere Wahl, als den Sonnenwagen weiterzulenken; unsere einzige Hoffnung ist, daß wir lernen, ihn richtig zu lenken. Dafür sind Geschicklichkeit, Voraussicht und Nervenstärke die passenden Eigenschaften. Vielleicht sollten wir uns daran erinnern, daß Phaëton nicht deshalb abstürzte, weil ihm die Kraft ausging, sondern weil er seine Fassung verlor:

Wie aber Phaëton gar, der unselige, hoch von dem Himmel
Unten die Länder erblickte, die tiefer und tiefer sich dehnten,
Wurde er bleich, in plötzlichem Schrecken erbebten die Knie,
Und vor der Fülle des Lichts umwogte ihm Dunkel die Augen.
Ach, ihn reut, daß er je die Rosse des Vaters verlangte,
Daß er die Herkunft erfuhr, die Erfüllung der Bitte ertrotzte;
...
Auch die erstaunlichen Wunder, mit denen der Himmel besät ist,
Bebend erschaut er sie alle, die Bilder der riesigen Tiere.
Siehe den Ort: dort krümmt in doppeltem Bogen die Arme
Der Skorpion und streckt mit dem Schwanz und den Scheren, die
                                zwiefach
Greifen, den Leib in den Raum, den sonst zwei Bilder bedecken.
Als ihn der Knabe erblickt, wie er, triefend von schwärzlichem
                                Giftschweiß,
Ihn mit Verwundung bedroht – er zückt die gebogene Spitze –,
Läßt er in kaltem Entsetzen und sinnlos die Zügel entgleiten.

Dort befinden wir uns heute – in das schreckliche Dunkel eines gleichgültigen Universums starrend, Auge in Auge mit einer Zukunft, in der wir irgendwie lernen müssen, klug mit den Kräften der Sterne umzugehen. Haben wir das Zeug, uns in einem so gefährlichen Augenblick zu behaupten?

Das zweite pessimistische Beispiel, der tödliche Fehler, meint, daß wir es nicht haben. Arthur Koestler drückte das ganz allgemein aus, ohne genauer darauf einzugehen, worin unser tödlicher Fehler liegen könnte, und sagte: »Die Evolution hat zahlreiche Fehler gemacht.« Er schrieb:

Für jede bestehende Art müssen in der Vergangenheit Hunderte untergegangen sein; die fossilen Zeugnisse sind ein Abfallkorb der ausrangierten Hypothesen des Chefkonstrukteurs. Es ist gar nicht unwahrscheinlich, daß auch der Homo sapiens das Opfer eines kleineren Konstruktionsfehlers ist – vielleicht im Schaltkreis seines Nervensystems –, der ihn zur Selbsttäuschung neigen läßt und ihn zur Selbstzerstörung treibt.

Koestler irrt sich in seiner Formulierung vielleicht dort, wo andere Arten betroffen sind: Wie wir gesehen haben, gingen viele Arten bei Katastrophen unter, nicht weil sie unvollkommen waren, sondern wenn, dann höchstens weil sie zu gut an Bedingungen angepaßt waren, die sich abrupt änderten. Aber auf den Menschen angewandt, ist sie sinnvoll, denn wir haben uns im Gegensatz zu den anderen Tieren die Macht angeeignet, die erforderlich ist, uns selbst auszurotten. Vielleicht sind wir wirklich zu einfältig, zu kurzsichtig, zu engstirnig oder selbstsüchtig, zu ungehobelt oder leichtfertig, diese Macht klug einzusetzen, und dazu verurteilt, uns in eine hoffnungslose Lage zu bringen, aus der uns nicht einmal mehr unsere vielbeschworene Anpassungsfähigkeit retten kann.

Wenn das zutrifft, dann glaube ich nicht, daß wir an dieser Misere viel ändern können. Vielleicht könnten wir Kontakt zu einer älteren und klügeren fremden Zivilisation aufnehmen, die uns beibringen würde, wie wir unsere Überlebenschancen verbessern, aber ich bezweifle, daß ihre Klugheit uns weiterhelfen würde. Wir wissen doch schon, was wir tun sollten – wir sollten uns lieben, die Erde mit Respekt behandeln und so handeln, daß unsere Großeltern und Enkelkinder zustimmen würden –, aber viel zu oft tun wir es nicht. Abgesehen vom Tod durch ein kosmisches Ereignis hängt die Frage, ob wir überleben, höchstwahrscheinlich davon ab, ob wir es verdient haben zu überleben. Überleben wir nicht, haben wir es auch nicht verdient. In diesem Sinne werden wir tatsächlich auf der Waage gewogen.

Als einzige Art im Universum, die für das Schicksal der menschlichen Spezies verantwortlich ist, sollten wir, wie ich meine, jede uns angebotene Lösung ablehnen, die von uns die Aufgabe unserer Menschlichkeit verlangt. Die Anwendung der Eugenik – genetische Veränderungen beim Menschen mit dem Ziel, seine Anlagen zu »verbessern« – ist eine solche Alternative. Eine andere wäre, unsere Verantwortung an eine fremde oder künstliche Intelligenz abzutreten, wie in dem Science-fiction-Film ›Der Tag, an dem die Erde stillstand‹, in dem eine intelligente Spezies einen Teil ihres Schicksals in die Hände von Robotern gibt, die unwiderruflich darauf programmiert sind, jeden zu unterdrücken oder zu vernichten, der Gewalt anwendet. Lösungen wie diese würden vielleicht unsere Erfolgschancen erhöhen, aber es wäre ein wertloser Sieg. Würden die besten Ingenieure ein »perfektes« menschenähnliches Wesen schaffen, das ohne jeden Fehler oder jede menschliche Schwäche wäre, und diesen prächtigen Prototypen auf die Straße lassen, ich glaube, sofort würde sich ein Haufen Menschen auf ihn stürzen und ihn in Stücke reißen. Wir sind vielleicht nicht vollkommen, aber wir sind, wer wir sind, und ein Überleben ist wertlos, wenn es um den Preis unserer Identität erkauft wird. Was soll es einer Art nützen, das ganze Universum zu gewinnen und dafür ihre Seele aufzugeben?

Der apokalyptische Fatalismus, der grausamste aller vorstellbaren Wege zum Ruin, verkündet, daß unser Tod vorherbestimmt ist und deshalb durch nichts, was wir tun oder denken, beeinflußt werden kann. Der Fatalismus steht bei den religiösen Fundamentalisten hoch im Kurs, die erklären, daß wir uns um die Zukunft unserer Art keine Gedanken zu machen brauchen, weil es keine Zukunft gibt. Der apokalyptische Fatalismus, der einigermaßen harmlos ist, solange er sich auf Propheten mit Sandalen und Reklameplakaten beschränkt, kann auf den Korridoren der Macht zur Gefahr werden. James Watt, Innenminister unter Präsident Reagan, sagte vor einem Kongreßausschuß, die Amerikaner brauchten sich nicht wegen der langfristigen Folgen ihrer Umweltmaßnahmen zu sorgen: »Ich weiß nicht, mit wie vielen künftigen Generationen wir noch rechnen können, bis der Herr wiederkommt.« Und Reagan selbst vertrat die Ansicht, die Schlagzeilen der Zeitungen erfüllten die Prophezeiungen der Bücher aus alter Zeit, die das baldige Ende der Welt voraussagten. Man mag mich einen Angsthasen nennen, aber mir ist unwohl, wenn Entscheidungen über unsere Zukunft von Menschen getroffen werden, die glauben, daß der Planet ohnehin nicht mehr lange existiert.

Die Wurzeln des apokalyptischen Fatalismus liegen in der religiösen Überzeugung, daß der Mensch Gottes unwürdig ist, eine Ansicht, die alsbald zu der ketzerischen Meinung verkommen kann, der Mensch sei auch unwürdig zu existieren. (Ich nenne das ketzerisch, weil es uns erlaubt, uns der Verantwortung für das Wohlergehen unserer Mitgeschöpfe und Nachkommen zu entziehen, und wenn das kein Frevel ist, was dann?) Aber fatalistische Prognosen haben auch in weltlichen Kreisen Hochkonjunktur. Vor dreißig Jahren sagte der englische Physiker C.P. Snow voraus, daß ein Atomkrieg bevorstehe und »fügte hinzu«, wie Charles Krauthammer sich erinnert, »daß seine Ansicht keine Frage der Meinung oder Spekulation war, sondern wissenschaftliche Gewißheit«. 1968 sagte der Biologe Paul Ehrlich voraus, daß die amerikanische Weizenernte bis 1983 als Folge der Umweltverschmutzung, Überbevölkerung und Pestizide unter 25 Millionen Tonnen sinken werde und daß es zu Lebensmittelrationierungen kommen werde. (Die Weizenernte der USA erbrachte 1983 mehr als 76 Millionen Tonnen.) Der Club of Rome sagte 1972 in einer oft zitierten und auf umfassenden Computermodellen beruhenden Studie voraus, daß auf der Erde bis zum Jahr 1990 Gold, Silber, Quecksilber und Zinn knapp würden; auch das ist nicht eingetreten.

Es ist nicht meine Absicht, die Bemühungen der Autoren dieser Voraussagen herabzusetzen, sondern darauf hinzuweisen, wie schwer so etwas ist; der Physiker Niels Bohr bemerkte dazu: »Es ist sehr schwer, eine genaue Voraussage zu machen, vor allem über die Zukunft.« Das Verhalten des Menschen ist deshalb kaum im voraus zu bestimmen, weil die Menschen anpassungsfähig und schöpferisch sind, und derartige Eigenschaften eignen sich nicht für Computerprognosen. Alle ansteigenden Kurven, die unerwünschte Trends im menschlichen Verhalten zeigen – sei es Bevölkerungswachstum, Raubbau an Rohstoffen oder Kohlendioxid in der Atmosphäre –, nähern sich dem Unendlichen an, wenn sie weit genug gezeichnet werden, aber wir bestimmen den Kurvenverlauf, nicht umgekehrt. Die Intelligenz macht die Zukunft ungewiß, zum Besseren wie zum Schlechteren; es ist nicht realistischer zu behaupten, daß wir blind einem unausweichlichen Schicksal zustreben, als zu erklären, daß unserer Art eine herrliche Zukunft winkt.

Der vierte Gedanke gegen einen langfristigen Erfolg unserer Art – meines Erachtens auch der unheilvollste – besagt, daß wir die Gefangenen unserer eigenen Aggressivität sind. Er stellt die Natur als durch und durch blutrünstig dar und schreibt den Aufstieg des Menschen allein seiner Skrupellosigkeit zu. Skrupellos sind wir ohne Zweifel; weder die Wassermokassinschlange noch der Menschenhai noch das Typhusbazillus können uns die Rolle als größtem Killer, Folterer und Ausbeuter streitig machen, den diese Welt bis heute hervorgebracht hat. Und so gefährlich wir als einzelne sind, noch bedrohlicher sind unsere Nationalstaaten, die aus Stämmen entstanden, die sich einen Namen machten, indem sie sich bekriegten. Staaten haben den ganzen geometrisch unbehelligten Planeten mit hartnäckig verteidigten Grenzen überzogen und behandeln einander derart rechtswidrig und selbstherrlich, daß, wären sie Einzelpersonen, eine Gefängnisstrafe gerechtfertigt wäre. Die Hoffnung ist gering, so ist zu fürchten, daß zwischen derart despotischen, barbarischen, herzlosen und scheinheiligen Organisationen wie den aus Menschen bestehenden Nationalstaaten ein dauerhafter Friede gestiftet werden kann.

Die Sicht der Natur als durch und durch blutrünstig läßt sich, mit entsetzlichen Weiterungen, in interstellarem Maßstab verallgemeinern. Falls der Homo sapiens seine Herrschaft auf der Erde seiner unheilvollen Neigung zur Gewalt verdankt, dann legt unser Beispiel die Vermutung nahe, daß jede Art, die ihren Planeten beherrscht, wohl zu verschlagen ist, um Frieden zu bewahren. Man könnte daher annehmen, daß fortschrittliche Zivilisationen sich einfach deshalb selbst vernichten, weil sie mit der Vernichtung zu tun haben; sie haben mit dem Schwert gelebt und sind durch das Schwert umgekommen. Diese düstere Möglichkeit kann auf die Ebene des Kriegs der Sterne gehoben werden (falls das der richtige Ausdruck ist): Man kann sagen, wenn es in einer Galaxis viele Zivilisationen gibt, einige feindselige und einige friedliebende, dann haben die feindseligen die friedliebenden unterdrückt, so daß jede Gesellschaft, von der wir eine Botschaft erhalten, von Hause aus böswilliger Absichten verdächtig ist. Wenn die Milchstraße von Tyrannen und Kriegstreibern beherrscht wird, wären wir liebend gern allein in ihr (auch wenn uns vorgegeben ist, uns selbst den Garaus zu machen).

Ich fürchte, an diesem Gedanken ist etwas dran, meine aber doch, daß trotz der dunklen Wolken noch Hoffnung besteht. Auf der Erde machen wir die Erfahrung, daß gewalttätige Menschen friedlicher werden können: Wenn sich die Zeiten ändern, wird der Pirat vielleicht seßhaft und kauft sich ein Gouverneursamt, der Straßenräuber wird zum braven Bürger oder der Drogenboß verlegt sich ganz darauf, sein Geld in Investmentfonds zu stecken und seiner Tochter Schecks für das College zu schicken. Vielleicht kann sich bei Staaten etwas Ähnliches ereignen, sobald deutlich wird, daß hemmungsloser Militarismus nichts mehr einbringt. Wettrüsten und Eroberungsfeldzüge sind letztlich wie jede Wachstumskurve: Sie können nicht ewig dauern, ohne auf starke Kräfte zu stoßen, die sie schwächen. Wo Leben ist, ist auch Hoffnung auf Frieden, selbst für die Gewalttätigen.

Wenn SETI, wie ich gesagt habe, uns einen Spiegel vorhält, in dem wir die Möglichkeiten unseres Schicksals betrachten können, zeigt sie uns vielleicht auch einen Weg, unsere Überlebenschancen abzuwägen. Eine ausgedehnte Suche nach extraterrestrischer Intelligenz, bei der nichts herauskäme, wäre ein Zeichen dafür, daß die technologische Entwicklung tatsächlich ein äußerst riskantes Vorhaben ist. Wenn wir dagegen auch nur eine einzige fremde Zivilisation entdeckten, wäre schon deren Existenz ein Grund zum Optimismus: Ganz abgesehen von der Frage, ob sie uns aufgrund ihrer eigene Erfahrungen Tips für das Überleben geben könnte, würde die Tatsache, daß es sie da draußen gibt, bedeuten, daß Technologie zwar gefährlich ist, aber nicht unbedingt tödlich.

Der Literaturkritiker Edmund Wilson warnte seine Freunde vor der, wie er sie nannte, »manichäischen Ketzerei, sich dem Gedanken hingeben, daß das Schicksal der Welt ungewiß ist und die Kräfte des Bösen triumphieren können«. Der Manichäismus, im dritten Jahrhundert von einem Perser namens Mani, »Der Erleuchter«, gegründet, ist eine dualistische gnostische Religion, die das moralische Universum aufteilt in ein Reich Gottes, in dem Verständnis, Vernunft, Musik und Frieden herrschen, und ein Reich des Bösen, in dem Chaos, Dummheit, Lärm und Krieg dominieren. Die manichäische Ketzerei, auf die sich Wilson bezog, ist der Glaube, daß die Kräfte der Dunkelheit siegen könnten – während das christliche Universum von Gott beherrscht wird und Satan nur durch Seine Langmut weiterbesteht (vielleicht weil wir sonst nicht unseren freien Willen beweisen könnten oder, etwas weniger ehrfurchtsvoll, weil eine vom Bösen verschonte Welt für Gott einfach zu langweilig wäre).

Mit theologischen Überlegungen über das Wesen des Ketzerischen wird in SETI-Kreisen verständlicherweise kurzer Prozeß gemacht, und die einzige ehrliche Antwort auf die Frage, ob das Universum des Lebens manichäisch ist, lautet, daß wir es nicht wissen. Aber wenn wir die Antwort auf eine wichtige Frage nicht kennen, besteht eine Möglichkeit weiterzukommen darin zu fragen, welche Untersuchungsmethode am ehesten verspricht, den Lernprozeß zu erleichtern. Der britische Astrophysiker Arthur Stanley Eddington nahm diese Haltung in den zwanziger Jahren ein, als er auf das wissenschaftliche Rätsel der Spiralnebel stieß. Einige Astronomen glaubten, jeder Nebel sei eine Galaxis von Sternen, der unseren vergleichbar; andere meinten, die Nebel seien sonnensystemgroße Wirbel aus Gas in unserer Galaxis, die ihrerseits das gesamte Universum darstelle. Die erste Hypothese konnte bestätigt werden, wenn die Nebel in einzelne Sterne aufgelöst wurden, doch das ging über die Leistungsgrenze der damaligen Teleskope hinaus; letztere würde triumphieren, wenn Spektralanalysen der Nebel ergaben, daß sie gasförmig waren – aber die Spektren erwiesen sich verwirrenderweise als stellar. Das hieß, die Nebel bestanden, falls sie gasförmig waren, aus einer noch unbekannten Materie. Eddington setzte bei dieser Diskrepanz an und sprach sich für die Galaxis-Hypothese aus, weil sie ihm als die geistig ergiebigere der beiden erschien: »Wenn die Spiralnebel sich innerhalb des Stellarsystems befinden, haben wir keine Ahnung von ihrer Beschaffenheit«, schrieb er.

Diese Hypothese führt uns in eine Sackgasse ... Geht man jedoch davon aus, daß diese Nebel außerhalb des Stellarsystems liegen, daß sie also eigene Systeme von der Art des unsrigen sind, besitzen wir wenigstens eine Hypothese, der man nachgehen kann und die unsere Probleme in einem neuen Licht zu zeigen vermag.

SETI ist etwas Ähnliches. Wenn wir annehmen, daß technisch hochstehende Zivilisationen dem Untergang geweiht sind, entmutigt uns das sowohl, mit unseren Radioteleskopen nach ihnen zu suchen – nachdem wir in unserer Klugheit zu dem Schluß gekommen sind, daß sie nicht überleben – als auch, für unsere eigene

Spezies eine strahlende Zukunft zu erhoffen. Lieber das Beste hoffen und daran glauben, daß Intelligenz und technische Einrichtungen im Universum ganz allgemein belohnt werden, und deshalb auch Augen und Ohren offen halten. Der ist der Klügste, der sich erinnert, wie wenig er weiß. Einstein schrieb einmal einem Schüler, der ihn in einem Brief nach dem Ende der Welt gefragt hatte: »So rate ich: abwarten und zusehen!«

Die Bibliothek am Amazonas

> In der ganzen ungeheuren Bibliothek gibt es nicht
> zwei Bücher, die identisch sind.
> *Jorge Luis Borges*
> *›Die Bibliothek von Babel‹*

> Hölle ist Wahrheit, die zu spät erkannt wird.
> *John Locke*

Der Regenwald verschwindet, wie jeder weiß. 110 000 Quadratkilometer Wald, eine Fläche, die der des Staates New York entspricht, gingen allein 1988 am Amazonas in Rauch auf, während weitere 48 500 Quadratkilometer als Nutzholz gefällt wurden; ein Zehntel des grünen Dachs am Amazonas ist bereits vernichtet. In anderen Tropenregionen ist es noch schlimmer. Noch vor einem Jahrhundert war die Hälfte Indiens und ein Drittel Äthiopiens von Wald bedeckt; die heutigen Zahlen lauten vierzehn Prozent für Indien und weniger als zwei Prozent für Äthiopien. Von zehn Bäumen in Ghana sind acht gefällt worden, an der Elfenbeinküste drei Viertel. Insgesamt ist vielleicht ein Drittel der tropischen Wälder der Erde ein Opfer von Feuer und Kettensäge geworden, und das Tempo der Zerstörung nimmt weiter zu. Im Amazonas-Becken, einem grünen Meer fast von der Größe Australiens, werden wir Zeugen der Dezimierung des letzten großen Regenwaldes im uns bekannten Universum.

Das massive Abholzen hat viele häßliche Folgen – Verschmutzung von Luft und Wasser, Bodenerosion, Malariaepidemien, die Freisetzung von Kohlendioxid in die Atmosphäre und die Vertreibung der heimischen Indianerstämme –, aber am bedrohlichsten ist auf lange Sicht der Raubbau an der Vielfalt des Lebens. Wenn das Abbrennen der Wälder am Amazonas zu mehr Sorge berechtigt als etwa das Abholzen der Bergwälder im antiken Griechenland für den Bau von Festungsanlagen und Trieren oder die Umwandlung von neun Zehnteln der Urwälder Nordamerikas in Brennholz, Dachschindeln und Eisenbahnschwellen, dann deshalb, weil die tropischen Regenwälder biologisch so mannigfaltig sind. Obwohl sie nur sieben Prozent der Landfläche der Erde bedecken, bergen die Regenwälder mehr als die Hälfte aller Pflanzen-, Insekten- und Tierarten der Welt. Ein kleiner See in Brasilien kann eine größere Artenvielfalt an Fischen aufweisen als alle Flüsse Europas zusammen; zehn Hektar Regenwald auf Borneo beheimaten unter Umständen über siebenhundert verschiedene Baumarten, was der gesamten Artenvielfalt Nordamerikas entspricht; der Nationalpark Manu in Peru ist die Heimat von mehr Vogelarten als die gesamten Vereinigten Staaten aufzuweisen haben; und auf einem einzigen Baum in Peru hat man dreiundvierzig Ameisenarten gefunden, fast so viele, wie es auf den Britischen Inseln insgesamt gibt.

Hunderttausende dieser Arten werden mit dem Verschwinden der Wälder ausgerottet. Die meisten gehen unter, bevor sie überhaupt bestimmt worden sind, geschweige denn aufgenommen und erforscht. Der Verlust ist in seiner Größe buchstäblich unabsehbar; der Insektenforscher Edward O. Wilson von der Harvard University schreibt:

Das Schlimmste, was in den achtziger Jahren passieren kann, ist nicht Energieverschwendung, wirtschaftlicher Zusammenbruch, ein begrenzter Atomkrieg oder Putsch durch ein totalitäres Regime. So schrecklich diese Ereignisse für uns wären, sie ließen sich in ein paar Generationen wieder wettmachen. Das eine Vorhaben der achtziger Jahre aber, das zu korrigieren Millionen Jahre erfordern würde, ist der Verlust der genetischen und Artenvielfalt durch die Zerstörung der natürlichen Lebensräume. Das ist der Wahnsinn, den unsere Nachkommen uns am wenigsten verzeihen werden.

Viele Menschen bemühen sich, die Zerstörung des Regenwaldes aufzuhalten, aber bisher hatten sie wenig Erfolg. Die Hindernisse sind meistens wirtschaftlicher Natur. Siedler aus den Elendsvierteln von Rio de Janeiro, die ein paar Hektar Land in Rondonia erhalten, können die Hoffnung hegen, ihre Kinder aus den Klauen der Armut zu befreien. Ein malaysischer Holzfäller kann einen guten Gewinn machen, wenn er ein Stück Wald fällt und das Holz nach Japan verkauft, wo es zu Sperrholzkisten und Verschalungsbrettern verarbeitet wird. Ein Bankier aus São Paulo kann ein Stück Land von der Größe einer texanischen Ranch abbrennen, es mit Gras einsäen, Vieh darauf weiden lassen und staatliche Subventionen, Steuerfreibeträge und Abschreibungen im Wert von Millionen dafür kassieren, daß er das Land »erschlossen« hat.

Da es um Geld geht, ist kaum jemand gerührt, wenn Ökologen und Wissenschaftler von der nördlichen Halbkugel mahnen, auf die Gewinne zu verzichten und die schönen Wälder in Ruhe zu lassen. Wenn sie gedrängt werden, sich auf das Problem einzulassen, erklären die Profiteure, daß derartige Proteste doch stark nach Heuchelei riechen. Wir in der industrialisierten Welt, so ihr Einwand, würden doch keine Tropenhölzer aus dem Regenwald kaufen, wenn wir die eigenen Wälder nicht vor langer Zeit schon abgeholzt hätten, und die Eingeborenen im Dschungel würden keine Jaguare, Ozelots und Otter abschlachten, wenn wir nicht lukrative Absatzmärkte für ihre Felle in Berlin, Paris und Tokyo böten. Sie haben nicht ganz unrecht.

Ich möchte daher Gründe für den Erhalt der tropischen Wälder anführen, die weder mit hehren Worten an ein ökologisches Bewußtsein noch an sentimentale Gefühle für die Pflanzen und Tiere appellieren, die ausgerottet werden, sondern ganz nüchtern die wirtschaftlichen Interessen derjenigen ansprechen, die in den Staaten leben, wo die Wälder wachsen. Was diese Leute wollen, ist im wesentlichen mehr Geld. Sie könnten es gebrauchen: Das jährliche Pro-Kopf-Einkommen in Brasilien liegt bei unter zweitausend Dollar und in den meisten Staaten mit Regenwäldern noch weit darunter, und ich werde mich nicht hier an einen Computer setzen, der mehrere Tausender gekostet hat, und schreiben, sie sollten sich nicht um ein besseres Leben bemühen. Die Frage ist, welcher Weg – die Vernichtung der Regenwälder oder ihre Erhaltung – ihnen und ihren Kindern eine bessere Zukunft verspricht. Die Antwort führt interessanterweise zu einer neuen Sicht der Beziehung zwischen Geist und Natur.

Der gegenwärtige Raubbau am Regenwald macht ein paar Leute für kurze Zeit reich. Die landwirtschaftliche Nutzung abgebrannter Regenwaldflächen am Amazonas ist selten auf längere Zeit möglich: Nicht einmal zehn Prozent des Bodens am Amazonas eignen sich für den dauerhaften landwirtschaftlichen Anbau; der größte Teil ist nach drei oder vier Ernten erschöpft; und viele der Tausende von Neubauern, die aus den brasilianischen Städten in die Wildnis im Westen gezogen und dem Ruf des Staates »Land ohne Menschen für Menschen ohne Land« gefolgt sind, mußten ihre ausgelaugten

Böden schon wieder aufgeben und weiterziehen und hinterlassen Felder mit ausgetrockneten Lehmböden und Teiche mit faulem, verseuchtem Wasser. Und auch der Wohlstand der Bauern hat sich kaum erhöht, ausgenommen dort, wo der Anbau staatlich gefördert wurde: Ein Rind braucht im Amazonas-Gebiet 8000 Quadratmeter Weideland; die meisten Viehfarmen machen Verlust und weisen lediglich aus steuerlichen Gründen auf dem Papier Gewinne aus.*
Um Gewinne einzuheimsen, sind sie real genug, allerdings vergänglich – der Regenwald hat, sobald er vernichtet ist, nichts mehr zu bieten –, und das große Geld machen ohnehin nicht die Holzfäller vor Ort und ihre korrupten Freunde in der Regierung, sondern die Unternehmen auf der nördlichen Halbkugel, deren Repräsentanten sich bei einem Cocktail in New York, Tokyo oder Berlin ins Fäustchen lachen, wenn sie die Trottel vom Land wieder einmal geleimt haben.

Das Ziel meiner Argumentation ist, daß die Trottel wach werden – begreifen, daß sie ihre Schätze zu billig weggeben, um Pfennige feilschen bei Rohstoffen, die schon bald Milliarden wert sind, und Geschäfte abschließen, gegen die der Verkauf von Manhattan für ein paar Kinkerlitzchen im Wert von zwanzig Dollar noch gerissen erscheint. Dabei rede ich nicht von Luftschlössern wie dem Wert, auf einem sauberen Waldboden zu laufen, den reinigenden Sauerstoff der Bäume zu atmen oder dem Gesang der Vögel unter dem Blätterdach zu lauschen. Ich plädiere auch nicht für den Tourismus, obwohl die langfristigen finanziellen Möglichkeiten des Abenteuertourismus nicht zu verachten sind. Ich spreche vielmehr von guten Gewinnen aus dem Regenwald, die schon zu Beginn des nächsten Jahrhunderts realisiert werden können, falls er dann noch existiert.

Um meine Argumente darlegen zu können, muß ich zunächst auf einige Entwicklungen in der Informatik, der Informationstheorie und der Genetik hinweisen.

In der Geschichte der Wissenschaft ist die Art, wie wir über die

---

* Obwohl Brasilien vor kurzem einige seiner Entwicklungsanreize zurückgenommen hat, belief sich die staatliche Förderung der Viehfarmen im Amazonas-Gebiet 1990 auf etwa 2,5 Milliarden Dollar, die zu Lasten der Steuerzahler gingen. Es überrascht nicht, daß Viehzüchter in den politischen Kreisen Brasiliens stark vertreten sind, so wie Nutzholzindustrielle in Thailand, Sarawak, Sabah und auf den Philippinen, wo der Baumbestand an Tropenhölzern in atemberaubendem Tempo abgeholzt wird.

Natur denken, immer durch die Werkzeuge beeinflußt worden, mit denen wir sie untersuchen. Die Uhr, in den Tagen Isaac Newtons der Gipfel der Technologie, regte dazu an, sich das Sonnensystem als Uhrwerk vorzustellen. Von der Dampfmaschine, dem Symbol der Industriellen Revolution, kamen thermodynamische Modelle, die Wirkungsweise, Leistung und schließlich den »Wärmetod« des sich ausdehnenden Universums betonten. Und so ist es auch beim Computer. Computer sind Geräte, die nichts anderes machen, als Informationsbits zu verarbeiten. Da sie das sehr gut machen – Wissenschaftler wenden Computer auf unendlich vielen Gebieten an, von Modellen für Gewitter und binäre Sterne bis zur Simulation epileptischer Anfälle –, fragt man sich, ob natürliche Systeme nicht selbst in irgendeiner Form informationsverarbeitende Systeme sind.

Wie ihre Vorgänger hat auch diese neue Auffassung nicht nur philosophische Auswirkungen, sondern auch praktische. Vor allem kann man Geld mit ihr verdienen. Wie unsere Vorfahren ein Vermögen mit dem Chronometer und der Dampfmaschine machten, werden die Vermögen von morgen vielleicht mit Informationen gemacht. Wenn das nach Luftschlössern klingt, dann denken Sie an das Textverarbeitungsprogramm, mit dem ich dieses Buch geschrieben habe: Es wurde vor gerade zehn Jahren von zwei Unternehmern entwickelt, die ganz klein mit Schulden in einer Garage anfingen; im letzten Jahr machte ihre Firma 300 Millionen Dollar Umsatz, war schuldenfrei und warf 80 Millionen Dollar Jahresgewinn ab. Daran ist nichts Unfaßbares, auch wenn das Programm selbst nur ein paar hundert codierte Zeilen umfaßt.

Sobald wir einmal anfangen, die Natur von der Seite der Daten und der Berechnung her zu betrachten, spielen zwei Besonderheiten des Computers als potentielle Revolutionäre unserer Auffassung von der Natur eine große Rolle.

Die erste besteht darin, daß Computer mit Algorithmen arbeiten. Ein Algorithmus ist ein Rechenvorgang mit einer unbestimmten Anzahl Schritte, wobei die Richtung jedes Schritts vom Ergebnis des vorigen Schritts abhängt. Alle Computerprogramme sind Algorithmen; jedesmal wenn ein Programmierer eine codierte Zeile schreibt, etwa »Wenn X größer als Y, dann arbeite Z ab«, verwendet er einen Algorithmus. Algorithmen unterscheiden sich vom Kalkül, das lange Zeit die wissenschaftlichen Gleichungen beherrscht hat, und die Unterschiede haben interessante Auswirkungen auf die wissenschaftliche Weltsicht.

Die entscheidenden Merkmale der Algorithmen kommen bei den sogenannten Zellautomaten gut zur Geltung, einer Klasse von Computerprogrammen, die der ungarische Mathematiker John von Neumann Anfang der fünfziger Jahre erfunden hat. Die »Zellen« eines solchen Programms sind rechnerische Einheiten. Jeder Zelle werden mehrere Anweisungen zugeordnet – ein Algorithmus –, die ihr sagen, wie sie auf das Verhalten benachbarter Zellen zu reagieren hat. Ein Programmierer kann etwa die Punkte auf einem Bildschirm wie Zellen behandeln und ein Programm schreiben, das jeden Punkt anweist, rot zu werden, sobald die Mehrzahl der Nachbarzellen grün ist, und blau zu werden, sobald diese Mehrheit gelb ist; das Ergebnis ist ein sich vielfach und endlos änderndes Farbmuster auf dem Bildschirm.

Das egalitäre Verhalten der Zellautomaten, bei denen Muster nicht auf Anweisung einer zentralen Größe entstehen, sondern durch das ständige Abstimmen vieler gleichrangiger Einheiten, weist offensichtliche Parallelen zu lebenden Systemen auf, von der Ameisenkolonie über den Sperlingsschwarm bis zu Gruppen von Börsenmaklern. Informatikforscher auf dem Gebiet des sogenannten »künstlichen Lebens« bedienen sich solcher Algorithmen beim Programmieren vom Computer berechneter Blumen, die wie echte Blumen wachsen und blühen, und vom Computer berechneter Vogelschwärme, die wie echte Vögel fliegen; sie führen »künstliche 4-H-Wettbewerbe« durch und verleihen Preise für das lebensechteste Programm. Das Verhalten der Zellautomaten ähnelt auch der Arbeitsweise des Gehirns: Die Zellen in der Großhirnrinde, wo das bewußte Denken erfolgt, sind nicht alle mit einem Hauptorgan verbunden; kein einziger Bereich des Gehirns steuert alle anderen Bereiche. Sie reagieren vielmehr auf Veränderungen des Potentials benachbarter Zellen. Unsere Gedanken und Empfindungen sind das Ergebnis unendlich vieler Entladungen von Milliarden Zellen, wie Muster, die auf einem Bildschirm erscheinen, der mit einem Programm von Neumann läuft.

Es verwundert kaum, daß die Wissenschaftler darüber diskutieren, ob das Gehirn ein Computer ist. Ich will mich in diese Debatte nicht einschalten; wie ich schon erklärt habe, ist es nicht die Stärke der Wissenschaft, Fragen darüber zu beantworten, was etwas »ist«.

Ich möchte lediglich herausstellen, daß Computer uns eine bereichernde Methode bieten, das Leben und Denken sowie andere natürliche Prozesse zu begreifen. Und die Geschichte der Wissenschaft und Technologie zeigt, daß ein neues Verständnis zu neuen Erkenntnissen führen kann; deshalb investieren Unternehmen in Forschung und Entwicklung.

Die andere wichtige Besonderheit digitaler Computer hat damit zu tun, daß sie das wahrgenommene Kontinuum der Natur in einzelne Informationsbits aufteilen. Sofern dieser Prozeß funktioniert – man kann mit dem Computer die Explosion eines Sterns oder das Wachsen von Bohnenwurzeln darstellen, und wenn man richtig vorgeht, sagt das Modell voraus, wie ein echter Stern explodiert und richtige Wurzeln wachsen –, fragt man sich zwangsläufig, ob man die Natur nicht statt aus Atomen und Molekülen aus Informationen bestehend betrachten könnte. Das ist der große Beitrag des Computers zum heutigen wissenschaftlichen Denken, und ich werde dazu im nächsten Kapitel noch einiges zu sagen haben. Hier möchte ich mich jedoch auf den (materiellen wie geistigen) Wert des In-Begriffe-Fassens biologischer Systeme von ihrem Informationsgehalt her konzentrieren.

In jedem Lebewesen liegt ein Schatz an Informationen. Die DNA, die Grundlage allen Lebens auf der Erde, ist in erster Linie ein Mechanismus zum Speichern von Informationen. Die Daten der DNA informieren den menschlichen Embryo, wie Augen und Hände zu entwickeln sind, den Embryo eines Hais, wie die Haut entstehen soll, die Küken im Ei, wie Federn und Schnabel zu bilden sind. Mit der Strukturanalyse des DNA-Moleküls können wir in etwa abschätzen, wie viele Informationen eine Pflanze oder ein Tier enthält. Diese Zahlen sind ziemlich groß. Ein einfacher einzelliger Mikroorganismus enthält etwa ein Megabyte Daten, eine Zahl, die mehr als die Summe aller Worte dieses Buchs ausmachen. Die DNA eines komplexeren Organismus enthält so viele Informationen wie Tausende von Büchern. Das sind so viele Daten, daß allein das Registrieren, noch nicht das Verstehen, enorm viel Arbeit erfordert: Die Aufzeichnung aller Gene des menschlichen DNA-Moleküls, das Ziel eines amerikanischen Projekts mit dem Namen Human Genome Initiative, wird voraussichtlich etwa zwölf bis fünfzehn Jahre die Arbeit Tausender Wissenschaftler beanspruchen. Professor Wilson schreibt dazu: »Die Kraft der Evolution durch natürliche Auslese ist vielleicht gar nicht vorstellbar, geschweige denn zu kopieren.«

Einige der in der DNA verschlüsselten Daten haben damit zu tun, wie das betreffende Lebewesen in der Welt zurechtkommt: Die Gene des Klammeraffen stellen ein Lehrbuch darüber dar, wie er sich elegant von Baum zu Baum hangeln kann, so wie es unsere frühen Vorfahren getan haben, während die Gene des Albatros angeben, wie ein so großer Vogel tagelang in den Luftströmungen über dem Meer ohne einen einzigen Flügelschlag schweben kann. Andere DNA-Daten umfassen ein entwicklungsgeschichtliches Register darüber, wie der Organismus zu dem geworden ist, was er heute ist – wie er die vielen Gefahren überstanden hat, die ihm im Lauf von Jahrmillionen in einer sich ständig wandelnden Welt begegnet sind.

Bis jetzt haben wir erst in ein paar Seiten der riesigen genetischen Bibliothek geblättert, aber schon dieses kurze Stöbern hat zahlreiche nützliche Informationen zutage gefördert. Ingenieure haben sich von den Infrarotrezeptoren auf der Nase der Klapperschlange anregen lassen und danach das wärmesuchende Lenksystem der Luft-Luft-Rakete Sidewinder konstruiert; vom weitreichenden Echolot der großen Wale, das die Sonaranlagen der Atom-U-Boote übertrifft; und vom raffinierten Bau der Biberdämme, die länger als vom Menschen gebaute Dämme halten. Toxikologen sprechen bewundernd von der Wirkung des Gifts der Kobra, und die Navigatoren von Düsenclippern erklären, sie beneideten die Peilfähigkeiten der Zugvögel und Seeschildkröten.

Am verschwenderischsten geht die Natur mit ihrem genetischen Reichtum bei den tropischen Pflanzen um, von denen jede ein ganzes Labor biodynamischer Verbindungen mit bedeutenden Anwendungsmöglichkeiten in Landwirtschaft, Energie und Medizin darstellt. Schon seit langem kommen aus dem Amazonas-Gebiet Gummi, Indigo, Kakao, Vanille, Sarsaparille, Chicle, Mandioka, Cashewnüsse und eine Fülle wertvoller Arzneistoffe wie Brechwurz, das gegen Ruhr verwendet wird, und Chinin, das Mittel gegen Malaria, das mehr Menschen geholfen hat als jeder andere bisher verwendete Wirkstoff gegen Infektionskrankheiten. Curare, ein indianisches Pfeilgift aus einer Pflanze, die nur am Amazonas wächst, wird von Herzchirurgen als Muskelrelaxans geschätzt. Die Mekraketdja-Pflanze gilt bei den Cayapo-Indianern im östlichen

Amazonas-Gebiet als wirksames Verhütungsmittel. Kokain ist nach wie vor das bevorzugte lokale Betäubungsmittel bei vielen Augenoperationen und hat bei der Herstellung anderer lokaler Betäubungsmittel als Vorlage gedient, so beim Procain, einem Standardmittel für die schmerzlose Zahnbehandlung.

Alles in allem war gut ein Viertel der in den letzten fünfundzwanzig Jahren in den Vereinigten Staaten verkauften verschreibungspflichtigen Medikamente ein Extrakt aus tropischen Pflanzen. 1984 gaben die Nordamerikaner zwölf Milliarden Dollar für diese Arzneimittel aus. Doch der ganze Nutzen wurde aus nicht einmal fünfzig der Millionen Pflanzen gewonnen, die in den Dschungeln und Wäldern der Erde wachsen. Von den geschätzten 250000 höheren Pflanzenarten auf der Erde sind erst etwa 5000, oder zwei Prozent, auf ihre medizinische Eignung untersucht worden. Eine auf fünf Jahre angelegte Untersuchung des amerikanischen National Cancer Institute, bei der 20000 Rinden-, Wurzel-, Blatt- und Holzproben afrikanischer und mittelamerikanischer Bäume gesammelt und im Hinblick auf Mittel für die AIDS- und Krebsbehandlung ausgewertet werden, wird daran nichts Grundlegendes ändern. Allein im Amazonas-Gebiet gibt es etwa 80000 höhere Pflanzen- und 30 Millionen Tierarten. Der heutige Botaniker steht ob seiner Unwissenheit genauso demütig vor einem Regenwald wie ein Astronom, der über Leben in den Galaxien nachdenkt.

Weitgehend verloren ist bereits das botanische Wissen der indianischen Schamanen – der in Romanen und Filmen der ersten Welt so oft so gönnerhaft abgehandelten »Medizinmänner«. »Die Barasana-Indianer aus dem kolumbischen Amazonas-Gebiet können sämtliche Baumarten ihrer Heimat bestimmen, ohne die Früchte oder Blüten zu Hilfe nehmen zu müssen – etwas, das kein studierter Botaniker fertigbrächte«, schreibt der Naturschützer Mark Plotkin und merkt weiter an, daß »ein einziger Schamane vom Stamm der Wayana aus dem Nordosten des Amazonas-Gebiets über hundert verschiedene Arten allein für medizinische Zwecke verwenden kann.« Aber die Indianer verschwinden. Krankheiten, Erschließung und ökologische Brüche haben seit der Jahrhundertwende allein in Brasilien durchschnittlich einen Stamm pro Jahr ausgelöscht; viele gingen unter, bevor Außenstehende auch nur ihre Sprache lernen konnten. Und auch bei den noch existierenden Stämmen stirbt das Erbe der Medizinmänner aus. »Kein einziger der Schamanen im Nordosten des Amazonas-Gebiets, bei denen ich gelebt und gearbeitet habe, hatte einen Lehrling«, berichtet Plotkin.

Die Flammen am Amazonas vernichten also die reichhaltigste natürliche Bibliothek der Welt. Es gibt Bemühungen, einige Arten zu retten, indem man Pflanzen und Tiere aus den Wäldern holt, bevor sie vernichtet werden, doch diese Anstrengungen sind, wie begrüßenswert auch immer, letztlich genauso mitleiderregend wie die jener Bücherfreunde, die mit den Armen voller Bücher vor dem Brand in San Francisco flohen. Nur wenige Waldpflanzen und -insekten können sich längere Zeit außerhalb ihres natürlichen Lebensraums halten, und was die größeren Tiere betrifft, so leben in allen zoologischen Gärten der Welt nur etwa viertausend Arten, von denen sich nicht einmal tausend in Gefangenschaft vermehren. Vielleicht ermöglicht eine zukünftige Technologie einmal, aus dem getrockneten, harten Lehm eines ehemaligen Waldbodens die DNA ausgestorbener Organismen zu filtern, aber das wäre so, als würde man die Asche der Bibliothek von Alexandria nach Spuren der untergegangenen Werke von Aristoteles, Berosos und Menander durchsuchen. Der einzige Weg, den Schatz der im Amazonas-Gebiet gespeicherten Informationen zu bewahren, ist der, den Regenwald leben zu lassen.

Ließe man den Wäldern eine Chance, sie könnten uns Reichtümer schenken, die die kurzfristigen Gewinn- und Verlustrechnungen von heute auch nicht annähernd erbringen. Einige dieser Gewinne könnten aus ganz konventionellen Quellen kommen wie dem Anbau von Kräutern. Der Welthandel mit Heilpflanzen ist beträchtlich und wächst: Allein die Vereinigten Staaten importieren jährlich tropische Pflanzen im Wert von mehreren zig Millionen Dollar; ein Immergrün aus Madagaskar, Vinca rosea, das Alkaloide enthält, mit denen Leukämie und die Hodgkin-Krankheit behandelt werden, bringt weltweit fünfzig Millionen Dollar pro Jahr ein. Die auf Dauernutzung ausgerichtete Forstwirtschaft verspricht Gewinne, gegen die die aus dem Abholzen kümmerlich erscheinen; würden die für das Roden bestimmten Waldflächen am Amazonas normal abgeholzt und nicht abgebrannt – würde anschließend wiederaufgeforstet und nur in Pufferzonen um die unberührte Wildnis abgeholzt –, könnte Brasilien jährlich zusätzlich 2,5 Milliarden Dollar aus dem Verkauf von Nutzholz, Obst, Öl, Nüssen, Süßstoffen, Harzen, Gerbsäuren und Fasern erzielen, und die Gewinne aus dem Nutzholzverkauf wären auch für die Zukunft gesichert. Setzt Brasilien jedoch seine gegenwärtige Politik fort, wird es die Fehler wiederholen, die Ghana, die Elfenbeinküste, Haiti, Nigeria, Gambia, Senegal und Togo gemacht haben – Staaten, die praktisch all ihre Wälder abholzen und als Folge davon heute vor ausgedehnter Bodenerosion, Krankheiten, Obdachlosigkeit, Arbeitslosigkeit und einem ruinierten Nutzholzmarkt stehen. Auch bei vielen anderen Regenwaldprodukten winken satte Gewinne, von Biotreibstoffen und -kunststoffen (Automobilingenieure sprechen davon, daß die Autos des einundzwanzigsten Jahrhunderts mit aus Pflanzen gewonnenem Treibstoff fahren und aus Kunststoffen auf Pflanzenbasis bestehen) bis zur Schmetterlingszucht.

All diese möglichen Einnahmequellen werden jedoch von den Gewinnen in den Schatten gestellt, die das Analysieren genetischer Daten in einem Zeitalter der Informationen erbringt. Die Welt vernetzt sich in rasantem Tempo zu einem einzigen gewaltigen Computerkomplex, und die wertvollste zukünftige Ware in diesem Umfeld versprechen harte, aktuelle Daten zu werden. Heinz Pagels schrieb 1988:

Ein neuer Brückenkopf des Wissens wird geschaffen ... Informationen, ob sie in Organismen, dem Geist oder der Kultur verkörpert sind, sind Teil eines größeren Auswahlsystems, das durch erfolgreichen Wettbewerb oder Kooperation bestimmt, welche Informationen überleben. Informationen können in Genen, Nervengeflechten oder Institutionen verschlüsselt sein, doch das Auswahlsystem, das das Überleben fördert, bleibt ähnlich.

Informationen können mit Lichtgeschwindigkeit übermittelt werden, von Computerterminals über Glasfaserkabel und Satelliten, und der gemeinsame Besitz von Wissenschaftlern, Ärzten, Industriellen und politischen Führern rund um die Welt werden. Auf sehr vielen Gebieten, von der Nanotechnologie (dem Bau von Maschinen in Molekülgröße) bis zu Arzneimitteln, ist die Botschaft die gleiche – der Wohlstand des einundzwanzigsten Jahrhunderts liegt nicht im Gold wie im neunzehnten oder in Maschinen wie im zwanzigsten Jahrhundert, sondern in Informationen.

Zu Beginn des industriellen Zeitalters machten die Länder aus materiellen Quellen Geld; Südafrika wurde durch den Handel mit seinen natürlichen Schätzen Diamanten, Chrom und Gold reich. In neuerer Zeit wurden Reichtümer mit den, wie man sagen könnte, kulturellen Ressourcen eines Landes erworben; Italien mauserte sich vom ärmsten zum drittreichsten Land Europas weitgehend durch den Export kulturellen Kapitals wie Sportwagen, Küchenkultur und Mode. Zu diesen Aktiva müssen nun noch die größeren potentiellen Reichtümer gezählt werden, die mit biologischem Kapital erworben werden können. Der Wohlstand der Zukunft, so meine ich, liegt in den Datenbanken der natürlichen Welt.

Die Bewohner des Amazonas-Gebiets sitzen auf einer Hauptader mit Informationen, und es gibt keinen Grund, warum sie sie nicht verkaufen können sollten. Ein Gewinnanteil an genetischen Informationen – wie der, den der amerikanische Gartenbauer Luther Burbank für die Äpfel einnahm, die er züchtete – könnte die Anteilseigner am Amazonas reich machen; der Schlüssel zu einem Heilmittel für Krebs ist für die Welt viel wertvoller als eine Million Festmeter Nutzholz. Wenn sie jedoch den Regenwald zerstören und Terabytes genetische Daten verschleudern, werden sie als Verschwender und Dummköpfe in die Geschichte eingehen. Die Entscheidung liegt bei ihnen.

Oder doch mehr bei uns, denn je mehr die Welt zusammenschrumpft, desto stärker wird sie zu einem Gemeinwesen. Wir täten alle gut daran, uns zu fragen, wie unsere Enkelkinder uns wohl beurteilen werden. Es ist eine Sache, Erdöl und Edelmetalle aufzubrauchen, um mit dem Flugzeug zu fliegen und dem PKW und LKW zu fahren und eine industrialisierte Welt aufzubauen. Eine ganz andere Sache ist es, vier Milliarden Jahre genetisches Erbe des Planeten zu verschleudern und aus Ignoranz die Lernmöglichkeiten unserer Nachkommen zu schädigen, und das alles nur um eines kurzfristigen Profits mit Rosen- und Sperrholz willen.

Die »entwickelte« Welt wurde von Männern und Frauen geschaffen, die eine gemeinsame Vorstellung von der Zukunft und den Mut und die Zielstrebigkeit hatten, sie zu verwirklichen; wir leben mitten in ihren wahrgewordenen Träumen und profitieren von der Herrschaft über die Natur, die eines ihrer großen Ziele war. Jetzt brauchen wir neue Träume; die alten genügen nicht mehr. Einige können sich eine Zukunft vorstellen, in der der menschliche Geist frischen Widerhall in der unverfälschten Wildnis findet, wo alles Lebende als heilig gilt, weil es uns etwas zu sagen hat. Das Brasilien einer solchen Zukunft wäre ein Kapital an Wohlstand und Lernen, die Heimat der Bibliothek am Amazonas, ein globales Nervenzentrum, das neue Ideen für Technik, Medizin und Grundlagenforschung hervorbringt. Wenn wir diesen Traum träumen können, können wir ihn auch wahr werden lassen, und wir werden die Achtung unserer Nachfahren erlangen. Wenn wir sie verspielen, werden sie uns als Simpel, Banausen, Bauerntrampel und Clowns betrachten. Wir bekommen auf jeden Fall, was wir verdienen.

IT

Die Welt ist die Gesamtheit der Tatsachen,
nicht der Dinge.
Ludwig Wittgenstein

Auch in der Naturwissenschaft ist also der
Gegenstand der Forschung nicht mehr die
Natur an sich, sondern die der menschlichen
Fragestellung ausgesetzte Natur.
Werner Heisenberg

Ich möchte dieses Buch so beenden, wie ich es begonnen habe, und
wieder das Bild der Sanduhr oder des Baumes wachrufen, um die
Beziehung zwischen Geist und Universum zu beschreiben. Das
beiden Gemeinsame – der Hals der Sanduhr und der Stamm des
Baums – ist ein aktiver, dynamischer Bereich, in dem Energie in
beide Richtungen fließt. Sinnesdaten werden von der Außenwelt an
das Gehirn übermittelt, doch das Auge und das übrige Gehirn nehmen nicht nur passiv Bilder auf, sondern wählen bewußt aus und
beeinflussen sie. Wahrnehmen ist eine Handlung: Der englische
Neuroanatom J. Z. Young erklärt, wir »laufen herum und suchen
gezielt danach, Dinge zu sehen und … ›sehen‹ doch meistens nur die
Dinge, mit denen wir rechnen«. Wir wirken unsererseits auf die
Außenwelt ein, legen unsere Vorstellungen und Theorien dar und
beeinflussen die Natur nach den Bildern, die wir von ihr haben. Mir
scheint, viele Philosophen sind vom Weg abgekommen, weil sie
annahmen, am Engpaß der Sanduhr fließe alles nur in eine Richtung. Deshalb erklären Realisten, das Universum sei nur so, wie wir
es sehen (doch das Buch, das Sie in der Hand halten, ist ein schwarzes Vakuum, durch das Stürme von Neutrinos rasen), während die
Idealisten sagen, alles sei nur erdacht (aber ein fallender Stein, den
Sie nicht haben kommen sehen, kann Sie erschlagen). Derart dog-
matische Behauptungen möchte ich lieber beiseite lassen und mich
statt dessen auf das Beobachten selbst konzentrieren. Insbesondere
werde ich umreißen, wie eine Wissenschaftsphilosophie aus Beobachtungsdaten gebildet werden kann, weniger aus abgeleiteten Vor-

stellungen wie Raum, Zeit, Materie und Energie. Eine solche Philosophie würde das beobachtete Universum nicht als aus Atomen, Molekülen, Quarks oder Leptonen bestehend darstellen, sondern aus einzelnen Informationseinheiten (»Bits«).

Ich möchte diese Methode »Informationstheorie« nennen. Normalerweise wird der Begriff enger gebraucht und beschreibt eine Theorie, die sich mit Kommunikation und Datenverarbeitung befaßt, doch ich habe vor, sie zu einer allgemeineren Darstellung der Natur zu erweitern.

Unter der Voraussetzung, daß unsere Beobachtungen bestenfalls einen kleinen und verzerrten Teil des Ganzen wiedergeben, fragen wir uns natürlich, wie weit wir feststellen können, was »wirklich« da draußen ist. Für diese entscheidende Frage bietet die Physik zwei Vorstellungen darüber an, wie Geist und Natur aufeinander einwirken – die klassische Sichtweise, die im neunzehnten Jahrhundert aufkam, und die neue Quanten-Sichtweise. In der Realität verwendet die Physik beide: Klassische Begriffe werden auf Großphänomene angewandt (etwa vom Molekül an aufwärts), während die Quantenmechanik im Reich des Kleinen herrscht, bei den Atomen und subatomaren Teilchen.

Die klassische Betrachtungsweise beruht auf drei vernünftigen Annahmen, die wie so manches Urteil der Vernunft nicht restlos zutreffen. Die erste besagt, daß jedes Ereignis nur eine einzige objektive Wirklichkeit hat: Irgend etwas geschieht – Strom fließt durch einen Draht und lenkt zum Beispiel eine Kompaßnadel ab –, und obwohl die einzelnen Beobachter vielleicht nur einen Teil des ganzen Geschehens mitbekommen, können doch alle in dem übereinstimmen, was sich ereignet hat. Die zweite klassische Annahme geht davon aus, daß der eigentliche Vorgang des Beobachtens keinen Einfluß auf das hat, was beobachtet wird; der klassische Wissenschaftler beobachtet die Natur, als stünde er hinter einer Glasscheibe, und hält Erscheinungen fest, ohne unbedingt einzugreifen. Die dritte Annahme meint, die Natur sei ein Kontinuum, was besagen will, daß Objekte im Prinzip bis zu jedem gewünschten Grad von Genauigkeit untersucht werden können; Fehler und Unklarheiten beim Beobachten werden den Beschränkungen der Versuchsgeräte zugeschrieben.

Die klassische Methode behauptete sich, solange die Physiker sich mit großen, handfesten Objekten beschäftigten wie Steinen,

Dampfmaschinen, Planeten und Sternen. Diese Objekte können beobachtet werden, ohne offenbar durch den Beobachtungsvorgang beeinträchtigt zu werden. Wir wissen heute, daß es solche Einflüsse gibt – wenn ein Naturfotograf beispielsweise eine Blitzlichtaufnahme von einer Wespe macht, versetzt das Blitzlicht der Wespe einen kleinen Schlag und fügt ihrer Körpermasse einen Bruchteil hinzu –, doch da diese Störungen im makroskopischen Bereich keine wahrnehmbaren Auswirkungen haben, können sie normalerweise übergangen werden. Und übergangen wurden sie lange; man kann die klassische Physik als die Physik der Körper definieren, die durch die Beobachtung nicht erkennbar verändert werden.

Die klassische Betrachtungsweise bekam jedoch erste Risse, als die Physiker begannen, subatomare Erscheinungen zu untersuchen wie das Verhalten von Elektronen in Atomen oder den Zusammenprall von Protonen in Teilchenbeschleunigern. Subatomare Systeme werden bei jedem Beobachtungsvorgang gestört; der Versuch, die Zahl der Elektronen in einer Gaswolke zu zählen, indem man sie mit Blitzlicht fotografiert, wäre so, als wollte man die Studenten einer Vorlesung zählen, indem man sie mit einem Feuerwehrschlauch aus dem Raum scheucht. Wir können die Welt des ganz Kleinen nicht verstehen, ohne den Beobachtungsvorgang selbst miteinzubeziehen, so wie wir die Zerstörung eines Porzellanladens nicht untersuchen können, ohne den Elefanten zu berücksichtigen, der dafür verantwortlich war.

So entstand die Quantenmechanik, bei der die durch Beobachtungen erlangten Informationen als veränderlich angesehen werden, je nachdem wie die Beobachtung durchgeführt wurde, so daß die Antworten, die wir aus einem Experiment ableiten, von den Fragen abhängen, die wir stellen. In der Welt der Quanten haben wir anstelle der klassischen Glasscheibe eine elastische Membran, die bei jeder Beobachtung erzittert und sich biegt; wenn wir auf die tanzenden Lichter und Schatten dieser Grenzfläche aus Seifenblasen starren, können wir nicht immer mit Gewißheit sagen, welche Erscheinungen richtigerweise der Außenwelt zugeschrieben werden sollen und welche durch den Vorgang der Untersuchung angeregt wurden.

Der Niedergang der klassischen Vorstellung setzte 1927 ein, als der deutsche Physiker Werner Heisenberg die »Unschärferelation«

formulierte. Heisenberg fand heraus, daß der Menge genauer Informationen, die man über jedes subatomare Phänomen erhalten kann, eine innere Grenze gesetzt ist. Diese Grenze rührt daher, daß weder wir noch irgend jemand sonst im Universum subatomare Teilchen beobachten kann, ohne sie auf die eine oder andere Weise zu beeinträchtigen. Wenn wir ganz genau bestimmen wollen, wo sich ein Neutron befindet, können wir es auf ein Hindernis prallen lassen (das es auf seiner Bahn bremst) oder fotografieren (was bedeutet, es mit Photonen zu bombardieren, die es auf eine neue Bahn lenken) oder uns für irgendein anderes Verfahren entscheiden, aber wir zerstören auf jeden Fall Informationen darüber, was das Neutron gemacht hätte, wenn wir es in Ruhe gelassen hätten. Und diese Situation gilt im Quantenbereich generell: Eine Information über ein subatomares Phänomen zu erhalten bedeutet, auf eine andere Information zu verzichten. Die Einschränkung Heisenbergs ist unabhängig von normalen experimentellen Fehlern oder den Unzulänglichkeiten bestimmter Technologien; sie gilt für jeden Beobachtungsvorgang, ob er mit Siegellack durchgeführt wird, durch das Auslegen von Leitungen oder mit Hilfe funkelnder Maschinen auf dem technisch fortschrittlichsten Planeten im Virgo-Haufen.

Die Unschärferelation macht deutlich, daß zumindest in der Welt des Kleinen die einzigen ungestörten Phänomene die sind, die unbeobachtet bleiben! Das beobachtete Universum kann daher nicht so betrachtet werden, als hätte es eine völlig unabhängige, nachweisbare Existenz, denn seine Erfassung erfordert das Eindringen eines Beobachters, dessen Maßnahmen zwangsläufig die Daten beeinflussen, die die Beobachtung erbringt. (Was das unbeobachtete Universum betrifft, sind wir gut beraten, uns an den Rat des Philosophen Ludwig Wittgenstein zu halten: »Wovon man nicht sprechen kann, darüber muß man schweigen.«)

Die Erkenntnis, daß wir die Außenwelt nicht beobachten können, ohne sie zu beeinflussen, scheint die klassische Annahme, daß es da draußen trotz allem ein objektiv erkennbares Universum gibt, zunächst nicht zu gefährden. Klassische Physiker könnten sich in die Behauptung retten (und taten es auch), es könne immer noch mehr als nur eine echte Wirklichkeit geben, auch wenn der Beobachter keinen direkten Zugang zu ihr habe, so wie es bei einem Mordprozeß mehr als ein richtiges Urteil geben muß, auch wenn die Geschworenen nie sämtliche Tatsachen des jeweiligen Falls kennen können. Aber je besser man sich mit der Quantenphysik vertraut macht, desto mehr sehen selbst die einfachsten physikalischen Ereignisse wie bei ›Rashomon‹ aus, jener Geschichte von Ryunosuke Akutagawa über einen Vergewaltigungsprozeß, bei dem alle Zeugen eine plausible, aber mit den anderen unvereinbare Version des Verbrechens geben. Im Reich der Quanten hat jede Antwort den Anstrich der Frage, die sie hervorgerufen hat.

Der berühmte »Doppelschlitz«-Versuch macht deutlich, wie die Quantenphysik die klassische Annahme der objektiven Wirklichkeit durcheinanderbringt. Die in diesem Versuch gestellte Frage lautete, ob subatomare Teilchen wie Protonen, Elektronen und Photonen Teilchen oder Wellen sind. Alle subatomaren Teilchen verhalten sich unter bestimmten Voraussetzungen wie Teilchen und unter anderen wie Wellen; die Physiker benutzen mathematisch gleichwertige Teilchen- und Wellengleichungen beim Umgang mit ihnen, je nachdem welche sich zur Lösung eines bestimmten Problems besser eignen. Teilchen und Wellen haben jedoch einander ausschließende Eigenschaften. Wellen breiten sich, wenn sie sich durch einen Raum bewegen, aus und überlagern sich (interferieren), wenn sie sich kreuzen. Teilchen bewahren dagegen ihre Einzelidentität – Einzelteilchen breiten sich nicht aus –, und wenn sich Teilchenhaufen kreuzen, fliegen die Teilchen meistens einfach aneinander vorbei, einige prallen auch zusammen. Der Doppelschlitz-Versuch zwingt zur Entscheidung: Wenn die klassische Physik recht hat, kann es nur ein Urteil geben, entweder Teilchen oder Welle.

Um uns mit der Frage vertraut zu machen, wollen wir den Versuch zunächst mit makroskopischen (d.h. klassischen) Objekten durchführen. Wir richten eine Wand mit zwei parallelen, senkrechten Schlitzen auf, stellen ein Ziel dahinter und feuern mit einem Maschinengewehr auf die Wand. Nach einiger Zeit haben die Kugeln, die durch die Schlitze gehen, auf dem Ziel zwei senkrechte Streifen hinterlassen. Ein Physiker, dem wir nur das Ziel und eine schematische Darstellung des Versuchs zeigen würden, käme zu dem Schluß, daß wir Teilchen auf das Ziel geschossen haben. Jetzt senken wir die Wand ab, so daß die Schlitze halb unter Wasser liegen, senden in steter Folge Wellen gegen die Wand und nehmen ein Ziel, das auftreffende Wellen registrieren kann (feiner Sand eignet sich). Wenn eine Welle durch die Schlitze läuft, erzeugt sie auf der anderen Seite der Wand zwei neue Wellen, jeweils eine pro Schlitz. Wo diese neuen Wellen aufeinandertreffen, bilden sie ein Interferenzmuster – das Wellenmuster verstärkt sich, wo sich Wellenberge und Wellenberge beziehungsweise Wellentäler und Wellentäler überlagern, und wird ausgelöscht, wo Wellenberge auf Wellentäler treffen. Unser Sandziel wird also eine Reihe von Bändern aufweisen. Unser Beobachter, dem wir dieses Interferenzmuster auf dem Ziel zeigen, wird richtig folgern, daß es durch Wellen verursacht wurde.

So weit, so gut. Doch achten Sie auf das, was geschieht, wenn wir uns in das Reich der Quanten begeben. Wir ersetzen das Maschinengewehr durch eine Vorrichtung, die subatomare Teilchen aussendet – sagen wir, Elektronen –, und nehmen als Ziel einen phosphoreszierenden Schirm, der aufglüht, sobald er von einem Elektron getroffen wird. (So funktioniert zum Beispiel eine Fernsehröhre.) Wenn wir beide Schlitze offen lassen und längere Zeit Elektronen auf den Schirm schießen, zeigt sich auf dem Ziel schließlich ein Interferenzmuster. Elektronen wirken demnach wie Wellen – solange wir beide Schlitze offen lassen. Verschließen wir jedoch einen Schlitz, erhalten wir auf dem Ziel plötzlich eine Linie; jetzt verhalten sich die Elektronen wie Teilchen.

Das erscheint seltsam, aber noch seltsamer ist, was passiert, wenn wir den Beschuß drosseln, bis nur noch jeweils ein Elektron abgefeuert wird. Jetzt verschließen wir einen Schlitz und registrieren nur einen Treffer auf dem Ziel: Natürlich, das Elektron ist ein Teilchen. Öffnen wir aber beide Schlitze und schießen nur ein einziges Elektron auf den Schirm, erhalten wir – ein Interferenzmuster!

Das ist höchst sonderbar. Wenn wir das Elektron als ein Teilchen betrachten, müssen wir absurderweise folgern, daß es sich irgendwie aufteilt und durch beide Schlitze fliegt, wenn, und nur wenn beide Schlitze offen sind. Betrachten wir das Elektron als eine Welle, müssen wir annehmen, daß es sich irgendwie zusammenfaltet und ein Teilchen nachahmt, wenn, und nur wenn einer der beiden Schlitze verschlossen ist. Der Versuch kann sogar noch verwirrender angelegt werden: Warten wir, bis ein Elektron abgefeuert worden ist, und öffnen oder verschließen ganz schnell einen der Schlitze, während das Elektron noch unterwegs ist. Hier kommen wir in das Reich der sogenannten »Verzögerte-Entscheidungs«-Versuche, und wieder sind die Ergebnisse die gleichen: Das Elektron verhält sich wie ein Teilchen, sobald ein Schlitz offen ist, und wie eine Welle, sobald beide Schlitze offen sind.

Solange wir uns an die klassische Annahme klammern, daß Elektronen »wirklich« entweder Teilchen oder Wellen sind, führt der Doppelschlitz-Versuch zu widersprüchlichen Ergebnissen. Deshalb ist er so schwer zu verstehen; so sagte der dänische Physiker und Wissenschaftsphilosoph Niels Bohr einmal, als ein Student klagte, die Quantenmechanik mache ihn schwindlig: »Wenn jemand sagt, er könne über Quantenprobleme nachdenken, ohne schwindlig zu werden, dann hat er überhaupt nichts davon verstanden.«

Bohr wies einen Weg aus dem Widerspruch mittels der heute so genannten Kopenhagener Interpretation der Quantenphysik. Wir räumen ein, daß das Elektron nicht »wirklich« ein Teilchen oder eine Welle ist, sondern erklären, daß es die eine oder andere Gestalt annimmt, je nachdem, wie es befragt worden ist. Die Quantenphysik lehrt also, daß die Identität von (kleinen) Objekten vom Beobachtungsvorgang abhängt – daß unsere Begriffe von den Grundlagen der physikalischen Wirklichkeit sich aus einem Dialog zwischen dem Beobachter und dem Beobachteten ergeben, zwischen Geist und Natur.

Es stimmt, die Quantenphysik ist auf das Reich des ganz Kleinen beschränkt; erst in jüngster Zeit ist es den Physikern gelungen, etwas so Großes wie ein einzelnes Molekül quantenmechanisch zu beschreiben, und Moleküle sind milliardenmal kleiner als Menschen. Aber das heißt nicht, daß wir die Auswirkungen der quantenspezifischen Beobachterabhängigkeit in der makrophysikalischen Welt übergehen könnten. Zum einen hat die Physik des Winzigen in der Wissenschaftsphilosophie immer besondere Achtung gefordert, denn große Dinge bestehen schließlich aus kleinen; zweifellos haben wir etwas Wichtiges gelernt, wenn wir entdecken, daß Äpfel sich aus Atomen zusammensetzen. Zum andern beeinflussen Quanteneffekte tatsächlich die makrophysikalische Welt; die Sonne würde zum Beispiel nicht scheinen, gäbe es keinen Tunneleffekt, keinen Quantensprung und andere Erscheinungen der Quantenunbestimmtheit. Alles ist in irgendeinem Maß beobachterabhängig.

Wenn wir also akzeptieren, daß die Fragen, die der Beobachter stellt, die Folgerungen aus seinen Beobachtungen beeinflussen, müssen wir darüber nachdenken, daß wir in einem beteiligten Universum leben, in dem das erkennbare Verhalten subatomarer Systeme von den Methoden abhängt, mit denen wir sie untersuchen. Wäre es denkbar, unsere wissenschaftlichen Vorstellungen von der Welt auf der Grundlage dieser Erkenntnis zu verwirklichen?

Ich glaube ja. Ich glaube insbesondere, daß sowohl der quantenphysikalische wie der klassische Ansatz zu dem allgemeineren Paradigma zusammengefaßt werden können, das ich Informationstheorie nenne – kurz IT. IT erkennt an, daß unsere Kenntnisse der Natur aus einer Partnerschaft zwischen dem Beobachter und dem Beobachteten fließen; deshalb verbannt sie alle Fragen darüber, was die Dinge »wirklich« sind, aus der Wissenschaft und konzentriert sich statt dessen auf die Beobachtungsdaten und verkürzt die Modelle des Universums auf das, was tatsächlich erkennbar ist. Alles andere wird als jenseits der wissenschaftlichen Grenzen betrachtet: Wenn ich mit der Faust auf den Tisch haue und erkläre, daß Elektronen Teilchen und keine Wellen sind, rede ich über Philosophie, nicht über Wissenschaft.

An dieser Stelle könnte der philosophisch geschulte Leser, der argwöhnt, daß ich alte Anschauungen in neuen Kleidern präsentiere, etwa folgendermaßen widersprechen: »Ist die Position, die Sie hier vertreten, nicht einfach der logische Positivismus des Wiener Kreises, jener Philosophen, die alle Aussagen als bedeutungslos abtaten, die nicht empirisch beweisbar sind? Und liebäugeln Sie nicht vielleicht mit dem Solipsismus, leugnen die eigenständige Existenz des Universums und machen alles abhängig von Ihren kümmerlichen Beobachtungen?«

Vielleicht, doch bei dieser Diskussion möchte ich alle »Ismen« beiseite lassen und mit ihnen die Annahme, daß wir Menschen irgendeiner kosmischen Berufungsinstanz angehören, die die Macht hat zu entscheiden, was existiert und was nicht.

Ich meine ganz einfach, daß wissenschaftliche Aussagen über das Universum in dem Maß, in dem sie von Beobachtungen abhängen, nicht für Aussagen darüber herangezogen werden können, wie die Natur unabhängig vom Beobachtungsvorgang ist. Ich mache mich nicht für den sogenannten »Quanten-Solipsismus« stark, also die Behauptung, daß nichts existiert, solange es nicht beobachtet worden ist: Ich nehme an, daß es da draußen Dinge gibt, aber ich lehne jeden wissenschaftlichen Versuch als vermessen ab, der ein für allemal erklären will, was sie sind. Die Vorstellung von »Dingen« leitet sich selbst von Beobachtungsdaten her; Daten sind daher elementarer als Dinge. Was wir Tatsachen der Natur nennen, ist von den Daten induziert, und in diesem Sinn berufe ich mich auf Wittgensteins Aphorismus, das erkennbare Universum bestehe aus Tatsachen, nicht aus Dingen.

Lassen Sie mich zunächst den Hintergrund der IT skizzieren und dann beschreiben, wie sie zu einer Wissenschaftsphilosophie erweitert werden könnte.

Die Geburtsstunde der Informationstheorie können wir auf das Jahr 1929 datieren, als der aus Ungarn gebürtige Physiker Leo Szilard einen Artikel schrieb, in dem er Entropie als das Nichtvorhandensein von Informationen bestimmte. Entropie ist ein Maß für den Grad der Unordnung in einem bestimmten System. Der zweite Hauptsatz der Thermodynamik besagt, daß die Entropie in jedem »geschlossenen« System – einem System, dem keine Energie zugeführt wird – mit fortschreitender Zeit zunimmt. Ein Getränk, in dem ein Eiswürfel schwimmt, befindet sich in einem Zustand geringer Entropie. Rührt man das Getränk nicht an, nimmt die Entropie zu: Der Eiswürfel schmilzt, das Wasser verteilt sich im Getränk, und das ganze System besteht bald aus nur noch einer Substanz, einem (wäßrigen) Getränk.

Für die Thermodynamiker des neunzehnten Jahrhunderts war das Wichtige an der geringen Entropie, daß man Arbeit aus einem System gewinnen konnte. Ein Eiswürfel kann mehrere Arbeiten verrichten. Er kann einmal ein Getränk kühlen, und er kann auch andere Arbeiten erledigen: Wenn Marsbewohner eine winzige Sonde zur Erde schicken würden und sie in dem Getränk landen ließen, könnten sie, wenn sie es geschickt anstellen, den Temperaturgradienten des Getränks dazu nutzen, die Batterien ihrer Raumsonde aufzuladen. Ein Getränk mit Zimmertemperatur, in dem der Eiswürfel geschmolzen ist, könnte eine solche Arbeit dagegen nicht leisten. Wir können etwas Flüssigkeit entnehmen, sie gefrieren und ihr damit die Fähigkeit zurückgeben, Arbeit zu leisten, doch das erfordert, dem System etwas Energie zuzuführen. Man muß immer dafür zahlen, die Entropie zu verringern; das ist der Inhalt des zweiten Hauptsatzes der Thermodynamik.

Für Szilard war jedoch das Interessante, daß das Getränk mehr Informationen enthält. So gibt es in ihm mehrere Bereiche – einen kalten (im Eiswürfel), einen relativ warmen (weit vom Eiswürfel entfernt) und andere Bereiche mit Zwischentemperaturen. Wenn der Eiswürfel schmilzt, nimmt der Umfang der Informationen ab, bis das Getränk bei maximaler Entropie nur noch eine einzige Botschaft hat: »Ich habe Zimmertemperatur.« Mehr Entropie, so Szilard, bedeutet weniger Informationen.

Information hat einen Preis; so etwas wie ein Gratisessen gibt es nicht, und jedesmal, wenn wir etwas über ein bestimmtes System erfahren, erhöhen wir seine Entropie. Der Preis für die Information ist jedoch herrlich gering: Der Abruf eines Bits Daten kostet nur den 10^{-16}ten Teil eines Grades in Kelvin.* Das ist eine winzige Zahl – ein Penny ist mehr als der 10^{-16}te Teil der amerikanischen Staatsschulden –, und die Tatsache, daß sie so winzig ist, ist der Grund dafür, daß wir heute in einer Informationsgesellschaft leben können. Niedrige Entropiekosten heißt, Telefonleitungen brauchen keine Hochspannung, und Kommunikationssatelliten können mit wenig Sonnenenergie betrieben werden. Weil die Information den Systemen, die wir zur Übermittlung benutzen, so wenig Entropie zuführt, können wir es uns leisten, Sportereignisse weltweit im Fernsehen zu übertragen, Bücher zu kaufen, elektronische Post per Computer zu übermitteln und Ferngespräche zu führen; in allen Fällen sind die Entropiekosten des übermittelten Datenbits so niedrig, daß die Rechnung sich in Grenzen hält.

Aus diesem Grund können wir uns auch interstellare Kommunikation leisten. Aber bevor wir uns mit alldem beschäftigen, möchte ich in groben Zügen darstellen, wie die Informationstheorie arbeitet, und ein paar Beispiele dafür anführen, wie sie der wissenschaftlichen Forschung neue Perspektiven vermitteln kann.

Die Informationstheorie wurde ursprünglich bei praktischen technologischen Problemen angewandt, etwa beim Entwurf von Computern und der Voraussage des Rauschabstands von Telefonleitungen. In einer typischen IT-Gleichung beginnt man mit der Dateneingabe A, prüft, was mit den Daten geschieht, wenn sie in

---

* Die entsprechende Gleichung lautet $S = k \log W$, wobei S die Entropie eines bestimmten Systems bezeichnet, W die Zahl der zugänglichen Mikrozustände und k die Boltzmann-Konstante, $1{,}381 \times 10^{-16}$ erg/Kelvin. Diese Formel, eine der weitreichendsten in der Wissenschaft überhaupt, ist die Leistung Ludwig Boltzmanns, der sie auf seinen Grabstein schreiben ließ.

einem bestimmten System B beeinflußt oder übertragen werden (zum Beispiel wie viele Daten durch Rauschen in einem Kommunikationskanal verlorengehen), und sagt die Form voraus, in der sie bei einer Ausgabestation C ankommen. Dieser Vorgang hat Eigenschaften, die mathematisch quantifiziert werden können. Claude Shannon von den Bell Laboratories entdeckte in den vierziger Jahren dieses Jahrhunderts, daß sich die Genauigkeit jedes Informationskanals verbessern läßt, ohne die Übertragungsgeschwindigkeit der Daten zu verringern, wenn das Signal richtig verschlüsselt wird. Diese Entdeckung, das zweite Shannonsche Theorem, wird heute bei vielen Arten der Kommunikation genutzt; die Schärfe der Aufnahmen, die das Raumfahrzeug Voyager vom fernen Neptun zur Erde übermittelte, ist in hohem Maß Shannon zu verdanken. Die eigentliche Bedeutung des zweiten Shannonschen Theorems liegt jedoch in seiner Allgemeingültigkeit: Das Theorem gilt für jede Art von Kommunikationskanal und umfaßt nicht nur Telefon und Computer, sondern auch Schaltkreise im Gehirn und vielleicht sogar die Mechanismen der biologischen Fortpflanzung. Die Informationstheorie bietet insofern eine allgemeine Grundlage für das Verständnis aller Wissenschaftszweige, als jeder eine Input-Station (Daten aus dem Universum) umfaßt, ein Kommunikations- oder EDV-System (das Gehirn) und eine Output-Station (eine Wissenschaftstheorie oder -hypothese, die dann eine Art Kommunikationsschleife bildet, wenn sie auf die Natur zurückprojiziert wird).

Wenn die Informationstheorie die Wissenschaft jedoch vereinen soll, muß es eine gemeinsame Sprache geben, die sämtliche Wissenschaften sprechen und die auf jedes wissenschaftliche Forschungsgebiet anwendbar ist. Der Schlüssel zu dieser Sprache, so behaupte ich, ist die Digitalisierung, das Zerlegen der Daten in Bits.

Der Begriff »Bit« ist die Kurzform von »binary digit«, die Zahlenart, mit der die heutigen digitalen Computer arbeiten. Das Binärsystem drückt alle Zahlen mit Hilfe der beiden Ziffern 0 und 1 aus. Das macht es sehr viel einfacher als das auf zehn Zahlen beruhende System, das wir in der Schule lernen und das zehn Symbole braucht (0, 1, 2, 3, 4, 5, 6, 7, 8 und 9). Die ersten fünf Zahlen des vertrauten Zehnersystems werden binär wie folgt dargestellt:

Dezimalzahl	Übersetzung	Binäre Entsprechung
0	0×2^0	0
1	1×2^0	1
2	$(1 \times 2^1) + (0 \times 2^0)$	10
3	$(1 \times 2^1) + (1 \times 2^0)$	11
4	$(1 \times 2^2) + (0 \times 2^1) + (0 \times 2^0)$	100
5	$(1 \times 2^2) + (0 \times 2^1) + (1 \times 2^0)$	101

… und so fort. Wenn die Zahlen größer werden, wird die binäre Übersetzung für uns immer unhandlicher – die Zahl 4096 wird binär 1000000000000 geschrieben –, doch Computer leben erst bei Binärzahlen richtig auf, weil sie durch Ein-Aus-Schalter dargestellt werden können, die zu den allereinfachsten aller mechanischen Vorrichtungen gehören. Ein Computer, der mit zehn Zahlen arbeiten würde, müßte auf jeder seiner Millionen Schaltstellen zehn Positionen haben, dazu ein Speichersystem mit zehn möglichen Stellungen bei jedem Vorgang; ein binärer Computer verlangt dagegen nur, daß jeder dieser Millionen Schalt- und Verschlüsselungsvorgänge zwei Stellungen hat – 0 = Aus und 1 = Ein. Diese Stellungen können durch das Vorhanden- oder Nichtvorhandensein von Stanzlöchern dargestellt werden wie bei den Lochkarten und -streifen der fünfziger Jahre oder durch magnetisch geladene Punkte auf einer Platte wie bei den Disketten und Festplatten der siebziger und achtziger Jahre oder durch dunkle Dots auf den optischen Massenspeichern, die die Datenspeicher der Neunziger zu werden versprechen. In welchem Medium auch immer, für den Computer sind es alles nur Bits – Nullen und Einser, Ein- und Aus-Stellungen.

Alles, was quantifiziert werden kann, kann auch digitalisiert werden, auch Töne (eine CD, die nichts als Nullen und Einsen enthält, kann Mozart und Harry Partch ertönen lassen), Bilder (auf Laserdisketten aufgezeichnete Bits können Hollywood-Filme und Gemälde aus dem Louvre wiedergeben) und Abstraktionen, von Computermodellen rotierender Galaxien bis zu EKG-Aufzeichnungen von Opfern eines Herzinfarkts. Weil Binärziffern wie eine gemeinsame Währung für jedes quantifizierbare Phänomen sind, kann ein normaler Computer so viele Aufgaben bewältigen, von der Berechnung von Bilanzen über den Entwurf von Schuhen und das Steuern von Raumfahrzeugen bis zur Führung der Bohrmaschinen unter dem Ärmelkanal. Und deshalb gelangen immer mehr Wissenschaftler zu der Überzeugung, daß die Zeit reif ist, sich mit Daten zu befassen, ob sie nun die DNA-Sequenz eines Frosches oder Quasare im Weltall untersuchen.

Die Informationstheorie steckt noch in den Kinderschuhen und hat viele Mängel. Eine gravierende Einschränkung ist, daß man mit ihr noch keinen Zugang zur Bedeutung einer Information bekommt. Angesichts der beiden am 2. September 1945 in Tokyo aufgegebenen Telegramme – »Der Krieg ist zu Ende!« und »Die Katze ist tot!« – würde IT erklären, daß beide Telegramme in Anbetracht der etwa gleichen Bit-Zahl ungefähr den gleichen Informationsumfang haben, wenngleich das erste Telegramm den meisten Lesern offensichtlich mehr gesagt hätte als das zweite (denn das zweite war verschlüsselt; das Verschlüsseln spielt in der Informationstheorie eine wichtige Rolle, auf die ich hier allerdings nicht eingehen werde). Würde man eine Beziehung zwischen Information und Thermodynamik herstellen, würde IT postulieren, daß kein System mehr an Informationen hervorbringen kann als insgesamt eingegeben worden sind; es gibt, mit anderen Worten, ein Gesetz zur Erhaltung von Informationen, das der Erhaltung von Energie vergleichbar ist. So weit, so gut, aber wenn wir das Gehirn als ein Informationen verarbeitendes System betrachten, bedeutet das Erhaltungsgesetz, daß beispielsweise die Streichquartette Beethovens nicht mehr Informationen enthalten als die Gesamtheit dessen, was er gelernt hat, plus die Entropierechnung, die durch die Gerichte bezahlt wurde, die er beim Komponieren gegessen, und durch die Luft, die er dabei geatmet hat. Das mag irgendwie richtig sein, ist aber nicht sehr erhellend. Leon Brillouin, ein Physiker, dessen Schriften der Informationstheorie viel Beachtung eingebracht haben, hat zu quantifizieren versucht, wie diese menschliche Kreativität offenbar das Ausmaß an Entropie bei den Personen verringert, die sie anspricht, aber seine Bemühungen waren wahrscheinlich verfrüht und sind auf jeden Fall gescheitert. Aber es geht wohl nicht nur der Informationstheorie so; das Denken ist für jede Wissenschaft ein weites, unbekanntes Feld.

Doch selbst in diesem Anfangsstadium kann IT zur Erklärung des Dialogs zwischen Geist und Natur beitragen. Denken wir nur daran, was sie zu Fragen des Gehirns, der biologischen Systeme allgemein und der Quantenphysik zu sagen hat.

Das Nervensystem des Menschen kann als ein Datenverarbeitungssystem analysiert werden, wobei erstaunliche Ergebnisse herauskommen. Die gegenwärtige Aufregung um »Nervengeflechte« – Computersysteme mit künstlicher Intelligenz, die dem Gehirn nachgebaut werden – geht auf die Tatsache zurück, daß die Neuronen im Gehirn, wie die Mikroschalter eines Computers, nur zwei Grundzustände kennen: Sie sind entweder aktiv oder inaktiv und entsprechen damit der 1 oder 0. Das könnte die IT-Grundlage für den in den vierziger Jahren von Warren S. McCulloch und Walter Pitts veröffentlichten Nachweis liefern, daß das Gehirn eine »Turing-Maschine« ist, also alles kann, was auch ein Computer kann.

Wenn Neurologen uns sagen, daß die 125 Millionen lichtempfindlichen Rezeptoren des menschlichen Auges insgesamt eine potentielle Datenausgabe von über einer Milliarde Bits pro Sekunde haben, was sowohl die Aufnahmefähigkeit des Sehnervs als auch die Datenverarbeitungsgeschwindigkeit der höheren Rindenzentren des Gehirns übersteigt, können wir bei Anwendung nur der Informationstheorie die Hypothese aufstellen, daß das Auge die Daten, die es aufnimmt, irgendwie reduzieren muß, bevor es sie über den Sehnerv zum Gehirn schickt. Und wirklich deuten klinische Experimente darauf hin, daß das Auge tatsächlich einige Tricks anwendet, um die Datenflut einzudämmen. Damit Sie ein Gefühl dafür bekommen, wie wirksam diese Maßnahmen sein können – auch wenn gerade dieses Täuschungsmanöver ziemlich simpel ist –, halten Sie das linke Auge zu, blicken Sie auf die Seitenzahl der linken Seite dieses Buchs, und legen Sie eine Münze auf den Bundsteg zwischen den Seiten. Bewegen Sie nun die Münze nach rechts und links, und Sie werden merken, daß es eine Stelle gibt, wo die Münze verschwindet. Das ist der blinde Fleck auf der Netzhaut, das Loch – tatsächlich ein ziemlich großes Loch –, wo der Sehnerv durch die Netzhaut austritt. Achten Sie darauf, daß Sie dort, wo die Münze verschwindet, nicht ein schwarzes Loch wahrnehmen, sondern weißes Papier. Aber an der Stelle ist gar kein Papier, sondern die Münze. Das Auge füllt also offensichtlich das Loch mit der Farbe – in diesem Fall Weiß –, die das Loch umgibt. (Machen Sie das Experiment mit einem roten Blatt, und Sie werden »sehen«, daß der blinde Fleck rot ist.) Die Tatsache, daß das Auge sich einiger datenverringernder Methoden bedienen muß, kann von der Informationstheorie auch ohne die klinischen Fallstudien vorausgesagt werden.

IT bietet ähnliche Einblicke in das Gedächtnis. Das Kurzzeitgedächtnis kann im Zehn-Zahlen-System nur etwa sieben Ziffern speichern; deshalb haben wir Schwierigkeiten, uns mehr als siebenstellige Telefonnummern zu merken, und wehren uns gegen Bemühungen der Post, mehr als siebenstellige Postleitzahlen einzuführen. IT unterstellt, daß eine Überfütterung mit Daten nicht zum Verlust nur einiger zusätzlicher Ziffern führt, sondern zu einer generellen Verfälschung der Daten im Gedächtnis. Wir erleben Folgendes: Wenn wir uns eine lange Telefonnummer merken wollen, vergessen wir normalerweise nicht nur die letzten Zahlen, sondern neigen dazu, die ganze Nummer durcheinanderzubringen. Lehrer, denen die Gefahren der Überlastung des Gedächtnisses vertraut sind, achten darauf, Grundbegriffe zu erklären, bevor sie auf ihnen aufbauen, da ihre Schüler sonst völlig verwirrt werden und »abschalten«.

Auch die biologische Fortpflanzung läßt sich mit einem Kommunikationskanal vergleichen, der durch natürliche Auslese befähigt wurde, seine Datenkapazität zu maximieren und die Fehler zu minimieren. Das DNA-Molekül, die Grundlage allen irdischen Lebens, verschlüsselt Informationsbits in Dreiergruppen aus vier chemischen Stoffen, den Nukleotidbasen. (Die Basen sind Adenin, Guanin, Cytosin und Thymin; ihre Dreiergruppen entsprechen den zwanzig wichtigsten Aminosäuren, aus denen sich die Proteine zusammensetzen.) Die DNA-Moleküle nutzen diesen Schlüssel zur Synthetisierung von Proteinen durch Verwendung der geeigneten Aminosäuresequenz. Die Fehlerquote bei der Verdoppelung der DNA nähert sich, wie wir wissen, dem Minimum, das die Informationstheorie zuläßt; die biologische Evolution kann als ständiger Versuch betrachtet werden, das »Rauschen« im DNA-RNA-Kommunikationskanal, der die Erbdaten von Generation zu Generation übermittelt, auf ein Minimum zu reduzieren.

Bevor wir jedoch die Informationstheorie in die Quantenphysik einbauen können, müssen wir in der subatomaren Welt irgendeinen Binärcode bestimmen – der für alle Materie und Energie dem dualen System entspricht, das die Digitalcomputer und das Gehirn benutzen. Die Quantentheorie impliziert, daß dies möglich ist. Das Wort »Quantum« (griechisch »wieviel«) spiegelt die Tatsache, daß

Materie und Energie, so wie wir sie sehen, nichts Kontinuierliches sind, sondern in gesonderten Einheiten auftreten, den Quanten. Die Quantenmechanik kann so ausgelegt werden, daß nicht nur Materie und Energie, sondern auch Wissen in dem Sinn quantifizierbar ist, daß Informationen über jedes System auf einige grundlegende, irreduzible Einheiten reduziert werden. Die Quanten allein können uns allerdings noch nicht das duale System bieten, das wir gerne hätten, damit wir die gesamte physikalische Welt in Bits ausdrücken können, denn Quanten, wie wir sie gegenwärtig verstehen, haben nicht zwei, sondern viele Zustände. Es fehlt noch etwas.

Auf der Suche nach einem Binärcode, mit dem die Informationstheorie generell auf die Physik angewandt werden könnte, prüft der Physiker John Archibald Wheeler Ja-oder-Nein-Entscheidungen des Beobachters – wie bei der Entscheidung im Doppelschlitz-Versuch, wo wir das Elektron fragen, ob es sich als Welle oder Teilchen darstellt. Wheeler meint, daß alle Begriffe, die wir auf die Natur anwenden, auch der Begriff Gegenstände, aus Ein-Aus-Entscheidungen aufgebaut werden können, die der Wissenschaftler in der Weise trifft, wie er das Experiment anlegt. Er faßt diese Dynamik in dem Schlagwort »It from Bit« zusammen:

Jedes Es – jedes Teilchen, jedes Kraftfeld, sogar das Raum-Zeit-Kontinuum – leitet seine Funktion, seine Bedeutung, ja seine Existenz ganz... von den gerätebedingten Antworten auf die Ja- oder Nein-Fragen ab, von binären Entscheidungen, Bits.

Die Quantenphysik beschäftigt sich mit dem klassischen Paradox, was die Dinge »wirklich sind«, und lehnt es ab, einer Erscheinung eine Identität zuzuweisen, solange sie nicht beobachtet worden ist. Wheeler zitiert gern sinngemäß Bohr und sagt: »Keine Erscheinung ist eine Erscheinung, wenn sie keine beobachtete Erscheinung ist.«

Eine Beobachtung wird ihrerseits als aus zwei Prozessen bestehend definiert. Erstens lassen wir »die Wellenfunktion kollabieren«. Das heißt, daß Energie (und mit ihr einige denkbare Informationen) gesammelt wird, etwa wenn wir Licht von einem Stern auffangen oder Röntgenstrahlen von einer energiereichen Teilchenkollision. Zweitens muß es eine unumkehrbare Verstärkung geben, die die Beobachtungsdaten registriert, etwa daß das Sternenlicht eine fotografische Platte schwärzt oder die Röntgenstrahlen ein elektronisches Anzeigegerät ansprechen lassen. Der zweite Teil der Definition ist eindeutig notwendig; ansonsten könnte man sagen, alles Sternenlicht, das sich je über die unbelebten Lavaebenen des Mondes ergossen hat, ist beobachtet worden, wodurch der Begriff der Beobachtung zur Bedeutungslosigkeit verallgemeinert würde. Aber der Gedanke der Verstärkung ist auch faszinierend offen: Er bedeutet: Damit eine Beobachtung als Beobachtung durchgeht, müssen die Daten nicht nur registriert, sondern auch irgendwie übermittelt werden.

Angenommen, ein automatisches Teleskop, das in einem unbemannten Observatorium auf einer Bergkuppe von einem Computer gesteuert wird, fängt das Licht eines explodierenden Sterns, einer Supernova, in einer weit entfernten Galaxis auf. Die Wellenfunktion ist kollabiert, aber nicht verstärkt, weil sie noch nicht an ein intelligentes Wesen übermittelt worden ist.* (Wollten wir anders argumentieren, müßten wir sagen, daß jedes Festhalten eines Prozesses eine Beobachtung ist, was bedeuten würde, daß jeder Strahl aus dem All, der eine Spur in das Mondgestein ätzte, beobachtet worden wäre, und das ist ja wohl absurd.) Am nächsten Morgen kommt ein Astronom ins Observatorium und sieht auf einem Bildschirm den Punkt, den der explodierende Stern hinterlassen hat. Jetzt haben wir eine Beobachtung, oder nicht?

Vielleicht nicht; hier wird es etwas eigenartig. Nehmen wir an, der Astronom geht zum Telefon, um eine Kollegin anzurufen und ihr mitzuteilen, daß er eine Supernova entdeckt hat – aber bevor er dazu kommt, begräbt eine Lawine das Labor, tötet ihn und zerstört alle Daten. Ist es zu einer Beobachtung gekommen? Da jetzt nicht mehr Informationen über die Supernova vorliegen als vorher (tatsächlich sogar weniger), lautet die einzige korrekte Antwort offenbar nein! Wie Wheeler schreibt, ist ein Beobachter »jemand, der ein Beobachtungsgerät bedient *und sich am Entstehen des Sinns beteiligt*« (Hervorhebung von mir). Wenn der einzige Beobachter tot ist, ist kein Sinn beigebracht worden. Ohne Kommunikation gibt es keine Beobachtung – und keine Beobachtung bedeutet: kein Phä-

---

* Es ist egal, wer die Beobachtungsdaten hervorbringt und übermittelt; dafür kann jedes sinnlich wahrnehmbare Wesen in Frage kommen, ob es ein Astrophysiker von Harvard oder ein in einen Asteroiden eingebettetes Netzterminal aus Silizium ist.

nomen im bekannten Universum, was nach meiner These besagt: überhaupt kein Phänomen, basta.

Die Quantenphysik beschert uns demnach viele Schachteln in der Schachtel. Für jede Beobachtung gibt es eine begriffliche »Schachtel«, in der eine Beobachtung erfolgt ist. Die Wellenfunktion befindet sich darin, das Gerät, das sie verstärkt hat, und das intelligente Wesen, das daran beteiligt war, ihr einen Sinn zu geben. Doch diese Schachtel steckt in einer endlosen Zahl größerer Schachteln, wo das neue Ereignis noch nicht empfangen und gedeutet wurde. Für Bewohner dieser größeren Schachteln hat sich das Phänomen (noch) nicht ereignet. *

Was mich zu einem abschließenden Blick auf das Problem der interstellaren Kommunikation führt.

Stellen wir uns vor, die Sonne würde morgen in die Luft fliegen und das gesamte Wissen der Welt vernichten, und kein Wesen habe die Signale empfangen, die schwach und unbeabsichtigt von irdischen Radio- und Fernsehstationen vor dem Untergang unseres Planeten ins All gedrungen sind. Dieses Szenario entspricht dem des unglücklichen Astrophysikers, der unter einer Lawine begraben wird: Keine Beobachtung! Von aller menschlichen Wissenschaft wäre am Ende nichts geblieben. Da wir im gesamtstellaren Maßstab keinen dauerhaften Beitrag zur Wissenschaft geleistet haben, hätten wir der Gesamtheit des wahrgenommenen Universums nichts hinterlassen.

Wie vermeiden wir die Sinnlosigkeit eines so trostlosen Abgangs? Indem wir das, was wir wissen, an andere fremde Intelligenzen übermitteln – die Informationen entweder direkt an sie senden oder in einem interstellaren Kommunikationsnetz speichern lassen. Diese Art der Verstärkung würde sicherstellen, daß unsere Beobachtungen nicht mit dem Schicksal unserer Spezies verknüpft werden, sondern in das gesamte galaktische und intergalaktische Wis-

---

* Die Schachteln in der Schachtel gibt es auch in der makroskopischen Physik, was darauf zurückzuführen ist, daß keine Information schneller als mit Lichtgeschwindigkeit übermittelt werden kann. Angenommen, der instabile Stern Eta Carinae, der Tausende von Lichtjahren von der Erde entfernt ist, sei »schon« explodiert, und Astronomen auf Eta-Carinae-nahen Planeten hätten die Explosion fotografiert. Was uns betrifft, ist die Explosion aber noch nicht erfolgt, denn das Licht der Explosion hat uns noch nicht erreicht. (Zumindest noch nicht um drei Uhr Greenwicher Zeit nachts am 11. September 1991.)

sen eingingen, das weit über den Raum hinaus in die Zukunft reicht. Wheeler schreibt dazu: »Wie weit Fuß und Fähre die sinnstiftende Kommunikation in fünfzigtausend Jahren getragen haben, vermittelt uns nur ein schwaches Gefühl dafür, wie weit die interstellare Ausbreitung sie in fünfzig Milliarden Jahren tragen soll.«

Wenn man über die interstellare Kommunikation spekuliert, hat man das seltsame Gefühl, daß ihr etwas Natürliches und Intuitives innewohnt – daß wir es tun sollen, so wie wir Gedichte schreiben, unsere Kinder lieben, uns Gedanken über die Zukunft machen und die Vergangenheit in Ehren halten sollen. Vielleicht ist es dieses Motiv, das so viele SETI-Forscher bei ihrer langen, frustrierenden Suche nach Kontakt zu Leben irgendwo zwischen den Sternen antreibt: die noch ganz unausgereifte Vorstellung, daß wir durch die Teilnahme an interstellarer Kommunikation nicht einfach Fakten und Meinungen und Kunst und Unterhaltung austauschen, sondern die Gesamtheit des kosmischen Verständnisses erweitern würden. Falls wir Gefährten im Universum haben, hat der kosmische Baum seine Wurzeln nicht nur in unserer Erde. Wo immer es Leben und Denken gibt, können die Wurzeln treiben, bis sie mit ihrem mächtigen Geflecht der Pracht der üppigen Baumkrone gleichkommen.

Warum sitzen denn ein paar einsame Astronomen immer noch über die Pulte ihrer Radioteleskope gebeugt und lauschen, suchen, hoffen? Vielleicht weil wir irgendwie vermuten, daß das bekannte Universum da draußen in zahllosen Köpfen gebaut wird und wir zu seinem Gedeihen beitragen können. Wir, die wir aus den Wäldern gekommen sind, wollen einen Wald der Erkenntnis zwischen den Sternen wachsen lassen.

Anmerkungen

7   *Lebende Materie und Klarheit* – Max Born: The Born-Einstein Letters. New York 1971, S. 95

11   *Der Geist begreift den Grund ... nicht* – In Suzi Gablik: A Conversation with René Magritte. Studio International, Bd. 173, Nr. 887 (März 1967), S. 128; in René Magritte: Secret Affinities. Houston 1976, S. 9

11   *Ein Bild ohne Rahmen ist kein Bild* – In Dennis Overbye: Lonely Hearts of the Cosmos: The Story of the Scientific Quest for the Secret of the Universe. New York 1991, Fahnenabzug S. 108

14   *Die Welt ist ein Phantasiegebilde* – Dennis Sciama: Interview mit TF, Padua, Juli 1983

     Im Oxford English Dictionary wurde der Begriff »Wissenschaftler« erstmals vom Philosophen und Mathematiker William Whewell erwähnt, der 1840 schrieb: »Wir brauchen dringend einen Namen, um den Pfleger der Wissenschaft ganz allgemein zu beschreiben. Ich neige dazu, ihn Wissenschaftler zu nennen.«

17   *Gerade so fragt der Naturforscher nicht* – Ludwig Boltzmann: Populäre Schriften (Ausgewählt von E. Broda). Braunschweig/Wiesbaden 1979, S. 27

17   *Aber um so großartiger* – Ludwig Boltzmann: Populäre Schriften (Ausgewählt von E. Broda). Braunschweig/Wiesbaden 1979, S. 27

19   *Hier eine Lösung zum Neun-Punkte-Rätsel:*

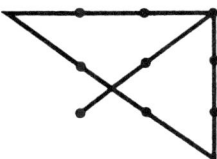

20   *das unendliche Universum* – Wir wissen noch nicht, ob die Geometrie des Universums offen ist, so daß es in dem Fall räumlich unendlich wäre, oder geschlossen, so daß es endlich wäre. Auf jeden Fall ist das beobachtbare Universum in dem Sinn unendlich, als es eine unerschöpfliche Fülle an Informationen birgt.

21   *Die Wissenschaft kann das letzte Geheimnis* – In John D. Barrow und Frank R. Tripler: The Anthropic Cosmological Principle. New York 1986, Fahnen, S. 110

21   *Wenn er seine Arbeit betrachte* – In René Magritte: Secret Affinities. Houston 1976, S. 9

21   *das Gefühl, das wir beim Betrachten eines Bildes empfinden* – In René Magritte: Secret Affinities. Houston 1976, S. 7

21 *Das Bild des Universums* – John Archibald Wheeler: Law Without Law. In John Archibald Wheeler und Wojciech Hubert Zurek (Hrsg.): Quantum Theory and Measurement. Princeton/N.J. 1983, unpaginiertes Manuskript

23 *Sind wir vielleicht hier* – Rainer Maria Rilke: Duineser Elegien, Die neunte Elegie

23 *Neckt sie und zeckt sie* – William Shakespeare: Der Sturm, III. Akt, 2. Szene

25 *es wäre seltsam* – In F.M. Cornford: Innumerable Worlds in Presocratic Philosophy. The Classical Quarterly (Januar 1934), S. 13

25 *auf einem Baum gibt es viele Früchte* – In SETI: Search for Extraterrestrial Intelligence. Washington, NASA NP-114, 1990, S. 3

26 *wir brauchen in diesem Jahr* – Reporter Silvio Conte. Congressional Record, 23. Juni 1990, H4356

27 *Zeichen einer außerirdischen Kultur* – Eines der Probleme jedes SETI-Projekts liegt darin, daß wir nicht wissen, auf welcher Radiofrequenz eine fremde Zivilisation senden könnte. Und selbst wenn wir es wüßten, würde die empfangene Frequenz durch die Bewegung der Sonne und des Heimatsterns der Fremden im Weltraum und durch die Geschwindigkeit des Planeten auf ihrer Umlaufbahn um diese Sterne verändert (»dopplerverschoben«). Man geht also am liebsten so vor, daß man gleichzeitig auf vielen Frequenzen horcht, und baut darauf, daß die Computer Alarm schlagen, sobald sie ein Signal entdecken.

27 *uns Grüße funken würden* – Nehmen wir einmal an, volle zehntausend Funkfeuer würden Signale senden, die wir entdecken könnten, und es gelänge uns, unsere Empfänger auf die richtige Frequenz einzustellen, so daß wir sie empfangen könnten. Wenn es in unserer Galaxis einhundert Milliarden (10^{11}) Sterne gibt, wäre die Wahrscheinlichkeit, daß ein Stern der Standort einer dieser zehntausend sendenden Welten ist, 10^{11} geteilt durch 10000 oder eins zu zehn Millionen. Wir müßten nur die Hälfte oder fünf Millionen Sterne absuchen, um auf eine Chance von 50:50 zu kommen, das Signal zu erwischen. Selbst wenn wir ein Höchstleistungs-Radioteleskop benutzen würden – das rund um die Uhr stündlich einen Stern erforschen könnte –, brauchten wir für das Beobachten von fünf Millionen Sternen etwa sechzig Jahre. Eine den gesamten Himmel umfassende Suche verringert die Suchzeit natürlich drastisch, aber auf Kosten einer verminderten Empfindlichkeit. Da wir nicht wissen, wie stark ein Signal sein könnte, ist es wahrscheinlich am besten, es so wie die NASA zu machen und Stern für Stern den gesamten Himmel abzusuchen.

29 *das einzige, was beständig die Überlebenschancen gesteigert hat* – In Timothy Ferris: An End to Cosmic Loneliness. The New York Times Magazine, 23. Oktober 1977, S. 99

29 *Die Intelligenz und die Fähigkeit* – Carl Sagan und I.S. Shklovskij: Intelligent Life in the Universe. New York 1966, S. 411

29 *daß unsere neurologische Anatomie* – Wir würden auch nicht damit rechnen, daß sich unsere Gesamtanatomie woanders ein zweites Mal entwickelt. Die amerikanische Naturforscherin Loren Eiseley schrieb 1937: »Leben, auch Zelleben, existiert vielleicht im Dunkel da draußen. Aber ob nun hoch oder niedrig in der Natur angesiedelt, es wird kaum menschliche Gestalt haben. Die Gestalt ist das evolutionäre Produkt einer eigenartigen, langen Wanderung

durch die Mansarden des Walddachs, und die Möglichkeiten des Fehlschlags sind so zahlreich, daß wahrscheinlich nie mehr etwas genauso wie der Mensch entstehen würde.« Loren Eiseley: The Immense Journey. New York 1937; zitiert in Nicholas Rescher: Extraterrestrial Science; in Edward Regis (Hrsg.): Extraterrestrials: Science and Alien .Intelligence. Cambridge/Engl., 1985, S. 113

31   *dem Abenteurer William Strachey.* – Stracheys Bericht ist wiedergegeben bei Louis B. Wright (Hrsg.): A Voyage to Virginia in 1609: Two Narratives, Strachey's ›True Reportory‹ and Jourdain's ›Discovery of the Bermudas‹... Charlottesville 1964

32   *Wie du erstmals kamst* – William Shakespeare: Der Sturm, I. Akt, 2. Szene

33   *Über ihm wölbte sich unübersehbar* – Fjodor M. Dostojewski: Die Brüder Karamasow. Gütersloh 1957, S. 485 f

33   *Die Wahrscheinlichkeit des Erfolgs läßt sich schwer abschätzen* – Giuseppe Cocconi und Philip Morrison: Searching for Interstellar Communication. Nature (19. September 1959)

34   *I have loved my fellow men* – Zitiert in Lawrence LeShan und Jerry Margenau: Einstein's Space and Van Gogh's Sky. New York 1982, S. 141

34   *Himmel und Erde werden vergehen; aber meine Worte werden nicht vergehen.* – Matthäus 24,35

37   *ein interstellares Netz einrichten* – Ich habe die Durchführbarkeit interstellarer Netze erstmals in dem Beitrag ›The Universe as an Ocean of Thought‹ angesprochen, der im Juli 1975 in Harper's Magazin erschien.

38   *In SETI-Kreisen ist viel* – Wegen der Erörterung sich selbst reproduzierender Sonden als Argument gegen die Existenz außerirdischer Intelligenz vgl. John D. Barrow und Frank Tipler: The Anthropic Cosmological Principle. Oxford 1986, Kapitel 9. Barrow und Tipler schätzen die Kosten für den Start der ersten langsamen Sonde auf nur etwa einige zig Milliarden Dollar; alle nachfolgenden Sonden kosten nichts mehr, da sie von der Muttersonde und ihren Abkömmlingen kopiert werden, ohne daß der Ursprungsgesellschaft noch weitere Kosten entstehen.

39   *Die Ursprungssonde wäre klein* – Die Antennen, das Antriebswerk, der Meteoritenschild der Sonde etc. müßten wohl ziemlich groß sein – wir wissen wirklich nicht viel über die Technologie interstellarer Raumfahrzeuge –, aber ihre Datenspeicher mit der hohen Kapazität könnten offensichtlich sehr klein sein. Eine Untersuchung von Richard Feynman über die theoretischen Grenzen der Datenspeicherung deutet an, daß sämtliche Informationen aller Bibliotheken der Erde in einer Kugel gespeichert werden könnten, die kleiner als der Punkt am Ende dieses Satzes ist.

41   *»so intelligent« wie ein Mensch* – Ein grundlegendes, wenn auch ziemlich ausgefallenes Argument gegen den Gedanken, daß Maschinen wie Menschen denken können, findet sich bei Roger Penrose: The Emperor's New Mind: Concerning Computers, Minds, and the Laws of Physics. New York 1990

42   *bildeten die Grundlage der Intelligenz* – Zur Erörterung der wichtigen Rolle des Gedächtnisses für die menschliche Intelligenz siehe z. B. den Beitrag des italienischen Psychoanalytikers Eugenio Gaddini (Notes on the Mind-Body Question. International Journal of Psycho-Analysis, 68(3), (1987), S. 316, in dem er anführt, daß das Gedächtnis »eine entscheidende Rolle beim Übergang

vom psychologischen zum geistigen Arbeiten« spielt. Vgl. auch Gerald M. Edelman: The Remembered Present: A Biological Theory of Consciousness, New York 1989, und George Johnson: In the Palaces of Memory, New York 1991

45 *Dies ist das wunderbarste Labyrinth* – William Shakespeare: Der Sturm, V. Akt, 1. Szene

45 *Die Welt steht schon eine hübsche Weil* – William Shakespeare: Was ihr wollt, V. Akt, 1. Szene

46 *die Wirklichkeit anders zu sehen* – Heinz Pagels: The Dreams of Reason: The Computer and the Rise of the Sciences of Complexity. New York 1988, S. 13

51 *in der Werkstatt des Schusters* – Die VR bietet vielleicht einen Weg zur Verbesserung der Datenflut, die gegenwärtig viele Gebiete der Wissenschaft überschwemmt. Hinweise auf das Ozonloch über der Antarktis z. B. ruhten jahrelang unbeachtet auf Magnetbändern, bis die Fachleute es schafften, die Datenflut, die es anzeigte, einzudämmen; wären die Bänder in Form von VR-Simulationen der Erde verfügbar gewesen, hätte selbst ein Kind das Ozonloch erkennen können. Das ist wirklich eine der phantastischen Bildungschancen der VR; in den naturwissenschaftlichen Fächern könnten Schüler bildlich aufbereitete Daten durchforsten, die über Satellit direkt aus dem All in die Schulcomputer geladen werden, und hätten eine echte Chance, noch vor den professionellen Wissenschaftlern wichtige Entdeckungen zu machen.

57 *Ich bin der Hund* – William Shakespeare: Die beiden Veroneser, II. Akt, 3. Szene

57 *Hund? Hund sein? Wozu?* – Leon Rooke: Shakespeare's Dog. New York 1983, S. 6

57 *nur der Hund dem Menschen unterworfen* – Mir ist bewußt, daß dies vielleicht etwas hart klingt angesichts der Tatsache, daß die Domestizierung wilder Hunde bestimmt Schläge und andere Gewaltanwendungen eingeschlossen hat. Mit im Spiel war aber auch eine gewisse Selbstauswahl: Die wilden Hunde, die bereit waren, sich in die Wohngebiete des Menschen zu begeben und z. B. um Futter zu betteln, wurden am häufigsten gefangen und domestiziert. Alle Varietäten des Canis familiaris jagen übrigens im Rudel, und es wird angenommen, daß ihre Unterwerfung unter einen menschlichen Herrn mit ihrem angeborenen Vertrauen auf einen Rudelführer zu tun hat.

57 *Hunde sind sehr treu* – Reinhold Bergler: Mensch und Hund. Köln 1986, S. 110, 115

58 *Er ging auf die beiden los* – Muhammad Ibn Khalaf Ibn al-Marzuban: The Book of the Superiority of Dogs Over Many of Those Who Wear Clothes, übersetzt und herausgegeben von G.R. Smith und M.A.S. Abdel Haleem. Warminster/Engl. 1978, S. 30

58 *Ich bin feiner Hund* – Rudyard Kipling: Das große Abenteuer, Wie spricht der Hund. München 1965, S. 631

59 *demjenigen, der Krebs hat* – In Richard Berendzen (Hrsg.): Life Beyond Earth & the Mind of Man. Washington/D.C. 1973, S. 49

60 *von »fast ewig« lebenden Wesen* – Philip Morrison (Hrsg.): SETI: The Search for Extraterrestrial Intelligence. Mountain View/Cal. 1976, S. 8

60 *nützliche und wesensbildende Erfahrung* – In Richard Berendzen (Hrsg.): Life Beyond Earth & the Mind of Man. Washington/ D.C. 1973, S. 64

62   *Wie stehen Hunde zu Ihrem Gott* – In Richard Berendzen (Hrsg.): Life Beyond Earth & the Mind of Man. Washington/D.C. 1973, S. 59, 60

62   *Verhalten gegenüber Hunden umstellen.* – In Richard Berendzen (Hrsg.): Life Beyond Earth & the Mind of Man. Washington/D.C. 1973, S. 70

65   *Solange das Gehirn ein Geheimnis ist* – In Victor Cohn: Charting »the Soul's Frail Dwelling House«. The Washington Post, 5. September 1982, letzte Ausgabe, S. A1

65   *Eine der am meisten irreführenden Darstellungsweisen* – Ludwig Wittgenstein: Philosophische Bemerkungen. Stuttgart o.J., S. 88

66   *das starke subjektive Gefühl* – Michael S. Gazzaniga: Das erkennende Gehirn. Paderborn 1989, S. 212

67   *die Mutter der Erfindungen* – In J. Hooper und D. Teresi: Das Drei-Pfund-Universum. Düsseldorf/Wien/New York 1988, S. 62

68   *Experiment ... von Benjamin Libet durchgeführt* – Frühere Untersuchungen auf Gebieten, die mit dem Libets verwandt waren, führten Wilder Penfield, Sir John Eccles, Robert Porter und Corbie Brinkman durch. Von Bedeutung war auch die Arbeit von Nils Lassen und Per Roland in Kopenhagen.

68   *ihre Neuronen zündeten eine Drittelsekunde* – In Tom Siegfried: How Free Is Free Will? The Miami Herald, 5. März 1989, S. 10G

71   *Ich gehe nach Hause, um mir eine Cola zu holen.* – Michael S. Gazzaniga: Das erkennende Gehirn. Paderborn 1989, S. 90

71   *mehr oder weniger plausible Begründung* – John R. Searle: Minds, Brains, and Science. London 1984, S. 90

72   *über die französische Küche informieren* – Michael S. Gazzaniga: Das erkennende Gehirn. Paderborn 1989, S. 19

73   *Sprache ... ist lediglich* – J. Hooper/D. Teresi: Das Drei-Pfund-Universum. Düsseldorf 1988, S. 279

75   *Eins ist alles* – Heraklit: Fragmente. Ernst Heimeran Verlag, 1944, S. 19

75   *Die Natur fuhrwerkt herum* – Allan Sandage, Telefongespräch mit T.F., Januar 1990

77   *Ich empfand ein Schaukeln* – Gopi Krishna: Kundalini. London 1971, S. 12–13

77   *Wer bin ich, daß ich zum Pharao gehe* – Das zweite Buch Mose 3,11

77   *Und ich erspür/Ein Etwas* – William Wordsworth, Gedichte, Zeilen. Heidelberg 1959, S. 56 f

78   *die ewige und triumphierende Tradition* – William James: Die religiöse Erfahrung in ihrer Mannigfaltigkeit. Leipzig 1925, S. 335

79   *Es gab einen Laut, wie wenn* – Gopi Krishna: Kundalini. London 1971, S. 66

79   *Überzeugung ... Nichtbeschreibbar ... Einheit* – Ich beziehe mich hier vor allem auf Untersuchungen des amerikanischen Philosophen William James, des englischen Arztes und Schriftstellers Richard Maurice Bucke, des Zen-Gelehrten D. T. Suzuki und des amerikanischen Philosophieprofessors W.T. Stace.

80   *Jede Erleuchtung, die beglaubigt* – Reginald Blyth: Zen and Zen Classics. Tokyo 1964, Bd. 2, S. 37

80   *Die Fünf Farben* – Laotse: Tao-Tê-King. Stuttgart 1961, Kapitel 12

80   *This life's five windows* – In Lawrence LeShan und Jerry Margenau: Einstein's Space and Van Gogh's Sky. New York 1982, S. 249

80   *Es ist unmöglich, die Erfahrung* – Gopi Krishna: Kundalini. London 1971, S. 12–13

80   *Könnten wir nennen den Namen* – Laotse: Tao-Tê-King. Stuttgart 1961, Kapitel 1

81   *Je mehr wir sagen* – Reginald Blyth: Zen and Zen Classics. Tokyo 1970, Bd. 3, S. 96

82   *das verraten vernünftige Menschen nie* – In Frederick Albert Lang: The History of Materialism. London 1925, S. 324–25

82   *Bewußtsein ihrer selbst* – Plotin: Über Ewigkeit und Zeit (Enneade III, 7). Frankfurt am Main 1967, S. 81

82   *In mystischen Zuständen* – William James: Die Vielfalt religiöser Erfahrung. Freiburg 1979, S. 389

82   *Aus dieser geheimnisvollen Kraft* – Ralph Waldo Emerson: Essays, ›Selbständigkeit‹. Stuttgart o. J., S. 15f

82   *Alle Wesen … sind durch das Eine.* – Plotin: Enneaden; VI. Enneade, Buch 9, Jena und Leipzig 1905, S. 114

82   *Der Weg schuf die Einheit* – Laotse: Tao-Tê-King. Stuttgart 1961, Kapitel 42

82   *Er zeigte mir ein kleines Ding* – In R. H. Blyth: Zen and Zen Classics. Tokyo 1964, Bd. 2, S. 47

82   *In einem Staubkorn* – Heinrich Dumoulin: Der Erleuchtungsweg des Zen. Frankfurt 1976, S. 118 f

83   *Es gibt Dinge, die so ernst sind* – In Ruth Moore: Niels Bohr. München 1970, S. 146

83   *Warum spiegelt sich das Eine* – Werner Heisenberg: Schritte über Grenzen. München 1971, S. 47

83   *Das Schönste, was wir erleben können* – Albert Einstein: Mein Weltbild. Zürich 1953, S. 10

83   *Im Jahr der Gnade 1654* – Blaise Pascal: Schriften zur Religion, Memorial. Einsiedeln 1982, S. 25/26

84   *des dreimalgroßen Hermes* – Nicolaus Copernicus: Über die Kreisbewegungen der Weltkörper. Thorn 1879

85   *von drei mystischen Lehren* – In Richard S. Westfall: Never At Rest: A Biography of Isaac Newton. Cambridge 1980, S. 304

87   *Satori kann* – D. T. Suzuki: Zazen. Bern/München 1988

90   *viele Arten von Intelligenz* – Eine Auseinandersetzung mit der Auffassung, daß es viele Intelligenzen gibt, findet sich bei Howard Gardner: Frames of Mind: The Theory of Multiple Intelligences. New York 1985

90   *Alles sah leicht aus* – Robert Oates Jr.: Mind Over Matter. Don Heinrich's Pro Preview. Seattle/Washington 1990, S. 8

93   *Ich werde ein schönes Nickerchen machen* – In Mark Heisler: Comfy Joe Could Have Won This From Easy Chair. Los Angeles Times, 29. Januar 1990, Teil C, S. 3

93   *Fred Astaire des Football* – The New York Times, 22. Januar 1990

94   *Ich sehemacheeinenschrittwerfe* – In Irvin Muchnick: Joe Montana: The State of the Art. The New York Times Magazine, 17. Dezember 1989, S. 61

94   *würde alles schiefgehen* – In Joe Montana and Bob Raissman: Audibles: My Life in Football. New York 1986, S. 64

95   *Es ist wie ein Film* – In Joe Montana and Bob Raissman: Audibles: My Life in Football. New York 1986, S. 141

198

95   *Man muß das Spiel mental beherrschen* – Harry Edwards, Interview mit T. LF. Berkeley, 26. Februar 1990

96   *eine Sache des Kopfes* – In Joe Montana and Bob Raissman: Audibles: My Life in Football. New York 1986, S. 141

97   *bei der sensorischen Hirnrinde die Größe ... zunimmt.* – Zur überraschenden Erkenntnis, daß Hirnrindenkarten sich verhaltensbedingt ändern und nicht von Geburt an vorgegeben sind, vgl. J.T. Wall: Variable Organization in Cortical Maps... Trends in Neurosciences. Bd. II (1988), S. 549–57

98   *die vermutete Spezialisierung der linken Gehirnhälfte* – William H. Calvin: Bootstrapping Thought; Is Consciousness a Darwinian Sidestep? Vortrag im Reality Club, Whole Earth Review (22. Juni 1987), S. 22

99   *ein mechanisches Modell herstellen* – In P.N. Johnson-Laird: The Ghost Hunters, Times Literary Supplement, 14. Dezember 1984, S. 144

100 *die geeignetste Methode* – In Richard S. Westfall: Never at Rest: A Biography of Isaac Newton. Cambridge 1980, S. 248

100 *Nichts ist »ausschließlich«.* – Richard Feynman: The Feynman Lectures of Physics. Reading/ Mass. 1963, Bd. 1, S. 3–6

101 *Was Computer nicht gut können* – Zu weiteren Computerpannen vgl. Greg Freiherr: Invasion of the Spacebots. Air & Space (Februar/März 1990), S. 73 ff

102 *Höchstleistung menschlichen Denkens* – Hans Moravec: Mind Children: The Future of Robot and Human Intelligence. Cambridge 1988, S. 16

102 *der Schuß gelöst werden* – Eugen Herrigel: Zen in der Kunst des Bogenschießens. Bern 1988, S. 65

103 *Tonbandgerät* – In R.M. Restak: Islands of Genius. Science 82 (Mai 1982), S. 63

104 *Sieg des Gelächters* – In Edmund Bergler: Laughter and the Sense of Humor. New York 1956, S. XII

104 *Die Komik ist eine ernste Angelegenheit* – In Tom Dardis: Keaton: The Man Who Wouldn't Lie Down. New York 1979, S. 131

104 *Jedes Lachen ist etwas Paradoxes* – Ein herzliches Lachen ist im wesentlichen unwillkürlich, auch wenn wir es bis zu einem gewissen Grad steuern können wie z. B. unwillkürliche Hustenanfälle. Der englische Arzt und Humorist Jonathan Miller bemerkt, daß das Opfer eines Schlaganfalls, das keine Kontrolle mehr über die Muskeln einer Gesichtshälfte hat, bei der Bitte zu lächeln »mit einem nur einseitigen Lächeln antwortet«. Wenn demselben Patienten aber etwas Lustiges passiert, zeigt er ein Lachen, das beide Gesichtshälften erfaßt. Vgl. John Durant und Jonathan Miller (Hrsg.): Laughing Matters: A Serious Look at Humor. London 1988, S. 8

105 *Seelische Kälte ist sein wahres Element* – H. Bergson: Das Lachen. Jena 1914, S. 7; neuere Ausgabe: Darmstadt 1988

105 *jegliches Gefühl für das Komische fehlt* – In Max Eastman: Enjoyment of Laughter. New York 1937, S. 36

105 *Norman Cousins förderte seine Genesung* – Vgl. Norman Cousins: Anatomy of an Illness as Perceived by the Patient. New York 1981, S. 39

105 *ein Narr lacht überlaut* – Das Buch Jesus Sirach 21,20. Im ersten Brief des Paulus an die Korinther 3,18 finden wir dagegen die Bemerkung: »Welcher sich unter euch dünkt, weise zu sein in dieser Welt, der werde ein Narr, auf daß er möge weise sein.«

105   *Lustigkeit des Pöbels* – Lord Chesterfield, Brief an seinen Sohn, 19. Oktober 1748

106   *Cervantes* – »Da ich gehört, ein großer Dichter des Altertums habe gesagt, es sei schwer, keine Satiren zu schreiben«, sagt Cipion im Zwiegespräch der Hunde von Miguel de Cervantes, in: Exemplarische Novellen. Stuttgart 1963, S. 619

108   *krampfartige Kontraktionen* – Norman N. Holland: Laughing: A Psychology of Humor. Ithaca/NY 1982, S. 76

108   *die nach starker Erregung* – In Edmund Bergler: Laughter and the Sense of Humor. New York 1956, S. 17

109   *Das Leben ist zu ernst* – In Tom Dardis: Keaton: The Man Who Wouldn't Lie Down. New York 1979, S. 198

109   *Mir ist ständig bewußt* – In Robert Payne: The Great God Pan: A Biography of the Tramp Played by Charles Chaplin. New York 1952, S. 20

111   *Ich habe die Regie geführt* – The Jack Benny Show, verfaßt von Sam Perrin, George Balzer, Al Gordon und Hal Goldman, unbetitelte Sendung vom 1. Dezember 1957, UCLA Research Library Special Collections 134, Box 46, Folio 3, MS. S. 18

111   *Ich überlege gerade, was* – In Irving A. Fein, Jack Benny: An Intimate Biography. New York 1976, S. 144

111   *bauen auf den Widerspruch* – Ein kleiner Junge sagte zu seinem Vater: »Papa, ich möchte Oma heiraten.« Der Vater lachte und erwiderte: »Du kannst meine Mutter nicht heiraten.« Der Junge hielt dagegen: »Warum nicht? Du hast meine doch auch geheiratet.« Widersprüche dieser Art finden sich in allen Sprachen, selbst in der Mathematik.

113   *Leuten in den Hintern zu treten* – In Robert Payne: The Man Who Wouldn't Lie Down. New York 1979, S. 11

113   *nicht einmal schreien* – In Tom Dardis: Keaton: The Man Who Wouldn't Lie Down. New York 1979, S. 11

113   *die ins Gesicht schlagen* – In Max Eastman: Enjoyment of Laughter. New York 1937, S. 330

113   *Das Lachen ist ein Affekt* – Immanuel Kant: Kritik der Urteilskraft. Stuttgart 1963, S. 276

114   *»Das Lachen«, schrieb er* – Arthur Schopenhauer: Die Welt als Wille und Vorstellung. Mannheim 1988, Erster Band, S. 70, Zweiter Band, S. 99

115   *des ganzen Ernstes fähig* – Arthur Schopenhauer: Die Welt als Wille und Vorstellung. Mannheim 1988, Zweiter Band, S. 108

115   *und das Große klein* – In Norman N. Holland: Laughing: A Psychology of Humor. Ithaca/NY 1982, S. 101

116   *die Beerdigung der Eltern* – In R. H. Blyth: Zen and Zen Classics. Tokyo 1970, Bd. 3, S. 141

117   *Da wurde Tokusan erleuchtet* – In R. H. Blyth: Zen and Zen Classics. Tokyo 1970, Bd. 4, S. 199

118   *Der riesenhafte Erwachsene* – Der englische Essayist William Hazlitt wies vor Jahren darauf hin, daß ein Kleinkind lacht, wenn ein Erwachsener ihm erst droht und die Drohung dann auflöst: »Wenn wir uns eine Maske vor das Gesicht halten und uns einem Kind in dieser Verkleidung nähern, wird es aufgrund der Eigenartigkeit und Inkongruenz der Erscheinung zunächst

geneigt sein zu lachen; wenn wir immer näher kommen, ohne ein Wort zu sagen, wird es unruhig werden und fast weinen wollen; wenn wir dann die Maske plötzlich abnehmen, wird es seine Angst abschütteln und in ein befreiendes Lachen ausbrechen; wenn wir jedoch nicht das vertraute Gesicht zeigen, sondern statt dessen hinter der ersten Maske den Kopf eines Satyrs oder eine andere schreckliche Fratze verborgen haben, wird der plötzliche Wechsel in diesem Fall kein Anlaß für Belustigung sein, sondern die Überraschung in eine heftige Bestürzung verwandeln und das Kind nach Hilfe rufen lassen, auch wenn es vielleicht überzeugt ist, daß das Ganze letztlich ein Trick ist.« René Spitz, der seit den vierziger Jahren das Schmunzeln und Lachen von Kindern als Reaktion auf Masken untersuchte, stellte fest, daß Kleinkinder gern ein Lächeln sehen, aber noch glücklicher reagieren, wenn man »ganz weit den Mund aufreißt, etwa wie ein Raubtier, das die Zähne bleckt«. Vgl. William Hazlitt: On Wit and Humour; in Geoffrey Keynes (Hrsg.): Selected Essays of William Hazlitt. New York 1934 S. 411–12; und Edmund Bergler: Laughter and the Sense of Humor. New York 1956, S. 11, 57

119 *Es ist sehr schön da drüben* – In Ronald Siegel: The Psychology of Life After Death. American Psychologist, 35:10 (Oktober 1980), S. 911

119 *ewige Seligkeit* – Carl G. Jung: Memories, Dreams, Reflections (Hrsg.: Aniela Jaffe). New York 1961, S. 289–98; in Russel Noyes jr.: Dying and Mystical Consciousness, Journal of Thanatology, 1:1 (Januar–Februar 1971), S. 26

119 *in einem ... ekstatischen Zustand gewesen zu sein* – In Carol Zaleski: Otherworld Journeys: Accounts of Near-Death Experience in Medieval and Modern Times. New York Oxford University Press 1987, S. 159

119 *ein Gefühl des Friedens und Wohlbehagens* – In Sharon L. Bass: You Never Recover Your Original Self, The New York Times, 28. August 1988, Spätausgabe, S. 3

119 *Warum haben Sie mich zurückgeholt* – K. Osis/E. Haraldsson: Der Tod – Ein neuer Anfang. Freiburg 1978, S. 13

120 *ein armer Bauer ... aus Essex* – Thurkills Reise schildert Carol Zaleski: Otherworld Journeys: Accounts of Near-Death Experience in Medieval and Modern Times. New York 1987, S.96

120 *überwältigenden Gefühlen der Freude* – R. A. Moody: Leben nach dem Tod. Hamburg 1977, S. 28

120 *König der Schrecken* – William Osler, Can. Med. Surg. J., 16:511, 1888; in Russel Noyes jr.: The Art of Dying – Perspectives in Biology and Medicine, Bd. 14, Nr. 3 (Frühjahr 1971), S. 442

121 *Es herrschte keine Angst* – Albert Heim: Remarks on Fatal Falls; 1892, in Russell Noyes und Roy Kletti: The Experience of Dying From Falls, Omega, Bd. 3 (1972), S. 45ff

122 *Weiterleben nach dem Tode* – R. A. Moody: Das Licht von drüben. Reinbek 1989, S. 17

124 *daß es so etwas wie einen Lebenswillen gibt* – Interview in der Sendung All Things Considered bei National Public Radio, 11. April 1990

125 *Unter den Ministern* – In John Dart: After »Near-Death«, Atheist Yields Slightly on Afterlife. Los Angeles Times, 8. Oktober 1988, Ortausgabe, Teil 2, S. 7

126 *starr vor Angst* – Heinz Pagels: Cosmic Code. Berlin 1983, S. 338

126 *Wie ich das Schiff wähle* – In Russell Noyes j.: The Art of Dying, Perspectives in Biology and Medicine (Frühjahr 1971), S. 434

126 *Mein Sarg werden Himmel und Erde sein* – Zitiert nach R. H. Blyth: Zen and Zen Classics. Tokyo 1964, Bd. 2, S. 170

126 *Mir wurde klar* – Heinz Pagels: Cosmic Code. Berlin 1983, S. 338

126 *nichts von Gott zu fürchten* – In Giorgio Santillana: The Origins of Scientific Thought. New York 1970, S. 289

127 *Ich weiß nicht, wie das funktionieren würde* – Lewis Thomas, Interview mit T. F. New York City, 20. Oktober 1979

127 *Schmerz ist sinnvoll* – Lewis Thomas: The Medusa and the Snail. New York 1979, S. 105

128 *aus ästhetischen Gründen* – Mehr über die Möglichkeit der ästhetischen Auswahl bei Timothy Ferris: Space-Shots. New York 1984, Einleitung

129 *Redet doch zu uns* – Popol Vuh: Das Buch des Rates. Düsseldorf 1978, S. 32

129 *Das Steuer des Alls aber* – Heraklit: Fragmente. Ernst Heimeran Verlag, 1944, S. 23

129 *So lang die volle Reihe* – Alexander Pope: Versuch über den Menschen, Erster Brief. Strasburg 1778, S. 90

130 *großflächige Umweltveränderungen* – Zu den möglichen Mechanismen, mit denen die Eiszeiten die Evolution des Homo zu mehr Intelligenz hätten treiben können, vgl. William H. Calvin: The Ascent of Mind. New York 1991

131 *können wir sicher sein* – Charles Darwin: Die Entstehung der Arten. Stuttgart 1963, S. 677

132 *Wenn eine Zivilisation reifen soll* – Robert Reinhold: California Struggles With The Other Side of Its Dream. The New York Times, 22. Oktober 1989, 4:1

134 *mit einem Durchmesser von zehn Kilometern* – Der Aufschlag eines so großen Objekts mit einer Geschwindigkeit von zwanzig Kilometern pro Sekunde würde ungefähr siebzig Millionen Megatonnen freisetzen, was dem Tausendfachen aller sowjetischen und amerikanischen Atomwaffen entspricht.

137 *Die Beweise häuften sich* – Die Schätzungen darüber, wie viele Massenvernichtungen es gegeben hat, schwanken stark und reichen von nur fünf bis zu zweihunderttausend. Die Fossilienfunde sind schwer zu deuten – man versucht letztlich immer noch, aus Dreck harte Fakten zu gewinnen –, und selbst wenn die Daten absolut zuverlässig wären, würde ihre statistische Auslegung weiterhin Probleme aufwerfen. Der Umfang ist problematisch: Vielleicht stimmen alle darin überein, bei einer neunzigprozentigen Vernichtung einer Art von Aussterben zu sprechen, aber es ist schon schwieriger zu bestimmen, ob ein Anstieg der Vernichtungsrate von, sagen wir, fünf Prozent ein Aussterben bedeutet. Problematisch ist auch die Frage der Periodizität; wo der eine regelmäßige Zyklen sieht, erkennt der andere Zufallsintervalle. Um der Klarheit und Übereinstimmung willen lege ich Material für die neue Katastrophentheorie vor, das diese Unsicherheiten auf ein Minimum reduziert, unter der Voraussetzung, daß die Theorie auf lange Sicht Bestand hat. Das ist in gewisser Weise ein Urteilsspruch meinerseits, aber ein völlig objektiver Bericht wäre eher noch weniger abgesichert. Aufgrund von Mängeln der fossilen Funde könnte der Untergang der Dinosaurier schneller vor

sich gegangen sein als die normalerweise zitierten Millionen Jahre. Der Paläontologe J. John Sepkoski erklärt, daß »die Daten (wie ich und einige andere sie lesen) durchwegs auf ein einziges schlimmes Wochenende schließen lassen«. Privater Briefwechsel, 11. März 1991

138   *bringt die Umlaufbahnen durcheinander* – Dieses Kometenschauer-Szenario beruht im wesentlichen auf Computersimulationen und anderen Untersuchungen von Piet Hut von Princeton, Eugene M. Shoemaker vom U.S. Geological Survey in Flagstaff, Arizona, und Paul R. Weissman vom Jet Propulsion Laboratory. Vgl. z. B. Alvarez, Hut et. al.: Comet Showers as a Cause of Mass Extinctions. Nature, 329:6135 (10. September 1987), S. 118–26. Außerdem P. R. Weissman, in R. L. Duncombe (Hrsg.): Dynamics of the Solar System. Dordrecht 1979, S. 277–82

140   *Die Folgen der Periodizität* – David M. Raup und J. John Sepkoski jr.: Periodicity of Extinctions in the Geologic Past. Proc. Natl. Acad. Sci. USA, Bd. 81, S. 801–5 (Februar 1984), S. 805

140   *einen verrückten Artikel* – Richard Muller: Nemesis: The Death Star. New York 1988, S. 3

141   *irgendwann eine Möglichkeit* – Richard Muller: Nemesis: The Death Star. New York 1988, S. 7 ff

143   *in Gestalt brauner Zwerge* – Braune Zwerge sind, da diese Zeilen geschrieben werden, in Astronomenkreisen out, was auf Untersuchungen zurückgeht, die ihre Existenz in Binären Sternensystemen offenbar ausschließen, zu denen die meisten bekannten Sterne gehören. Meiner Meinung nach wissen wir jedoch noch zu wenig über das Entstehen der Sterne, als daß wir die Hypothese verwerfen könnten, daß es vielleicht doch viele kleine dunkle Sterne gibt.

143   *nach wie vor umstritten* – Einen Überblick über die Ausrottungsdebatte gibt Stephen K. Donovan (Hrsg.): Mass Extinctions: Process and Evidence. New York 1989

143   *einen himmlischen Mechanismus* – Kometen können die Erde auch beeinflußt haben, ohne aufgeschlagen zu sein, einfach durch ihre Nähe. In einer neueren Untersuchung stellen zwei Wissenschaftler zur Diskussion, daß über und unter der KT-Schicht gefundene Aminosäuren von Kometenstaub stammen könnten, der von einem Riesenkometen in das innere Sonnensystem geschleudert wurde, der in einer erdnahen Umlaufbahn gefangen war. Vgl. David Grinspoon und Kevin Zahnle: Comet Dust as a Source of Amino Acids at the Cretacious-Tertiary Boundary. Nature, Bd. 348 (8. November 1990), S. 157 ff

144   *ein kleiner Meeresfisch* – Die Geschichte von Bairdiella im Salton See behandelt Steven M. Stanley: The New Evolutionary Timetable. New York 1981, S. 120–21

146   *Hätte es den großen Kometen* – Richard A. Muller: An Adventure in Science. The New York Times Magazine, 24. März 1985, S. 50

148   *Liebe Nachwelt!* – Albert Einstein: Briefe. Zürich 1981, S. 100

151   *Sieh hier mein Haar* – Ovid: Metamorphosen, Zweites Buch. Stuttgart 1964, S. 65

152   *Wir haben die Macht* – Kosta Tsipis: Arsenal: Understanding Weapons in the Nuclear Age. New York 1983, S. 101

153   *Wie aber Phaëton gar* – Ovid: Metamorphosen, Zweites Buch. Stuttgart 1964, S. 61

154 *hat zahlreiche Fehler gemacht.* – Arthur Koestler in Arne Tiselius und Sam Nilsson (Hrsg.): The Place of Value in a World of Fact. New York 1970, S. 298

155 *mit wie vielen künftigen Generationen* – In Charles Krauthammer: The End of the World. The New Republic (28. März 1983), S. 12

156 *keine Frage der Meinung* – In Charles Krauthammer: The End of the World. The New Republic (28. März 1983), S. 12

156 *sagte der Biologe Paul Ehrlich voraus* – Vgl. Paul Ehrlich: Die Bevölkerungsbombe. Frankfurt am Main 1973

156 *eine genaue Voraussage* – In M. Taub: Evolution of Matter and Energy; nicht paginiertes Manuskript, 1986

158 *manichäische Ketzerei* – In David Castronovo: Edmund Wilson. New York 1984, S. 61

159 *in eine Sackgasse* – Timothy Ferris: Die rote Grenze. Basel 1982, S. 29 (Fußnote)

160 *abwarten und zusehen!* – Albert Einstein: Briefe. Zürich 1981, S. 34

161 *In der ganzen ungeheuren Bibliothek* – Jorge Luis Borges, Die Bibliothek von Babel; in: Labyrinthe. München 1959, S. 191

161 *Hölle ist Wahrheit* – In Norman Myers (Hrsg.): Der Öko-Atlas unserer Erde. Stuttgart o.J., S. 159

161 *ein Zehntel des grünen Dachs* – Die Lage in Brasilien hat sich seit 1988 etwas gebessert. Präsident Fernando Collor de Mello hat eine Verordnung unterzeichnet, die das Abholzen und die Verwertung der heimischen Vegetation in den dezimierten Wäldern am Atlantischen Ozean verbietet; Verbesserungen auf gesetzlichem Gebiet und beim Gesetzesvollzug führten 1990 zu einem 25-prozentigen Rückgang der Fläche, die jährlich im Amazonas-Dschungel für die Viehzucht gerodet wird.

162 *Ein kleiner See in Brasilien* – Diese Beispiele für die biologische Artenvielfalt in den Regenwäldern stammen überwiegend aus Untersuchungen von Terry Erwin von der Smithsonian Institution sowie von Peter Ashton und Edward O. Wilson von der Harvard University.

162 *Wahnsinn, den unsere Nachkommen* – In Norman Myers (Hrsg.): Der Öko-Atlas unserer Erde. Stuttgart o.J.

165 *daß Computer mit Algorithmen arbeiten.* – Der Begriff »Algorithmus« ist eine Verballhornung des Namens Al Kworesmi, eines arabischen Mathematikers aus dem 9. Jahrhundert, dessen einschlägiges Buch zur Zeit der Renaissance in Europa großen Einfluß ausübte.

167 *Die Kraft der Evolution* – Edward O. Wilson: Threats to Biodiversity. Scientific American (September 1989), S. 114

169 *gaben die Nordamerikaner ... für diese Arzneimittel aus.* – N.R. Farnsworth und D.D. Soejarto: Potential Consequences of Plant Extinction in the United States on the Current and Future Availability of Prescription Drugs. Economic Botany 39 (3) (1985), S. 231–40

169 *Die Barasana-Indianer* – Mark J. Plotkin: The Healing Forest: The Search for New Jungle Medicines. The Futurist (Januar 1990), S. 9

169 *Aber die Indianer verschwinden.* – Man schätzt, daß zwischen sechs und zwölf Millionen Indianer das Amazonas-Gebiet bevölkerten, als Kolumbus Amerika erreichte, und daß heute nur noch 200 000 leben. Vgl. Susanna Hecht und Alexander Cockburn: The Fate of the Forest: Developers, Destroyers and Defenders of the Amazon. New York 1990, S. 3

169 *Kein einziger der Schamanen* – Mark J. Plotkin: The Healing Forest: The Search for New Jungle Medicines. The Futurist (Januar 1990), S. 9

171 *Ein neuer Brückenkopf des Wissens* – Heinz Pagels: The Dreams of Reason: The Computer and the Rise of the Sciences of Complexity. New York 1988, S. 150

174 *Die Welt ist die Gesamtheit* – Ludwig Wittgenstein: Tractatus logico-philosophicus. Frankfurt am Main 1960, 1.1, S. 11

174 *Auch in der Naturwissenschaft* – Werner Heisenberg, in Aldous Huxley: Literatur und Wissenschaft. München o.J., S. 84

174 *Geist und Universum* – In einem wichtigen Sinn ist der Geist eine Schöpfung des Universums und das Universum eine Schöpfung des Geistes. Ich meine damit nicht, daß das Universum nicht existiert, sondern lediglich, daß der Gedanke eines »Universums« – und all dessen, was wir je darüber wissen können – notwendigerweise im Geist zu Hause sein muß. Das halte ich für die Position der undogmatischeren unter jenen Philosophen, die erklären, »das ist alles rein geistig«. Der Geist dieser Haltung kam 1990 bei einem Gespräch zwischen Tenzin Gyatso, dem vierzehnten Dalai Lama, und meinem Freund Alex Shoumatoff zum Ausdruck. Shoumatoff, der danach fragte, daß bei den Buddhisten Gegenstände nur eine Projektion geistiger Bilder sind, erzählte dem Dalai Lama, daß er in der Nacht zuvor in seinem Hotelzimmer aufgewacht und bei der Suche nach dem Lichtschalter im Dunkeln über seinen Koffer gestolpert sei. »Sie können mir nicht erzählen, der Koffer habe nur in meiner Vorstellung existiert«, sagte Shoumatoff. »Ich wußte nicht einmal, daß er da war, bis ich über ihn gestolpert bin.« Der Dalai Lama lachte vergnügt vor sich hin. »Aber was ist denn ein Koffer?« fragte er. »Man kann Farbe, Form, Größe, Gewicht und Material des Koffers angeben, aber trotzdem ist da noch etwas. Auf quantenmechanischer Ebene gibt es keinen Koffer, und wenn Sie ein subatomares Teilchen wären, könnten Sie ohne weiteres durch den Koffer hindurchgleiten. Wenn Sie es untersuchen, können Sie weder die unabhängige Existenz des Koffers noch die Ihre finden. Aber das heißt nicht, daß Sie gar nicht existieren.«

174 *suchen gezielt danach* – J. Z. Young: Programs of the Brain. New York 1978, S. 117

176 *Unschärferelation* – Wie oft bei wissenschaftlichen Entdeckungen, neigt die Sprache, mit der die Erkenntnisse Heisenbergs beschrieben werden sollen, dazu, ihre Bedeutung zu verhüllen; »Unschärfe« meint eine zeitliche Begrenzung des Wissens, während es bei Heisenbergs Relation darauf ankommt, daß wir nie alle Informationen über ein subatomares System erfahren können. Der Physiker und Wissenschaftshistoriker Abraham Pais schreibt, »es wäre vielleicht besser gewesen, den Begriff ›Unerkennbarkeitsrelation‹ zu nehmen«. Der Physiker Viktor Weisskopf ist für »Begrenzungsrelation«, und ich selbst würde »Unbestimmtheitsprinzip« vorziehen. Aber Pais sagt richtig: »Man kann oder sollte jetzt nichts mehr daran ändern.« Vgl. Abraham Pais: Inward Bound. New York 1986, S. 262, und Viktor Weisskopf: The Joy of Insight: Passions of a Physicist. New York 1991, Kapitel 3

177 *Wovon man nicht sprechen kann* – Ludwig Wittgenstein: Tractatus logico-philosophicus. Frankfurt am Main 1960, 7, S. 83

178 *Der berühmte »Doppelschlitz«-Versuch* – Eine eingehendere Beschreibung

dieses Versuchs gibt R.P. Feynman, R.B. Leighton und M. Sands: Feynmans Vorlesungen über Physik. München 1971, Bd. III, Kapitel 1

180 *über Quantenprobleme nachdenken* – Ruth Moore: Niels Bohr. München 1970, S. 127

182 *Entropie* – Der Gedanke der Entropie erwuchs aus der Forschung einiger der bedeutendsten Wissenschaftler des 19. Jahrhunderts, insbesondere Sadi Carnot, James Joule, Lord Kelvin, Rudolf Clausius und vor allem Ludwig Boltzmann. Einen Überblick gibt P.W. Atikins: The Second Law. New York 1984

183 *Bits* – Der Begriff »Bit« wurde, wie ich erfahren habe, von John Tukey, der später an der Princeton University lehrte, in einer Notiz der Bell Laboratories vom 1. September 1947 geprägt, die mit »Sequential Conversion of Continuous Data to Digital Data« überschrieben war.

186 *diese menschliche Kreativität* – Vgl. Leon Brillouin: Scientific Uncertainty and Information. New York 1964, S. 21

187 *das Gehirn eine »Turing-Maschine«* – Zur Analyse vgl. Donald H. Perkel: Logical Neurons: The Enigmatic Legacy of Warren McCulough. Trends in Neurosciences (Januar 1988), S. 10; und George Johnson: In the Palaces of Memory. New York 1991, S. 127

188 *Auch die biologische Fortpflanzung* – Eine Analyse, wie die biologische Verdoppelung auf diese Weise betrachtet werden kann, ist zu finden bei Lila L. Gatlin: Information Theory and the Living System. New York 1972

189 *It from Bit* – John Archibald Wheeler: Information, Physics, Quantum: The Search for Links. Proc. 3rd Int. Symp. Foundations of Quantum Mechanics, Tokyo 1989, S. 355

189 *Keine Erscheinung ist eine Erscheinung* – John Archibald Wheeler, Delayed-Choice Experiments and the Bohr-Einstein Dialogue, London, American Philosophical Society and the Royal Society (Aufsätze, die bei einer Zusammenkunft am 5. Juni 1980 vorgelesen wurden), S. 25. Zur technischen Erörterung der Frage der Beobachtung in der Quantenmechanik vgl. John Archibald Wheeler und Wojciech Hubert Zurek (Hrsg.): Quantum Theory and Measurement. Princeton/ N.J. 1983

190 *jemand, der ein Beobachtungsgerät bedient* – John Archibald Wheeler: Information, Physics, Quantum: The Search for Links. Proc. 3rd Int. Symp. Foundations of Quantum Mechanics, Tokyo 1989, S. 360

192 *Wie weit Fuß und Fähre* – John Archibald Wheeler: Information, Physics, Quantum: The Search for Links. Proc. 3rd Int. Symp. Foundations of Quantum Mechanics, Tokyo 1989, S. 360

Personenregister

Natur
und
Umwelt

Maureen & Bridget
Boland:
**Was die Kräuter-
hexen sagen**
Ein magisches
Gartenbuch
dtv 10108

Jürgen Dahl:
**Nachrichten aus
dem Garten**
Praktisches, Nach-
denkliches und
Widersetzliches
aus einem Garten
für alle Gärten
dtv/Klett-Cotta
30077

Zeit im Garten
Zwölf Gänge durch
den Garten am
Lindenhof und
anderswo
dtv 30391

Dieter Heinrich /
Manfred Hergt:
**dtv-Atlas
zur Ökologie**
Mit 116 Farbtafeln
dtv 3228

Henry Hobhouse:
**Fünf Pflanzen ver-
ändern die Welt**
Chinarinde, Zucker,
Tee, Baumwolle,
Kartoffel
dtv / Klett-Cotta
30052

Edith Holden:
**Vom Glück, mit
der Natur zu leben**
Naturbeobachtungen
aus dem Jahre 1906
dtv 30049

**Die schöne Stimme
der Natur**
Naturerlebnisse aus
dem Jahre 1905
dtv 30027

Frederic Vester:
**Unsere Welt – ein
vernetztes System**
dtv 10118

**Neuland des
Denkens**
Vom techno-
kratischen zum
kybernetischen
Zeittafel
dtv 10220

**Ballungsgebiete in
der Krise**
Vom Verstehen und
Planen menschlicher
Lebensräume
dtv 30007

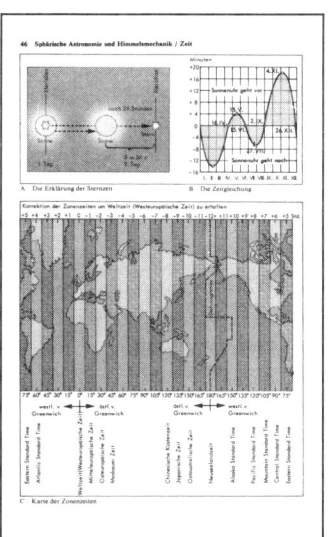

dtv-Atlas zur Astronomie
von Joachim Herrmann
Tafeln und Texte
Originalausgabe

Aus dem Inhalt:
Geschichte der Astronomie.
Instrumente und Forschungs-
methoden. Sphärische
Astronomie und Himmels-
mechanik. Planetensystem.
Kometen, Meteore und inter-
planetare Materie. Aufbau der
Sterne. Interstellare Materie.
Entstehung und Entwicklung der
Sterne. Extragalaktischer Raum.
Kosmologie. Sternatlas.

dtv 3006

dtv-Atlas
zur
Physik

Tafeln und Texte

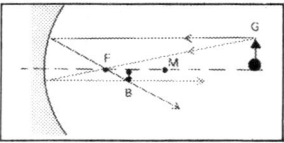

Mechanik, Akustik
Thermodynamik, Optik

Band 1

dtv-Atlas
zur
Physik

Tafeln und Texte

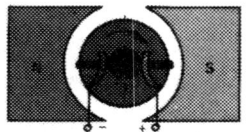

Elektrizität, Magnetismus
Festkörper, Moderne Physik

Band 2

dtv-Atlas zur Physik
von Hans Breuer
Tafeln und Texte
2 Bände
Originalausgabe
dtv 3226/3227

Aus dem Inhalt des ersten Bandes:
Physikalische Größen, SI-Einheiten
und Symbole. Messen und
Meßfehler. Geschwindigkeit und
Beschleunigung. Fall und Wurf.
Masse und Kraft. Impuls, Arbeit,
Leistung. Reibung. Strömungen.
Schwingungen. Wellen. Schall und
Schallquellen. Wärmekapazität.
Gasgesetze. Maschinen und
Arbeitsdiagramme.
Diffusion. Lichtausbreitung.
Reflexion und Spiegel.
Elektronenoptik. Strahlungs-
gesetze. Laser. Interferenz des
Lichtes. Register.
Mit 95 Farbtafeln.

Aus dem Inhalt des zweiten
Bandes:
Elektrische Ladungen. Leiter.
Dipole. Felder und Feldlinien.
Influenz. Potential. Kapazität.
Piezoeffekt. Strom. Widerstand.
Akkumulator. Thermoelektrische
Effekte. Magnetostatik.
Lorentz-Kraft. Gleichstrom.
Wechselstrom. Drehstrom.
Generatoren. Elektromagnetische
Wellen. Freie Elektronen.
Elektronenröhren. Halbleiter.
Rückkopplung. Impedanz.
Kathoden- und Kanalstrahlen.
Kristalle und Gitter.
Quantentheorie. Raum, Zeit und
Relativität. Anhang.
Register für beide Bände.
Mit 93 Farbtafeln.

Physik,
Chemie,
Mathematik,
Astronomie

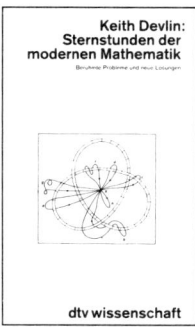

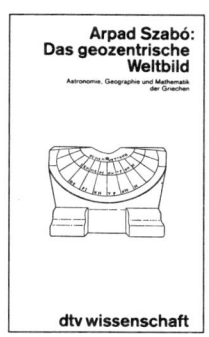

WISSENSCHAFT

Hans Breuer:
dtv-Atlas zur Chemie

Band 1:
Allgemeine und
anorganische Chemie
Mit 117 Farbtafeln
dtv 3217

Band 2:
Organische Chemie
und Kunststoffe
Mit 89 Farbtafeln
dtv 3218

dtv-Atlas zur Physik

Band 1: Mechanik,
Akustik, Thermo-
dynamik, Optik
Mit 95 Farbtafeln
dtv 3226

Band 2:
Elektrizität, Magne-
tismus, Festkörper.
Moderne Physik
Mit 93 Farbtafeln
dtv 3227

Bernhard Bröcker:
dtv-Atlas zur
Atomphysik
Mit 116 Farbtafeln
dtv 3009

Keith Devlin:
Sternstunden der
modernen Mathematik
Berühmte Probleme
und neue Lösungen
dtv 4591

Hans-Joachim Flechtner:
Grundbegriffe der
Kybernetik
Eine Einführung
Mit 152 Abbildungen
dtv 4422

Joachim Herrmann:
dtv-Atlas zur
Astronomie
Mit 135 Farbtafeln
dtv 3006

Fritz Reinhardt /
Heinrich Soeder:
dtv-Atlas zur Mathematik

Band 1:
Grundlagen, Algebra
und Geometrie
Mit 118 Farbtafeln
dtv 3007

Band 2:
Analysis und
angewandte
Mathematik
Mit 104 Farbtafeln
dtv 3008

Arpad Szabó:
Das geozentrische
Weltbild.
Astronomie,
Geographie
und Mathematik
der Griechen
Mit zahlreichen
Abbildungen
dtv 4490